生活垃圾填埋场运营管理教程

Operation and Management of Municipal Solid Waste Landfills

广东省环境卫生协会　编著

中国建筑工业出版社

图书在版编目（CIP）数据

生活垃圾填埋场运营管理教程／广东省环境卫生协会编
著 . —北京：中国建筑工业出版社，2014.5
　ISBN 978-7-112-16753-1

　Ⅰ . ①生…　Ⅱ . ①广…　Ⅲ . ①垃圾处理—卫生填埋—运
营管理—教材　Ⅳ . ①X705

　中国版本图书馆CIP数据核字（2014）第074297号

　　本教程力图通过总结国内一些高水平运营填埋场的实践经验，详细介绍填埋场从投入使用到生命周期结束的运营工作流程和全过程管理的重要环节，以及近年来填埋场应用的一些新技术、新工艺、新材料和新设备。本教程共分12章，按照填埋场工作流程排序，从作业规范到成本管理，从污染控制到风险防范，从信息管理到运行评价等，较系统地论述各项工作的要点，提出了一些新观点。本教程附录还对与本教程相关的国家与行业标准和技术规范进行了解读，以求帮助读者加深理解。

　　本教程旨在提高填埋场运营管理人员的业务水平和管理能力，可作为填埋场运营管理人员培训教材，也适合从事生活垃圾填埋场工程设计、项目建设、固体废物研究的工程技术人员和环境工程及相关专业院校师生参阅，同时也可供环卫及相关环境保护管理工作的工程技术人员参考。

责任编辑：田启铭　李玲洁
书籍设计：京点制版
责任校对：张　颖　党　蕾

生活垃圾填埋场运营管理教程
广东省环境卫生协会　编著
＊
中国建筑工业出版社出版、发行（北京西郊百万庄）
各地新华书店、建筑书店经销
北京京点图文设计有限公司制版
北京建筑工业印刷厂印刷
＊
开本：787×1092毫米　1/16　印张：15¼　字数：350千字
2014年5月第一版　2020年6月第二次印刷
定价：**68.00**元
ISBN 978-7-112-16753-1
　　　（25545）

本书编委会

主　　编：陈善坤

主　　审：陈朱蕾　陶　华

副 主 编：（排名不分先后）

郑曼英　潘伟斌　黄中林　沈建兵　杨一清　陈伟雄

参编人员：（排名不分先后）

张彦敏　孟　了　李智勤　朱　灶　王松岩　陈　露

陈　华　卢圣良　陈吉林　渠金虎　杨光兴　谢永生

伍琳瑛　刘瑞雯　李　捷　沈玉东　王彩虹　陈泽森

李晓春　詹淑威　王照宣　吴　俭　古珂丽

前　言

卫生填埋因其技术成熟、投资运营费用相对较低，已成为许多城镇生活垃圾处置的首选模式。随着各地一座座按照无害化标准建设的垃圾填埋场的落成和投入使用，对于填埋场运营质量和环境保护的要求在不断提高，由此对填埋场运营者也提出了更高的要求。

本教程力图通过总结国内一些高水平运营填埋场的实践经验，详细介绍填埋场从投入使用到生命周期结束的运营工作流程和全过程管理的重要环节，以及近年来填埋场应用的一些新技术、新工艺、新材料和新设备。本教程共分12章，按照填埋场工作流程排序，从作业规范到成本管理、从污染控制到风险防范、从信息管理到运行评价等，较系统地论述各项工作的要点，提出了一些新观点。本教程附录还对与本教程相关的国家与行业标准和技术规范进行解读，以求帮助读者加深理解。

本教程旨在提高填埋场运营管理人员的业务水平和管理能力，可作为填埋场运营管理人员培训教材，也适用于从事生活垃圾填埋场工程设计、项目建设、固体废物研究的工程技术人员和环境工程及相关专业院校师生参阅，同时也可供环卫及相关环境保护管理工作的工程技术人员参考。

本教程由广东省环境卫生协会组织编写，由广东省环境卫生协会、华南理工大学环境与能源学院、深圳市下坪固体废弃物填埋场、广东省环境保护工程设计研究院、广州环保投资有限公司、广东省建筑设计研究院等单位中长期从事垃圾填埋研究、设计、建设、运营管理且富有实际工作经验的专家、学者共同编写，由陈朱蕾、陶华同志主审。在此一并表示感谢。

由于编者水平和经验有限，书中缺点和错误在所难免，恳请读者批评指正。

目　录

第1章　生活垃圾填埋场运营管理概述

本章结合生活垃圾卫生填埋场工艺流程和设施，介绍了填埋场建设、运营管理的程序、主要内容和管理要点，以及填埋场运营经理的任务和责任。

本章重点是填埋场运营管理的内容与要点、填埋场运营经理的任务和责任。

1.1　生活垃圾填埋场工艺流程

在垃圾的卫生填埋处理过程中，需对填埋垃圾进行分层摊铺、碾压覆盖等作业，并对填埋区的渗沥液和填埋气体进行收集和处理。填埋场的主要处理工艺包括垃圾填埋工艺、渗沥液收集与处理工艺和填埋气体收集处理工艺。在生活垃圾填埋场运营管理中，填埋作业、渗沥液处理和填埋气体收集利用处理是三个主要的大板块，而环境污染控制和安全生产是贯穿其中的两条主线。垃圾卫生填埋工艺流程见图 1-1。

进场区	进场道路	卫生填埋作业	表面覆盖	终场覆盖及修复

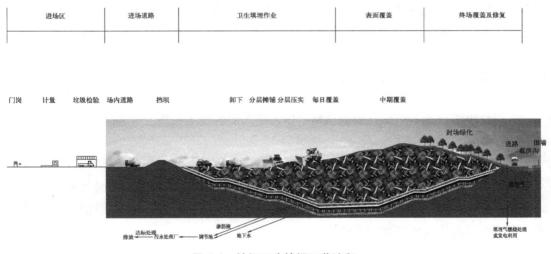

门岗　计量　垃圾检验　场内道路　挡坝　　　　　卸下　分层摊铺 分层压实　每日覆盖　　　中期覆盖

图 1-1　垃圾卫生填埋工艺流程
(由广东省环境保护工程研究设计院提供)

1.1.1　垃圾填埋

垃圾卫生填埋要求对填埋库区划分区域，分单元逐层填埋，划分区域的数量和每个区域的大小由库区地形、填埋库容、垃圾日处理量和作业设备等因素决定。一个新的填埋场投入使用时，填埋场运营方应根据填埋场设计方提供的填埋库区设计图纸或填埋规划（概

1

念性规划），结合实际情况作出填埋库区使用规划，用于指导填埋作业区域、空间和单元划分，确定填埋的具体技术指标。在日常运行中，应根据填埋规划的要求编制具体的填埋作业计划，使填埋作业设备与垃圾的性质、场地条件和填埋方法相吻合。特别是结合临时道路修筑、边坡整修、填埋单元高度、作业面控制，以及雨污分流等和季节有关的因素，要做出详细计划并逐步实施。

垃圾卫生填埋作业工序分为计量、目视检查、卸料、摊铺、碾压、覆盖和清污分流。

当填埋场填埋作业至设计终场标高或不再收纳垃圾而停止使用时，必须实施封场和植被恢复工程。

1.1.2　渗沥液处理

垃圾渗沥液成分复杂，含有多种有害的无机物和有机物，处理不当或直接排放会对环境造成严重污染。渗沥液的成分特性决定了其处理难度大。目前，对渗沥液的处理普遍采用生物和物化结合的处理方式，工艺流程复杂，管理和运营需投入较大的人力物力。

1.1.3　填埋气体控制

填埋场产生的填埋气体主要成分是甲烷，它是一种易燃易爆气体，随意排放会加剧温室效应，并对填埋场安全造成一定威胁。因此，应根据填埋场规模和产气量选取适宜的填埋气收集和处理或利用方式。填埋场在运行中产生的臭气主要成分是硫化氢、甲硫醇等挥发性有机物质，应采取必要的措施减少臭气的产生、防治恶臭物质的扩散，使填埋场场界的恶臭污染物浓度符合 GB 14554 的规定。

1.2　生活垃圾填埋场设施

生活垃圾填埋场工艺单元构成包括主体设施和配套辅助设施、设备[1]。

1.2.1　主体设施

填埋场的主体设施包括：计量设施、基础处理与防渗系统、地表水及地下水导排系统、场区道路、垃圾坝、渗沥液收集和处理系统、填埋库区雨污分流系统、填埋气体收集及处理系统、覆盖系统及环境监测设施等。

1.2.2　配套辅助设施和设备

填埋场配套辅助设施和设备包括：进场道路，备料场，供配电、给水排水设施，生活和管理设施，机械设备及维修、消防和安全卫生设施，车辆冲洗、通信、监控等附属设施或设备。填埋场应设置化验室、停车场，并设置应急设施（包括垃圾临时存放、紧急照明等设施）。

1.3　填埋场建设程序

填埋场项目建设的基本程序主要是：项目建议书阶段、环境影响评价和可行性研究报告阶段、设计阶段、施工准备阶段、实施阶段、竣工验收和后评价阶段（见图1-2）。

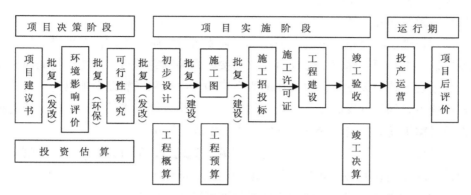

图 1-2　填埋场建设主要流程图

建设程序各主要建设阶段所需单位资质要求如表 1-1 所示。

生活垃圾卫生填埋场各建设阶段所需单位资质列表　　　　　　　　表 1-1

序号	建设阶段	所需单位资质	相关依据	备注
1	项目建议书、可行性研究报告	生态建设与环境工程（固体废物）甲级/乙级咨询资格或市政公用工程（环境卫生）甲级/乙级咨询资格	《工程咨询单位资格认定办法》	
2	环境影响评价	环境影响评价资质（社会区域类别）甲级/乙级证书	《建设项目环境影响评价资质管理办法》	
3	工程勘察	工程勘察（岩土工程）甲级/乙级	《工程勘察资质标准》	
4	初步设计、施工图	市政行业（环境卫生工程）专业甲级/乙级或环境工程（固体废物处理处置）专项甲级/乙级	《工程设计资质标准》	规模≥500t/d的需要甲级设计资质
5	施工建设	市政公用工程施工总承包特级/一级/二级	《施工总承包企业资质等级标准》	
6	工程监理	市政公用工程（垃圾处理工程）监理	《工程监理企业资质管理规定》	规模≥1200t/d的需甲级设计资质

1.3.1　项目建议书阶段

1. 编制项目建议书：项目建议书是要求建设某一具体项目的建议文件，是基本建设程序中最初阶段的工作。项目建议书的主要作用是对一个拟建设项目的初步说明，主要论述它建设的必要性、技术的可行性和经济合理性，以确定是否进行下一步工作。

项目建议书的内容一般应包括以下几个方面：

（1）建设项目提出的必要性和依据；

（2）拟建规模和建设地点的初步设想；

（3）资源情况、建设条件、协作关系等的初步分析；

（4）投资估算和资金筹措设想；

（5）经济效益和社会效益的估计。

有些部门在提出项目建议书之前还增加了初步可行性研究工作，对拟进行建设的项目初步论证后，再编制项目建议书。项目建议书按要求编制完成后，按照现行的建设项目审批权限进行报批。属中央投资、中央和地方合资的大中型和限额以上项目的项目建议书需报送国家投资主管部门（发改委）审批。属省、市（州、地）或县（市、区）政府投资为主的建设项目需报同级投资主管部门（发改委或发改局）审批。

2.办理项目选址规划意见书。项目建议书编制完成后，项目筹建单位应到规划部门办理建设项目选址规划意见书，必要时可先编制选址论证报告。

3.在规划行政主管部门办理建设用地规划许可证和工程规划许可证。

4.在国土行政主管部门办理土地使用审批手续。

5.在环境保护行政主管部门办理环保预审批手续。

1.3.2　环境影响评价阶段

生活垃圾填埋场作为政府投资项目，适用于建设项目审批制。按照国家规定实行审批制的建设项目，建设单位应该在报送可行性研究报告前报批环境影响评价文件。

根据《建设项目环境影响评价分类管理名录》，生活垃圾集中处理设施建设项目全部需编制环境影响评价报告书。环境影响评价报告书应包括以下内容：

1.建设项目概况；

2.建设项目周围环境现状；

3.建设项目对环境可能造成影响的分析、预测和评估；

4.建设项目环境保护措施及其技术、经济论证；

5.建设项目对环境影响的经济损益分析；

6.对建设项目实施环境监测的建议；

7.环境影响评价的结论。

环境影响评价报告书应当由具有相应环境影响评价资质的单位编制。对于填埋场这类可能会对环境造成重大影响的建设项目，建设单位应该在报批建设项目环境影响评价报告书之前，举行论证会、听证会，或者采取其他形式，听取有关单位、专家和公众的意见。

1.3.3　可行性研究报告阶段

1.可行性研究

项目建议书批准后，即可进行可行性研究，对项目的技术可行性和经济合理性进行科学的分析和论证。承担可行性研究工作应是经过资格审定的规划、设计和工程咨询等单位。通过对建设项目在技术、工程和经济上的合理性进行全面分析论证和多种方案比较，提出评价意见。凡可行性研究未被通过的项目，不得进行下一步工作。

2. 可行性研究报告的编制

可行性研究报告是确定建设项目、编制设计文件的重要依据。所有基本建设项目都要在可行性研究通过的基础上，选择经济效益最好的方案编制可行性研究报告。由于可行性研究报告是项目最终决策和进行初步设计的重要文件，要求它必须有相当的深度和准确性。

可行性研究及可行性研究报告一般要求具备以下基本内容：

（1）项目提出的前景和依据；

（2）根据经济预测、市场预测确定建设规模、产品方案，提供必要的确定依据；

（3）技术工艺、主要设备选型、建设标准和相应的技术经济指标；

（4）资源、原材料、燃料供应、动力、运输、供水等协作配合条件；

（5）建设条件，确定选址方案、总平面布置方案、占地面积等；

（6）项目设计方案，主要单项工程、公用辅助设施、协作配套工程；

（7）环境保护、城市规划、土地规划、防震、防洪、节能等要求和采取的相应措施方案；

（8）企业组织、劳动定员、管理制度和人员培训；

（9）建设工期和实施进度；

（10）投资估算和资金筹措方式；

（11）经济效益和社会效益；

（12）建立建设项目法人制度。

编制完成的项目可行性研究报告，需有资格的工程咨询机构进行评估并通过，按照现行的建设项目审批权限进行报批。可行性研究报告经批准后，不得随意修改和变更。如果在建设规模、产品方案、建设地点、主要协作关系等方面确需变动以及突破控制数时，应经原批准机关同意。经过批准的可行性研究报告是确定建设项目、编制设计文件的依据。可行性研究报告批准后即国家、省、市（地、州）、县（市、区）同意该项目进行建设，何时列入年度计划，要根据其前期工作的进展情况以及财力等因素进行综合平衡后决定。

3. 到国土行政主管部门办理土地使用证。

4. 办理征地、青苗补偿、拆迁安置等手续。

5. 地勘。根据可研报告审批意见委托或通过招标或比选方式选择有资质的地勘单位进行地勘。

6. 报审市政配套方案，包括供水、供气、供热、排水等市政配套方案。

1.3.4　设计工作阶段

选择具有相关设计等级资格的设计单位，按照所批准的可行性研究报告内容和要求进行设计，编制设计文件。设计过程一般划分为初步设计和施工图设计两个阶段。重大项目和技术复杂项目，可根据不同行业的特点和需要，划分技术设计阶段。

初步设计是设计的第一阶段，它根据批准的可行性研究报告和准确的设计基础必要资料，对设计对象进行通盘研究，阐明在指定的地点、时间和投资控制额内，拟建工程在技术上的可能性和经济上的合理性。通过对设计对象做出的基本技术规定，编制项目的总概算。根据国家文件规定，如果初步设计提出的总概算超过可行性研究报告确定的总投资估算 10% 以上或其他主要指标发生变更时，要重新报批可行性研究报告。

初步设计的内容一般应包括以下几个方面：

1. 设计依据和设计的指导思想；

2. 建设规模、产品方案、原材料、燃料和动力的用量及来源；

3. 工艺流程、主要设备选型和配置；

4. 主要建筑物、构筑物、公用辅助设施和生活区的建设；

5. 占地面积和土地使用情况；

6. 总体运输；

7. 外部协作配合条件；

8. 综合利用、环境保护和抗震措施；

9. 生产组织、劳动定员和各项技术经济指标；

10. 总概算。

初步设计编制完成后，按照现行的建设项目审批权限进行报批。初步设计文件经批准后，总平面布置、主要工艺过程、主要设备、建筑面积、建筑结构、总概算等不得随意修改、变更。

施工图设计是设计工作的最后阶段，它的主要任务是满足施工要求，即在初步设计的基础上，综合建筑、结构、设备各工种，深入了解材料供应、施工技术、设备等条件，把满足工程施工的各项具体要求反映在图纸上，做到整套图纸齐全，准确无误。施工图设计的内容主要包括：确定全部工程尺寸及用料，绘制建筑结构、设备等全部施工图纸，编制工程说明书，结构结算书和预算书等。

1.3.5　施工（建设）准备阶段

项目在开工建设之前要切实做好各项准备工作，其主要内容包括：

1. 征地、拆迁和场地平整；

2. 完成施工用水、电、路、通信等工程；

3. 通过设备、材料公开招标投标订货；

4. 准备必要的施工图纸；

5. 通过公开招标投标，择优选定施工单位和工程监理单位。

项目在报批新开工前，必须由审计机关对项目的有关内容进行开工前审计。审计机关主要是对项目的资金来源是否正当、落实，项目开工前的各项支出是否符合国家的有关规定，资金是否按有关规定存入银行专户等进行审计。新开工的项目还必须具备按施工顺序所需要的、至少有三个月以上的工程施工图纸，否则不能开工建设。

建设准备工作完成后，在公开招标前，编制项目投资计划书，按现行的建设项目审批权限进行报批。

1.3.6　建设实施阶段

1. 新开工建设时间

建设项目经批准新开工建设，项目即进入了建设实施阶段。项目新开工时间，是指建设项目设计文件中规定的任何一项永久性工程（无论生产性或非生产性）第一次正式破土开槽开始施工的日期。不需要开槽的工程，以建筑物的正式打桩作为正式开工。公路、水库需要进行大量土、石方工程的，以开始进行土方、石方工程作为正式开工。

2. 年度基本建设投资额

基本建设计划使用的投资额指标，是以货币形式表现的基本建设工作量，是反映一定时期内基本建设规模的综合性指标。

1.3.7　竣工验收阶段

竣工验收是工程建设过程的最后一环，是全面考核基本建设成果、检验设计和工程质量的重要步骤，也是基本建设转入生产或使用的标志。

1. 竣工验收的范围和标准

根据国家现行规定，所有建设项目按照批准的设计文件所规定的内容和施工图纸的要求全部建成，工业项目经负荷试运转和试生产考核能够生产合格产品，非工业项目符合设计要求，能够正常使用，都要及时组织验收。

建设项目竣工验收、交付生产和使用，应达到下列标准：

（1）生产性工程和辅助公用设施已按设计要求建完，能满足生产要求；

（2）主要工艺设备已安装配套，经联动负荷试车合格，构成生产线，形成生产能力，能够生产出设计文件中规定的产品；

（3）生产福利设施能适应投产初期的需要；

（4）生产准备工作能适应投产初期的需要。

2. 申报竣工验收的准备工作

（1）整理技术资料；

（2）绘制竣工图纸；

（3）编制竣工结算；

（4）审计行政主管部门出具的竣工决算审计意见。

3. 竣工验收的程序和组织

按国家有关规定执行。

4. 竣工和投产日期

竣工验收结束后，代建单位负责将项目竣工及有关项目建设的技术资料完整地整理汇编移交，并按批准的资产价值向使用单位办理资产交付手续。竣工验收需移交资料见表1-2。

竣工验收后需移交给业主的资料清单 [2]　　　　表 1-2

序号	资料名称
1	工程竣工验收报告
2	工程竣工图纸
3	施工许可证、施工合同（复印件）
4	施工图设计文件审查意见
5	工程竣工验收申请表
6	工程质量评估报告
7	建设工程施工安全评价书
8	勘察、设计文件质量检查报告
9	市政基础设施的有关质量检测和功能性试验资料
10	规划验收许可文件
11	消防验收文件或准许使用文件
12	环保验收文件或准许使用文件
13	工程质量保修书
14	工程质量监督报告
15	设施订货合同、设备技术资料（图纸、型号、厂家）
16	工程决算审计书（复印件）

1.3.8　后评价阶段

在改革开放前，我国的基本建设程序中没有明确规定这一阶段，近几年随着建设立足点要求转到讲求投资效益的轨道，国家开始对一些重大建设项目，在竣工验收若干年后，规定要进行后评价工作，并正式列为基本建设的程序之一。这主要是为了总结项目建设成功和失败的经验教训，供以后项目决策借鉴。

1.4　填埋场运营管理

1.4.1　填埋场运营管理内容

填埋场在建设期，完成运营前的准备工作。按照国家有关规定执行竣工验收的程序和组织，竣工验收结束后，代建单位负责将项目竣工及有关项目建设的技术资料完整地整理汇编移交，并按批准的资产价值向使用单位办理资产交付手续（详见 1.3 节），填埋场即可正式投入运营。

现代化填埋场运营管理，不是生活垃圾的简单堆放、处置过程，而是垃圾在安全环境中实现降解、无害化以及填埋场自身修复的过程；通过科学的规划和规范的运营管理，确保做到填埋安全、环境和谐、成本合理，并在填埋完成后实现对场地恢复与再利用[3]。

填埋场运营管理内容包括垃圾填埋、渗沥液的收集与处理、填埋气的收集处理与利用、封场、环境监测和劳动安全生产等[4]。

1. 垃圾填埋

生活垃圾从入场到填埋要经过以下几个主要步骤：进场检验与计量、场内道路运输和填埋作业，而填埋作业还需根据填埋规划和填埋作业计划的要求进行（见图 1-3）。

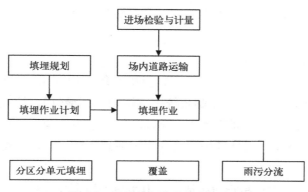

图 1-3　垃圾填埋作业的主要步骤

（1）填埋规划与作业计划

1）填埋规划

填埋规划指填埋场全面的建设、运营规划，是对填埋场的建设、运营作出的全面的、全过程的整套行动方案，包括各期填埋工程规划、填埋运营规划和封场规划等。填埋规划是指导卫生填埋场各阶段建设运营的重要资料，也是关系到填埋场是否能稳定、安全、科学运营管理的重要内容之一。填埋场设计方在设计时会作出填埋规划（一般是概念性规划），运营方在接手运营时，可根据此对填埋库区使用作出更具体的规划。

2）填埋作业计划

填埋作业计划由运营方依据填埋规划、实际运营需要情况编写，确定填埋作业的具体计划，是对填埋规划的具体化和详细化。填埋场运营管理的作业计划应充分发挥管理人员的作用，即编制高效的作业计划，使填埋场使用的设备与垃圾的性质、场地条件和填埋方法相吻合。特别是临时道路修筑、边坡整修、分区和分单元填埋、作业面控制、污水处理、设施运行等都和季节有关，要做出详细计划而逐步实施。

3）填埋规划与填埋作业计划的区别与联系

规划与计划基本相似，不同之处在于：规划具有长远性、全局性、战略性、方向性、概括性和鼓动性。同样地填埋规划是对填埋场整体的、全生命周期的宏观计划，填埋作业计划则是对运营作业过程某个阶段或某方面的作业计划。

①规划的基本意义由"规（法则、章程、标准、谋划，即战略层面）"和"划（合算、

刻画，即战术层面）"两部分组成，"规"是起，"划"是落；从时间尺度来说侧重于长远，从内容角度来说侧重（规）战略层面，重指导性或原则性。如填埋场雨污分流规划包括截洪沟设置、锚固平台上设置临时排水渠、减少垃圾暴露面等。

②计划的基本意义为合算、刻画，一般指办事前所拟定的具体内容、步骤和方法；从时间尺度来说侧重于短期，从内容角度来说侧重（划）战术层面，重执行性和操作性。如某月份的雨污分流计划则包括截洪沟清淤、锚固平台上临时排水渠的维护、垃圾面覆盖材料的购置和敷设等具体行动。

③填埋作业计划是填埋规划的延伸与展开，规划与计划是一个子集的关系，即"规划"里面包含着若干个"计划"，它们的关系既不是交集的关系，也不是并集的关系，更不是补集的关系。

（2）生活垃圾进场检验与计量

地磅计量系统一般包括电子汽车衡、计算机系统、识别系统（远距离 IC 识别车辆号码、摄像保存车辆图片）、交通控制系统化（道闸、红绿灯）。垃圾进场登记垃圾运输车车牌号、运输单位、进场日期及时间、离场时间、垃圾来源、性质、重量等信息，以备操作人员进行数据统计，同时可作为估计库容使用和压实状况的参考数据。统计记录资料保持完整。

每日进行垃圾检验，严格执行《生活垃圾卫生填埋技术规范》GB 50869—2013 及《生活垃圾填埋场污染控制标准》GB 16889—2008 规定的生活垃圾填埋场填埋废物的入场要求（详见附录 A.3.1 节）。操作人员随机抽查进场垃圾成分，发现生活垃圾中混有违禁物料（有毒有害工业垃圾、医疗垃圾等）时，严禁其进场。

（3）场内道路运输

进场道路应设置有车辆进出指示标志，垃圾车和工作车辆按照指定进场路线指引排队进场，如有车辆故障，应及时拖离现场，保证进场道路的畅通。

日常应做好道路的维护保养。道路如有严重损坏的，应及时修补。

由于分区作业和分单元作业的需要，修筑临时道路是必不可少的。分区作业结束后，对修筑的临时道路予以拆除或废弃。拆除临时道路，一方面可以腾出填埋空间，提高填埋库区的使用率，另一方面拆除的物料可以作为新的临时道路材料继续使用，可以节约资金。

（4）填埋作业

现场设专门指挥人员，依据填埋作业计划指定倾卸平台卸垃圾，作业人员根据作业计划进行填埋单元的铲运、摊铺、压实作业。

填埋作业应保证全天候运行，因此雨期倾卸平台还应准备充足的垫层材料。

垃圾填埋压实后，为保持好的环境，防止苍蝇蚊子和鼠类动物滋生，应对作业面进行及时覆盖。结合现场实际情况，可采取黏土和人工材料（例如：不透水、可再利用、可移开的帆布或者 HDPE 膜）相结合的覆盖方式。黏土可自远期库区中挖取，既可节约运费和材料费，又能减少未来修建远期库区时的土方工程量。如果填埋场属于缺泥土场，可考虑使用人工材料覆盖。填埋作业各阶段的具体要求和规定，详见附录 A.3.3 节。

（5）雨污分流

雨污分流既是垃圾填埋场运行管理的重点环节，也是难点环节。雨污分流做得好，就能有效避免雨期垃圾渗沥液的大量产生，降低渗沥液处理成本。设计科学合理的雨污分流方案应充分考虑填埋场地形地貌、填埋作业方式等。

未填埋区和作业单元雨水进行单独导排。场底未填垃圾单元的雨水应单独导排，避免与已填垃圾单元的渗沥液混合。已填垃圾的非作业单元应及时覆盖，减少雨水进入垃圾堆体，并通过覆盖层及时排入雨水导流沟。

（6）场区消杀与飘扬物控制

填埋区应设消杀员，定期对作业单元的垃圾面喷洒消毒药水，杀灭苍蝇、蚊子、蟑螂、老鼠等病虫害，并做好消杀记录。在填埋单元周围设立防尘网等防飞散设施及措施，防止垃圾飘扬飞洒，造成二次污染。

（7）封场

填埋场填埋至设计终场标高，不能再收纳垃圾而停止使用时，必须实施封场工程。填埋场封场工程应符合《生活垃圾卫生填埋场封场技术规程》CJJ 112—2007 的规定，其中包括地表水径流、排水、防渗、渗沥液收集处理、填埋气体收集处理、堆体稳定、植被类型及覆盖等内容。填埋场封场工程应选择技术先进、经济合理，并满足安全、环保要求的方案。

根据"渐进封场绿化修复"理念，修复分为两个部分[5]：一是填埋场在运营过程中的修复，如边坡、分区管理等，填埋场表层不再堆垃圾的部分均应随时修复；二是填埋场终场的封顶修复，以改善填埋场形象和提高环境质量。

2. 渗沥液的收集与处理

（1）基本要求

为保证渗沥液达标排放，应采取以下几项措施：

1）建立渗沥液处理日常检验制度，对处理的进、出水检测；

2）为了满足生物处理工艺连续运行的要求，渗沥液处理操作工按每班 8 小时工作制，实行三班倒轮班。

（2）调节池库容保障与控制

在雨期来临前，在保证处理后出水达标排放的前提下，根据调节池库容适当调整渗沥液日处理量，尽量增加预留库容，防止雨季调节池渗沥液外溢。

（3）常规检测和渗沥液排放要求

开展常规检测工作，每日对当天检测数据填写记录表格和进行处理，如按时提交有关部门每月对检测数据进行汇总、统计、分析，编写分析报告。

渗沥液处理后，必须达到《生活垃圾填埋场污染控制标准》GB 16889—2008 规定的排放标准和项目环评批复或当地环保部门要求，才可通过规定的排水口排放。也可提供给填埋场内的植物浇水使用，或用作消防用水，或用于日常生活如洗手间冲洗和车辆洗刷。

3. 填埋气的收集处理与利用

填埋气体是易燃易爆气体，应防止填埋气体从垃圾体内不受控制地释放，避免因填埋气体浓度过高而造成安全危害，必须设置气体导排设施并进行严格控制。

填埋气体热值高，可收集利用；由于填埋气体是温室气体，若不利用，则应导出，并集中燃烧处理。填埋区经过一段时间的垃圾分层填埋，填埋到一定高度后，通过垂直竖井和水平盲沟收集填埋气体，并将收集管道连接到利用车间或填埋气体燃烧器，填埋气体的甲烷浓度达到适宜水平后，进行燃烧处理或利用（详见附录 A.5 节）。

4. 环境监测

填埋场环境污染控制是通过上述三大板块规范运行来实现的，为确保垃圾填埋区和周边环境不受污染，填埋场运营方应编制填埋场环境监测方案，对地表水、地下水、渗沥液、大气、填埋气体、噪声、土壤和底泥进行监测。此外，还应定期对堆体形状及稳定性进行观测分析，确保填埋作业安全，环境质量达标。

对包括地下水、地表水、废水、环境空气、填埋气体、土壤、底泥和噪声等在内的各项环境要素按照国家相关标准和规范要求进行监测，监测点、监测频率和监测项目的设置参照《生活垃圾填埋场污染控制标准》GB 16889—2008 和《生活垃圾卫生填埋场运行维护技术规程》CJJ 93—2011 的有关规定。

5. 安全生产

填埋场应成立专门的安全生产管理部门，制定安全管理制度，并制定各岗位安全生产操作规程。根据相关标准要求，结合填埋场实际情况，填埋场填埋区、渗沥液处理厂等应设有防火设施、排风系统、安全报警系统和防爆措施，并定期检查。

垃圾进场道路必须设立醒目的安全标牌或标记。

填埋场存在火灾、爆炸等事故的可能性，应加强安全管理。严禁带火种车辆进入场区，填埋区严禁烟火，场区内应设置明显防火标志。

垃圾填埋、渗沥液处理和填埋气体收集利用各工序都应编制运行作业手册、设备操作维护保养手册；各操作规章制度、岗位职责必须健全；场内各种标识齐全、规范。

安全设施配备齐全，安全防护制度健全，同时应有应急处理措施。

1.4.2　填埋场运营管理准备

1. 运营准备

运营准备是项目投产前的准备工作，其主要内容有：

（1）招收和培训人员

根据所承担的垃圾填埋和渗沥液处理的技术要求，对操作人员进行适当的技术培训，使负责日常操作的技术人员和工人熟悉处理系统的机械和机电设备，懂得垃圾处理的基本原理，熟练掌握本岗位系统中各种设备的操作规程。如渗沥液处理工人应学会絮凝剂的使用和配比、酸碱度的调节、活性污泥的观察、沉降比测量等等操作方法；分析人员应掌握COD、BOD 和氨氮的测定方法。

（2）运营组织准备

建立一支由管理人员、环境工程专业等专业技术人员和具有实际操作经验的技术工人组成的精干运营队伍，使得日常营运工作能严格按照处理工艺的技术规范执行。保证运营工作规范化、制度化，避免人为的或操作不尽心尽责而导致处理系统运行不正常。

（3）运营技术准备，详见 3.1 节；

（4）生产物资准备，详见 3.1 节。

2. 管理组织框架

生活垃圾填埋场应实行运营总经理负责制，下设各部门分管具体事务。本教程以广州兴丰垃圾填埋场为例（见图 1-4），说明填埋场组织架构的情况。

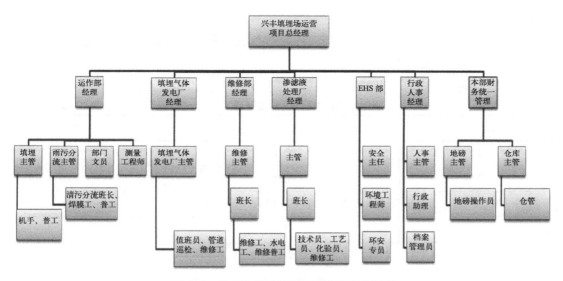

图 1-4　兴丰垃圾填埋场运营人员组织架构
（由广州环保投资集团有限公司杨一清先生提供）

（1）运行部

主要负责垃圾填埋作业、填埋区清污分流、填埋场内设施维护。岗位设置为运营部经理、填埋主管、雨污分流主管、文员和测量工程师，填埋主管下设机手和普工，雨污分流主管下设清污分流班长、焊膜工和普工。

（2）填埋气体发电厂

负责填埋气发电处理、发电设施设备的维护和保养。岗位设置为填埋气体发电厂经理和主管，下设值班员、管道巡检、维修工。

（3）维修部

负责场内机械设备的维护和保养、水电管理。岗位设置为维修部经理、主管和班长，班长下设维修工、水电工、维修普工。

（4）渗沥液处理厂

负责渗沥液处理、渗沥液处理设施设备的维护和保养。岗位设置为渗沥液处理厂经理、主管和班长，班长下设技术员、工艺员、化验员、维修工。

（5）EHS 部

负责安全、健康和环境管理，以及参观接待、社会环保教育工作。岗位设置为安全主任、环境工程师和环安专员。

（6）行政人事部

负责填埋场人事和后勤管理。岗位设置为人事主管、行政助理和档案管理员。

（7）财务部

负责财务事务，兼管地磅计量和仓库。岗位设置为地磅主管和仓库主管，下设地磅操作员和仓库管理员。

3.填埋场岗位班次配置

垃圾填埋场建成后全年 365 天运行，应根据当地生活垃圾处理要求设计进场时间，合理安排各岗位班次（见表1-3）。

垃圾填埋场岗位配置　　　　　　　　　　　　　　　　表 1-3

序　号	岗　位	班　制
1	经理	1
2	副经理	1
3	总工、技术员	1
4	财会	1
5	门卫	3
6	推土机、压实机司机	1～3
7	洒水车司机	1
8	消杀员	1
9	自卸卡车汽车司机	1
10	洗车及清扫人员	1
11	渗沥液处理站	3

1.5　填埋场填埋建设运营技术

1.5.1　卫生填埋

卫生填埋是利用工程手段，采取有效技术措施，通过对填埋场的合理选址、设计、建设、运营，阻止垃圾产生的渗沥液及释放出的有害气体对水体和大气的污染，把运到填埋场的垃圾在限定的区域内摊铺成一定厚度的薄层，然后压实以减少垃圾的体积，每层操作之后用土或膜覆盖，使整个填埋过程对公众健康及环境安全不会造成危害。但目前在填埋场建设运营方面存在两个方面的问题：一是在传统的投融资模式下，垃圾填埋场大都采用一次性投资与建设，即将可以使用十几年的大面积填埋库区一次性建成投产。按照这种传统模式建设的填埋场，运行管理极为不便，尤其在实施雨污分流及对渗沥液产量控制等方面困难重重，一般在投产运营不久就纷纷暴露诸多运营上的不便和潜在的环境污染等后遗症；二是对已建成的垃圾填埋场仍然沿用粗放型运营管理模式。

垃圾卫生填埋技术理念认为填埋场工程不能被简单地看成是在短期内就应一次性完成库区工程建设的静态工程，而应是一项在时间与空间上均不断拓展与变化的动态土建工程，直至整个填埋服务期。

广州市兴丰生活垃圾卫生填埋场作为首例引进国外先进公司参与运营管理的垃圾填埋处置项目，作为现代填埋技术在国内成功应用的样板工程；深圳下坪固体废弃物填埋场是我国较早采用 90 年代国际通用卫生填埋技术处理城市生活垃圾的大型现代化填埋场，结合两个场的实践经验，垃圾卫生填埋技术一般包括以下几个方面的内容[6]：

（1）充分研究填埋场选址特点，拟定合理的填埋场库区发展规划和分期实施计划，最大程度减少废弃工程，减少一次性资金投入，提高资金利用率。

（2）分析场址的工程地质和水文地质条件，从库区库容、堆体稳定和填埋作业要求等多方面进行充分论证，合理确定库底标高和高维填埋堆体的封场标高，最大限度增加场址的填埋库容，显著提高土地利用率，节约土地资源。

（3）采用现代收集、利用系统，实现填埋气体资源化回收利用，有效减少温室效应。

（4）填埋场库底单元划分应有利于运营管理，即各单元应有独立的地下水控制系统、渗沥液导排系统，且各单元衔接具有可靠的雨污分流措施，从根本上实现有效的雨污分流，最大限度减少渗沥液产生量。

（5）具备安全可靠的防渗系统，防止垃圾渗沥液泄露。

（6）具备完备的封场计划，实现封场后渐进的生态修复。

（7）针对高维填埋作业特点，拟定详细的填埋场动态发展规划，包括分期土方平衡规划、填埋单元与作业道路发展规划以及分期投资计划，有利实现现代化的运营管理。

（8）采取全方位的环保措施，对渗沥液采用安全可靠的处理措施，满足达标排放要求。

1.5.2　卫生填埋场分类

卫生填埋场根据其所在地形不同可以分为四种类型：平原型填埋场、山谷型填埋场、滩涂型填埋场和坡地型填埋场[7]。

平原型填埋场是在地势相对平坦的地方建设的填埋场，适用于平原地区城市采用。此类型的工程施工较容易，投资较省，但是如果占用耕地产生的征地费用会比较高。场底有较厚的土层可以较好地保护地下水，也能为最终封场覆盖提供较充足的覆土，使垃圾能及时得到覆盖。填埋场的水平防渗处理相对容易，分单元填埋和填埋作业期间的雨污分流也容易进行，有利于减少渗沥液的产生量。由于平原地带填埋场垃圾一般采用堆高填埋的方式，外围不易形成屏障，必须充分考虑到周围作业的边坡比，通常为 1：3，以防止填埋场对周围环境造成不良影响。

山谷型填埋场是指利用山谷填埋垃圾的填埋场，适用于山区城市采用。山谷一般都比较封闭，填埋场对周围环境影响较小。此类型填埋场单位用地处理垃圾量最多，较容易实施垂直防渗，水平防渗较困难。一般山谷汇水面积大，地表雨水渗透量大，雨水截流较困难。由于山谷底部浅层地下水出露，加上土层较薄，地下水很容易受到污染，在设计运行过程中应特别注意。典型的山谷型填埋场包括深圳市下坪垃圾卫生填埋场、杭州市天子岭垃圾卫生填埋场等。

滩涂型填埋场是在海边滩涂地上填埋垃圾的填埋场，适合于沿海城市使用。滩涂型填埋场一般处于城市地下水和地表水流向的下游，对城市用水不会造成污染。填埋场的水平防渗处理相对容易，分单元填埋和填埋作业期间的雨污分流也容易进行，有利于减少渗沥液的产生量。填埋场产生的污水可以利用湿地系统处理，减少了污水处理厂的投资及运行费用。一般情况下，滩涂型填埋场的地下水位较浅，地下水容易受污染，场底还需做加固处理。上海市老港垃圾填埋场就是我国最大的滩涂型垃圾填埋场。

坡地型填埋场是利用丘陵坡地填埋垃圾的填埋场，主要适用于丘陵地区。坡地能较好适应填埋场场底处理要求，土方工程量小，易于渗沥液的导排和收集。填埋场的水平防渗处理相对容易，分单元填埋和填埋作业期间的雨污分流也容易进行，有利于减少渗沥液的产生量。地下水位一般较深，地下水不易被污染。

1.6　填埋场运营经理的任务和责任

填埋场运营经理作为生活垃圾填埋场的实际管理者，负责管理和协调填埋场运营和建设的相关事宜。包括组织编制和制定填埋场年度垃圾接纳填埋计划、经批准后组织实施；建立健全生产管理体系和管理制度，确保全面完成生产计划和工作目标；负责开展生产成本分析与核算以及场内生产质量和安全管理工作；此外，还涉及协调好上级主管部门和周边政府、村民的关系，处理好附近居民的投诉问题，做好厂区建设和宣传工作。具体如下所示：

1. 协调和管理填埋场运营人员，使每项工作有序进行。
2. 执行运营管理服务合同约定，遵守国家法律、法规和规章的有关规定。
3. 负责进场生活垃圾的计量、填埋、压实、覆土，确保实现生活垃圾的卫生填埋。
4. 负责指导编制填埋计划和分区作业图纸，并组织落实。
5. 负责渗沥液收集、处理达标及回用。
6. 负责场内设施设备的使用、保养维护。
7. 负责填埋气体导排、控制及无害化处理。
8. 负责场区内垃圾、渗沥液的日常检测。根据环保部门的要求申办排污许可，在排放口安装在线监测设施。
9. 负责场区影响范围内的大气、地下水、地表水、噪声、尘埃、生物等环境监测。
10. 制定并实施填埋作业管理制度、渗沥液处理操作规程、场内设备维护保养制度、污染事故应急方案等。

11. 负责场内安全生产和环境卫生。

12. 负责运营资料的管理，定期向主管部门提交有关准确资料（含垃圾进场计量的月统计、季统计，及对环境大气、地下水、地表水、噪声、尘埃、生物等有效监测报告等）。

13. 确保进出填埋区道路的顺畅，作业车辆有序运作。

14. 负责封场后的生态修复和监测管理。

15. 定期将运营报告提交给主管部门。

16. 做好与填埋场有关的部门、镇、村等协调工作。

17. 配合主管部门作好有关的接待工作，如提供讲解、资料及现场参观等。

1.7　运营管理要点

垃圾填埋场运营经理运营管理的重点工作包括编制和落实作业规划、开展环境监测，也涵盖安全生产、技术人员培训以及填埋区环境修复工作。

1. 编制作业规划

按照填埋场建设总体规划的要求，组织完成日常运行作业规划的编制工作。充分考虑垃圾填埋场本身的特性、填埋区设备条件以及入场垃圾性质，编制行之有效的作业规划。规划内容包括分区和分单元填埋、临时道路修筑、边坡整修、作业面控制、污水处理、设施运行等各个方面。

2. 作业组织

填埋场运营经理应处理好人员的组织安排工作，保证作业规划的各项规划措施有序进行，包括生活垃圾进场检验与计量、场内道路运输通畅、填埋作业、场内消杀和飘扬物控制、填埋气的利用以及渗沥液的收集与处理等工作。

3. 环境监测

应编制针对地表水、地下水、废水、环境空气、填埋气体、噪声、土壤和底泥的环境监测方案，确保垃圾填埋场运营期不会对垃圾填埋区和周边环境造成污染，此外，为确保填埋作业安全，还应定期对堆体形状及稳定进行监测分析。

4. 环境修复

垃圾填埋场环境修复既包括对永久性边坡和堆体部分的植被修复，也包括封场后的环境修复，其中填埋场封场应参照《生活垃圾卫生填埋场封场技术规程》CJJ 112—2007 执行。

5. 安全生产和技术培训

成立专门的安全生产管理部门，制定安全管理制度，并制定各岗位安全生产操作规程。填埋气、渗沥液等处置不当会产生高风险，应制定专门的安全生产规程。

组织员工进行安全生产和相关技术培训。

本章执笔人：李晓春；校审：潘伟斌

思考题

（1）如何理解垃圾填埋场的运营管理？

（2）垃圾填埋场运营管理包括哪些内容？

（3）在填埋场运营管理过程中，填埋场运营经理的任务和责任具体包含哪些方面？

（4）举例说明垃圾填埋场从建设到运营的具体操作流程。

（5）举例说明垃圾填埋场运营人员的配置和班制安排情况。

（6）结合实际情况，谈谈你对垃圾填埋场运营管理中需要重点关注事项的理解。

参考文献

[1] GB 50869—2013 生活垃圾卫生填埋技术规范 [S]. 北京：中国建筑工业出版社，2013.

[2] 广东省建设厅. 广东省房屋建筑工程和市政基础设施工程竣工验收及备案管理实施细则（试行）. 广州，2001.

[3] 陈莹. 生活垃圾填埋场的现代化运营管理 [J]. 北方环境，2012，25（3）：215-217.

[4] 广州市城市管理技术研究中心. 生活垃圾卫生填埋场运营管理与监管通用手册 [M]. 广州，2010.

[5] CJJ 112—2007 生活垃圾填埋场封场技术规程 [S]. 北京：中国建筑工业出版社，2007.

[6] 冀桂梅. 垃圾填埋场建设的新理念及其工程应用 [J]. 城市道路与防洪，2005，5：130-132.

[7] 李颖，郭爱军. 城市生活垃圾卫生填埋场设计指南 [M]. 北京：中国环境科学出版社，2005.

第2章　填埋作业技术

本章主要介绍了垃圾进场管理方法、填埋作业机械选型原则、操作要求及设备管理维护方法、现场填埋作业注意事项及流程、雨污分流总体要求与措施、填埋场臭气产生的原因、相关控制标准及控制措施，最后扼要介绍了中期封场覆盖的目的与功能、常用覆盖材料的优缺点及中期封场覆盖的操作要求。

2.1　垃圾进场管理

2.1.1　检查

1.地磅值班或门卫必须按规定对进入填埋场的垃圾成分进行目视检查，区分垃圾类别，判断是否为本场许可处理的垃圾，若属本场许可处理的垃圾则予以放行，否则拒绝进场。

2.凡进入填埋场的垃圾车，其车容、车貌和性能情况必须符合本场有关规定，严禁超高、超长及其他不符合要求的垃圾车进入填埋场[1]。

2.1.2　计量

1.采用自动称重、自动记录的磅桥系统对进场垃圾进行计量，如采用非接触式 IC 卡感应技术，实现地磅无人值守智能化管理。

2.垃圾量记录表由地磅管理人员逐日统计、打印，按月汇总。汇总后的当月垃圾量统计表必须于次月 3 日前报财务室和有关部门整理存档[2]。

2.1.3　记录

1.由地磅管理人员填写《垃圾进场记录表》，对进场的垃圾车辆逐车登记。

2.《垃圾进场记录表》中的记录内容应包括垃圾清运单位，垃圾来源，车牌号，进场日期、时间、重量，出场日期、时间、重量，垃圾净重等[3]。记录内容详见表 2-1。

垃圾进场记录表　　　　　　　　　　　　　　表 2-1

日期：　　　　　　　　　　　　　　　　　　　　　　　　　　　　　　单位：t

序号	所属企业名称	垃圾来源	车牌	入场时间	离场时间	入场车重	离场车重	净重
1								
2								
3								
4								

续表

序号	所属企业名称	垃圾来源	车牌	入场时间	离场时间	入场车重	离场车重	净重
5								
6								
7								
8								
9								

2.2 作业机械

2.2.1 作业机械的选型原则

1. 填埋场作业机械的选型原则

（1）需根据不同填埋场的实际情况确定，机械选型时应充分考虑填埋场运营模式、垃圾类型、垃圾特质、垃圾量、作业时间、人员配置、经济成本等因素，有时需对租机和购机进行经济性分析。

（2）填埋场的作业机械主要有推土机、挖掘机、压实机、装载机等。一般情况下，推土机、压实机必须要买，挖掘机、压路机可以先考虑租机，再看效果。机械配置时推土机需要根据垃圾量配置并考虑备用机械的储备。

（3）根据处理量选配填埋机械[4]

1）对于小型垃圾填埋场（处理量小于300t/d），为了节省投资，提高机械效率，可以选择中型机械和通用型机械，如选用通用型推土机，需配置各种专用功能的工作装置。小型垃圾填埋场的机械种类及台数可根据垃圾处理量、作业场地条件、作业组织形式、垃圾处理要求及土方供给条件等实际情况进行分析和计算，从中选择最优的机械配置方案。

2）当垃圾填埋量大于300t/d而小于1000t/d时，可根据现场情况和发展需要而定，如采用大型的多功能土方工程专用机械，必须经过技术经济比较，然后选择技术上可行和经济上合理的机械。

3）对于大型垃圾填埋场（填埋量大于1000t/d），除选择少数通用机械外，应选择专用作业机械，以充分发挥专业机械的效能，提高摊铺和压实速度，保证卫生填埋质量。

2. 推土机的选型原则

推土机的选择主要包括技术合理机型和经济机型两种。所谓技术合理机型就是机械的技术性能与作业相适应的机型；所谓经济机型就是单位产量成本最低的机型。推土机的选择可根据作业条件和作业要求，参照推土机的技术参数选择合适的型号，选择要点及方法如下：

（1）根据作业量大小考虑大、中、小型。当垃圾处理量较大而且集中的，应选用大型推土机；作业量小而且分散的可选用中、小型推土机。

（2）根据作业场地考虑行走装置。通常垃圾填埋场场地的作业条件比较差，一般选用履带式推土机；若作业场地属于潮湿软泥，应选用宽履带式推土机。

（3）根据作业对象和条件考虑相应的功能。一般推土机可直接铲运各种垃圾和 1、2 级土壤，对于比较密实的 3、4 级土壤、坚硬土方或冬季冻土，则应根据实际情况选用液压式重型推土机或带松土器的推土机。

（4）根据作业任务考虑装置性能。中、小型垃圾填埋场的作业任务虽小，但垃圾填埋工序一样，为节省投资，减少投入机械台班，提高机械作业范围，最好选用多功能推土机，如带松土齿的推土机或带装载斗的推土机，或选配相应的工作装置；大型垃圾填埋场则应选择专业的大型推土机。

（5）推土机选型时还应考虑机械的推力、马力、自重、履带面积等因素，一般情况下，应选择马力/自重较大且接地比压（自重/履带面积）较小的推土机。

3. 挖掘机的选型原则

（1）挖掘机选型时应考虑铲斗容量、马力、自重、履带面积等因素，一般情况下，应选择铲斗容量较大且自重/履带面积较小的挖掘机。

（2）作业场地固定、要求接地比压较低时，用履带式；作业场地多变时，用轮胎式；因施工条件特殊而必须架设专用轨道时，用轨行式；挖掘水下泥土时，用浮游式；小型单斗挖掘机的行走装置无动力源时，用拖挂式；作业场地固定、机器质量大时，用步行式，步行式行走装置大多用于单斗挖掘机中的大、中型拉铲挖掘机和斗轮挖掘机。

4. 压实机的选型原则

（1）压实机主要包括钢轮压实机、羊角压实机、充气轮胎压实机、自由动力振动式空心轮压实机等。

（2）压实机的主要功能为垃圾破碎及压实，选择压实机时主要考虑自重和碾压轮面积，以及压实机在垃圾体上行走等因素。

（3）选择压实机还应注意以下几点：

1）在同等效率下，应选取压实力较大而功率较小的压实机；且整机对地面压力要小于垃圾表面的承载力。

2）根据填埋的垃圾种类和要求达到的压实效果，选择合适的压实机。

3）高度压实可延长填埋场的使用寿命，从而降低填埋场单位面积垃圾的处理成本。在选择压实机时还应考虑压实方法、道路运输情况、天气、表面覆盖材料的类型和特征等。

4）压力大小决定了压实的程序，控制每层垃圾铺的厚度和压实次数，以取得最佳压缩效果。履带式机械的接地比压较小，因此压实效果并不理想。

2.2.2　使用

1. 机械设备操作的总体要求

（1）操作使用前应检查各种仪表、水箱，确定正常后才开机操作。

（2）掌握机械操作要领，严格按照操作、保养规程进行操作。

（3）操作过程发现异常应立即停机检查。

（4）操作过程应注意周围情况，确保安全。

2. 推土机操作具体要求

（1）推土机在使用过程中，必须遵守以下原则：每次推送都要满载，在低油耗下要求尽可能地高速运行，避免过载引起发动机熄火；每次铲送尽可能为下次铲送创造良好的工作条件。

（2）当垃圾被推运到填埋作业面后，推土机在行驶过程逐渐提刀，使垃圾均匀地摊铺成 60cm 厚的压实层[5]。在进行斜面摊铺时，应特别注意安全，此时机械不应过于驶近边缘，也不要提刀，在开始后退时，才允许提刀，否则机械的前部很可能在坡边松散垃圾处下陷，造成倾翻事故。

（3）在注意安全的情况下推土机应尽快回驶，以节省回程时间的消耗，一般都使用最高速倒退。在回驶过程中，如沿途有不平之处，可随时放下铲刀将它拖平，为下次推运创造条件。

（4）在推土机作业时应尽量减少跑空车，尽量减少轻负荷运行；尽量利用惯性减速滑行，避免不必要的制动，避免超负荷运行。操作时根据负荷情况，合理变换档位，正确控制油门，避免挂高速档行低速车，或轻载低档猛加速，不可在极限速度下运行。

3. 压实机操作具体要求

（1）为提高生产效率，同时降低功率消耗，压实机械的辗压方向应以纵向压实为准。

（2）垃圾压实时采用前进——后退——前进的穿梭压实路线。

（3）垃圾压实机不能作为推土机使用，否则会使压实机长期超负荷运行，从而会缩短压实机的使用寿命。

4. 挖掘机操作具体要求

（1）挖掘机倒车时要留意车后空间，注意挖掘机后面盲区，必要时请专人指挥予以协助。

（2）挖掘机行走速度应尽量选择低速、大扭矩行走。

（3）挖掘机应尽可能在平地上行走，并避免上部转台自行放置或操纵其回转。

（4）挖掘机在垃圾面上行走时应避免岩石以防碰坏行走马达和履带架。泥砂、碎石进入履带会影响挖掘机正常行走及履带的使用寿命。

（5）挖掘机在坡道上行走时应确保履带方向和地面条件，使挖掘机尽可能直线行驶；保持挖斗离地 20～30cm，如果挖掘机打滑或不稳定，应立即放下挖斗；当发动机在坡道上熄火时，应降低挖斗至地面，将控制杆置于中位，然后重新启动发动机。

5. 装载机操作具体要求

（1）在坡道上行驶时，应使拖起动操纵杆处于接通位置，拖起动必须是正向行驶。

（2）改变行驶方向及变换驱动操纵杆必须在停车后进行。

（3）运载物料时，应保持动臂下铰点离地面 0.4m 以上，不得将铲斗提升到最高位置运送物料。

（4）严禁在斜坡横向行驶及铲装物料。

2.2.3　设备管理及维护保养

1. 填埋作业设备管理的目标

使填埋作业设备、机械得到合理使用、规范管理，及时做好所有作业机械、车辆的安全管理工作，有力地支持现场填埋作业。

（1）设备的交接班制度

1）设备开机前，当班设备操作人员按《填埋作业设备检查日报表》（详见表 2-2）内容对设备进行检查，并填写相应内容。若发现设备故障，及时通知设备班长、现场作业主管；

2）设备交接时，当班设备操作人员按《填埋作业设备检查日报表》内容再对设备进行检查，并填写相应内容，然后与后一班设备操作人员进行工作交接；

3）若前一班设备操作人员不按规定填写《填埋作业设备检查日报表》，后一班设备操作人员有权拒绝进行工作交接，并通知班长、现场主管进行处理；

4）每一班设备操作人员需将《填埋作业设备检查日报表》提交现场作业主管。

（2）未经领导许可，所有作业设备及车辆不得私自开出场区范围。

（3）所有作业设备及车辆必须整齐停放在指定区域，而且每天下班前冲洗干净。

（4）所有机械及车辆不得用于本项目范围外的任何业务，不得租借给其他单位或个人使用。

（5）所有作业机械及车辆所用的油品须是国内三大石化企业生产的正规油品。

填埋作业设备检查日报表　　　　　　　　　　　　　　　　　表 2-2

设备名称/车号		操作人员姓名		日期	
开机时间		关机时间			
序号	检查内容	情况说明	保养内容	报修情况	备注
1	外观/漏油/漏水/漏气	正常☐　不正常☐			
2	发动机油	正常☐　不正常☐			
3	冷却液	正常☐　不正常☐			
4	液压油	正常☐　不正常☐			
5	波箱油	正常☐　不正常☐			
6	燃油	正常☐　不正常☐			
7	操作机构	正常☐　不正常☐			
8	行走装置	正常☐　不正常☐			
9	加燃油（升）				
10	工作内容				

2. 维护保养的意义和内容

（1）各种设备在正常使用中，有些零部件由于相互摩擦必然会产生磨损和疲劳，有些零部件因长期接触特殊气体或液体，会发生变形或腐蚀，机器设备的这种客观变化属于物理老化，称为有形损耗。无形损耗是指设备的技术老化，需要由改造或更新来解决。当有形损耗达到一定程度后，就要影响设备的工作性能、精度和生产效率。为确保设备经常处于良好的工作状态、工作能力和精度，充分发挥工作效率，延长其使用寿命，应充分重视和做好日常维护保养工作。

（2）要做好维护保养工作，就必须严格执行以预防为主的强制保养制度，制度内容包括各种机械设备的保养级别、间隔期和停车日的规定、各级保养作业范围、各级保养工时与费用定额。

（3）设备的日常检查制度

1）设备操作员每天按《填埋作业设备检查日报表》内容对设备进行检查，并填写相应内容；

2）设备维修部门每周组织人员对所有填埋设备进行检查，并填写《填埋作业设备检查周报表》（详见表2-3）。

填埋作业设备检查周报表　　　　　　　　表 2-3

设备名称/车号			日期	
序号	检查内容	保养设备型号	报修设备型号	备注
1	外观/漏油/漏水/漏气			
2	发动机油			
3	冷却液			
4	液压油			
5	波箱油			
6	燃油			
7	操作机构			
8	行走装置			
9	加燃油（升）			
10	工作内容			

（4）设备的保养、维护制度

由于各种设备复杂程度不同，各种组合件、零件的工作性质不同，需要进行清洗、润滑、调整的周期有长短，因此保养工作必须合理地分级进行。建议采取四级保养制，即例行保养、一级保养、二级保养和三级保养[2]。

1）例行保养：安排指定人员每天负责维护机械的整洁，确保机械在每次工作中的正常运转和安全。其作业内容包括作业前交接班和作业中的检视，作业后的打扫、清洁、充气和补给，消除工作中发现的一般故障或缺陷。作业重点在于维护整洁和检查。

2）一级保养：属计划性维护保养，安排设备操作班组每月固定对本班组负责维护的设备进行保养。主要在于维护机械的良好技术状况，确保其能在一个月内正常运行。其主要内容除执行例行保养作业项目外，还需进行各部分结构的检查和必要的紧固、润滑及消除所发现的故障。作业重点在于进行紧固和润滑。

3）二级保养：属计划性维护保养工作，安排设备维修部门按保养期固定对所有设备进行保养。主要在于保持机械各个总成、机构、零件具有良好的工作性能，确保其在二级保养间隔期内正常运行。其主要内容除执行一级保养作业项目外，还需全面检查各个连接螺栓、螺帽的紧固情况,调整部分组合件的间隙及消除所发现的故障。重点在于检验和调整。

4）三级保养:属计划性保养工作,以专职维修工为主。主要在于巩固和保持各个总成、组合件正常运行性能，延长大、中修间隔期，并从内部发现和消除机件的隐患及故障。其主要内容除执行二级保养作业项目外，还需更深入地清洗，并按需要拆检部分总成和组合件的工作情况，进行必要的调整或校合。重点在于拆检和校合。

5）设备维修部门在完成保养工作后填写《填埋设备保养记录表》（详见表 2-4）。

填埋作业设备保养记录表

填表人：　　　　　　　　　　　　　　　　　　　　　　　　日期：　　表 2-4

序号	日期	设备名称	保养类型和项目	更换零件	更换原因	保养时间	保养情况
1							
2							
3							
4							
5							
6							
备注：							

（5）设备的维修制度

1）设备维修部门接到设备维修通知后，应尽快组织维修人员对故障设备进行检查、分析故障原因。若设备为一般性故障，立即安排人员进行维修；若为严重设备故障，设备主管必须按实际情况填写《设备严重故障事故报告》交运营经理，由运营经理报公司处理。《设备严重故障事故报告》中应明确设备名称、维修项目、所更换零件、故障原因、预计所修理时间等信息。

2）设备维修部门在指定时间内保质保量完成设备维修维护任务，小修时间不得超过1天，中修时间不得超过1周，大修视设备故障情况定。

3）所有机械车辆维修期超过 3 天的，设备维修部门应以书面方式报告上级领导。

4）各种机械车辆维修所需零配件须采用原厂生产的正规产品。

5）设备维修完毕后，设备主管联系现场主管，将设备交付给作业班组使用，交付前现场作业主管或设备操作班长需对设备进行检查，并在《填埋作业设备维修日报表》（见表 2-5）中已维修好的设备栏上签名确认。

6）设备主管、维修班长每日下班前填写《填埋作业设备维修日报表》。

填埋作业设备维修日报表

填表人：　　　　　　　　　　　　　　　　　　　　　　　日期：　　表 2-5

序号	日期	设备名称	维修项目	更换零件	故障原因	故障时间	修理情况
1							
2							
3							
4							

备注：

2.3　作业方式

2.3.1　倾卸平台

1. 平台的大小应按日处理垃圾量和到达平台的最大车流量确定，每个倾卸平台的大小需能保证有足够的推土机机位、垃圾车车位，使当日到场的垃圾能全部得到处理，并使车辆在高峰时能顺利进出平台，见图 2-1。

2. 平台是在压实垃圾体上加石料或块状渣土修筑，亦可铺垫特制钢板。

3. 不得利用边坡锚固平台作倾卸（卸料）平台或临时道路，倾卸平台和临时道路应远离防渗边坡及其平台 5m 以上。

4. 倾卸平台周围应设置雨水沟，以保障在降雨时平台不被雨水浸泡。

5. 倾卸平台在作业过程中受推土机推铲、雨水冲刷、垃圾沉降等因素的影响，会逐渐变薄、变小，需及时修补以保障其功能。

6. 倾卸平台使用完毕后应及时将修筑平台的材料回收以避免材料浪费并节约库容。

2.3.2　填埋区临时道路修筑及维护

1. 填埋区临时道路应根据垃圾填埋单元合理设置，并设置交通指示牌。

2. 根据行车流量设计临时道路宽度，单车道路面宽 3m 以上，双车道路面 7m 以上[6]。见图 2-2。

图 2-1　典型倾卸平台

图 2-2　典型填埋区临时道路

3. 临时道路路面采用"泥结石"结构形式，石料采用建筑垃圾或大的石块，也可采用铺垫钢板路基箱。两边布设排水沟。

4. 临时道路应在填埋作业前 8h 内修好，使用过程损坏应在 2h 内修复，路面应平整、干净，无明显坑洼不平和杂物，方便行车，无陷车问题，无司机投诉。

2.3.3　摊铺

1. 垃圾即来即推

由现场指挥指挥垃圾车有序进入倾卸平台并尽快倾倒垃圾，垃圾倾倒后，现场推土机迅速将倾卸的垃圾推走，以方便新的垃圾车倾卸。最后督促卸完的垃圾车迅速驶离倾卸平台，并按照指示的方向和道路离开作业区。

2. 机械摊铺要求

（1）推土机推动垃圾时的倾斜度不得大于 1:5，须控制垃圾平面有 2% ~ 3% 的排水坡度。

（2）摊铺垃圾的厚度每层不得大于 0.6m，垃圾层高不超过 6m，特殊区域必须按照设计要求进行。

（3）推土机必须在作业范围内推动垃圾，距离作业边界必须在 2m 以上。见图 2-3。

（4）距离场底 3m 以下的垃圾体不得上重型机械设备，所有机械设备应远离防渗边坡及平台 2m 以上，此区域的垃圾只能用挖掘机远距离摊铺。

（5）靠边坡 10m 范围，须正对边坡方向作业，不得平行或斜行作业。

（6）在库区边坡摊铺作业时，应事先做好边坡保护工作。垃圾摊铺之前需做好垃圾分拣，防止尖锐物将边坡防渗膜刺伤。边坡区域垃圾摊铺过程中，若发现边坡防渗膜有被拉裂、损坏的，应立即停止作业并采取措施修复防渗层。

2.3.4　压实

1. 压实作业有平压、由上往下、由下往上三种。由下往上压实效果最好，由上往下压时，垃圾体稳定性不如前者，但操作简单（见图 2-4）。

图 2-3　摊铺作业

图 2-4　压实作业

2. 压实机压实要求

（1）压实机必须在作业范围内压实垃圾，而且距离作业面边界必须在 3m 以上。

（2）推土机每推一层垃圾（每层最大厚度为 0.6m），需用压实机来回压实三次。

3. 垃圾密实度要求：经压实机压实后的生活垃圾，其密实度应达到 $0.9t/m^3$ 以上。

2.4　雨污分流

2.4.1　雨污分流总要求

渗沥液年产生量不得大于年总垃圾量的 40%，雨季不大于 45%，旱季不大于 35%[2]。

2.4.2　雨污分流措施

1. 地表水管控

（1）应按照规划和设计在垃圾体上形成排水坡面和沟槽[3]。见图 2-5。

（2）除了作业面外所有平面、坡面、沟槽均须采用膜覆盖，雨水渗入垃圾体的水量不得大于汇集雨水量的 10%，超过一周时间以上的垃圾堆体须加用 0.5mm 厚 HDPE 膜或同等强度的膜焊接覆盖，不得有漏焊和孔洞现象[2]。

（3）应采用防老化的土工布袋或聚乙烯（PE）袋装土压膜，间距不得大于 3m，重量不小于 25kg，并尽可能增加渔网固定，使覆盖膜有足够抗台风能力[2]。

（4）沟槽应增加一层 0.5mm 厚 HDPE 膜或同等强度的膜覆盖等有效措施[2]。

2. 覆盖

（1）日常临时覆盖

1）7 日内需要再进行填埋作业的填埋区域，应采用 0.3mm 厚防渗塑料编织布或同等强度的材料搭接覆盖。

2）覆盖时间要求：铺膜作业班每天收工前一个小时须将作业面缩小至日作业面积的一半以下，当日填埋任务完成后将当日现场作业面全覆盖，现场看不见垃圾。

3）揭膜时间要求：每天早上揭膜时间不得早于作业前半个小时，在生活垃圾进场前

图 2-5　地表水管控

图 2-6　覆盖 HDPE 膜

将规划填埋区域内的覆盖材料打开，每个独立填埋作业面每次打开的覆盖面积应控制在每日作业面积以下。

4）覆盖技术要求：确保编织布与编织布之间分层次、无缝搭接，搭接宽度 50～70cm，且搭接口应是顺水搭接；编织布覆盖好后应采用土工布沙袋或 PE 沙包压好，防止被风吹散，沙袋之间距离不得大于 2m；白天安排专人巡查，遇有编织布被风吹开的情况，应及时盖好、压好。

（2）中期覆盖

1）对于超过 7 日以上不再进行填埋作业的填埋区域，覆盖应采用 0.5mm 厚 HDPE 膜或同等强度材料的膜焊接搭接。HDPE 膜覆盖好后应采用沙袋压好，防止被风吹散，沙袋之间距离不得大于 2m，边坡上的沙袋用塑料绳相连作为稳定措施，见图 2-6。

2）白天安排专人巡查，检查是否有 HDPE 膜破损，沙袋损坏、移位等问题，若有问题，应及时修复。

3. 渗沥液导排

（1）应采用修筑盲沟和水平井的方式将垃圾体内的渗沥液导排出去。

（2）导污盲沟和水平井设置：水平间距不得大于 80m，坡度不得小于 5%，垂直方向间距不大于 10m；采用直径 200mm 以上 HDPE 管，外包断面为 1m×1m、直径为 2～4cm 不良级配碎石（含泥沙量少于 5%），再外包 250g/m² 土工布。

（3）渗沥液收集和导排不得采用明沟。

（4）不得有渗沥液进入雨水沟渠；不得有渗沥液污染地表水、地下水。

（5）每天应有专人检查填埋区内所有雨、污排水沟（管）并作相应维护。

2.5　臭气控制

填埋场的臭气污染主要来自两方面：一是填埋气的无序排放散发臭气；二是垃圾渗沥液散发臭气。生活垃圾填埋过程中，垃圾中有机成分好氧和厌氧发酵过程均产生一定量的填埋气体，其中主要的恶臭物质为氨、硫化氢和甲硫醇；渗沥液中含有大量的病原微生物和其他复杂的有毒有害物质，暴露于空气中会产生臭气。

2.5.1 臭气控制标准

填埋场周边的臭气浓度须达到国标《恶臭污染物排放标准》GB 14554—1993 的二级标准[6]（见表 2-6）。

恶臭污染物厂界标准值　　　　　表 2-6

序号	控制项目	单位	一级	二级		三级	
				新扩改建	现有	新扩改建	现有
1	氨	mg/m³	1	1.5	2	4	5
2	三甲胺	mg/m³	0.05	0.08	0.15	0.45	0.8
3	硫化氢	mg/m³	0.03	0.06	0.1	0.32	0.6
4	甲硫醇	mg/m³	0.004	0.007	0.01	0.02	0.035
5	甲硫醚	mg/m³	0.03	0.07	0.15	0.55	1.1
6	二甲二硫	mg/m³	0.03	0.06	0.13	0.42	0.71
7	二硫化碳	mg/m³	2	3	5	8	10
8	苯乙烯	mg/m³	3	5	7	14	19
9	臭气浓度	无量纲	10	20	30	60	70

2.5.2 臭气控制措施

1. 合理安排工作时间

为缩短填埋作业过程中臭气扩散的时间，应尽量缩短作业周期，并安排垃圾在集中时间段进场。一般情况下，可安排每天 6：00 ~ 18：00 进行填埋作业，其他时间内将整个填埋库区覆盖。

2. 努力控制并缩小作业面积

（1）应根据日进场垃圾量和垃圾填埋厚度控制每日作业面积。每天揭膜面积不得大于日控制面积，且揭膜工作应和垃圾填埋进度配合进行，做到边填埋边揭盖。

（2）日常覆盖中需在每天收工前一个小时须将作业面缩小至日控制面积的一半以下，当日填埋任务完成后将当日现场作业面全覆盖密封。

（3）对于超过 7 日以上不再进行填埋作业的填埋区域，应使用一层 0.5mm 厚 HDPE 膜覆盖并黏接严密。

3. 现场喷洒除臭剂

（1）除臭剂中的种类主要有：物理除臭、化学除臭剂、微生物型除臭剂、植物型除臭剂和复合型除臭剂。目前垃圾填埋场使用的除臭剂主要以微生物型除臭剂和植物型除臭剂为主。

（2）每日库区揭膜过程中、填埋作业过程中、盖膜过程中等环节需用专用除臭设备对作业面喷洒除臭剂。除臭剂浓度及喷洒次数依现场臭气情况而定，并根据不同季节、不同天气状况对除臭剂浓度、喷洒频次、喷洒时间段进行调整，见图2-7。

图 2-7　现场喷洒除臭剂作业

（3）由于填埋作业现场作业面积较大，若有些区域除臭设备无法到达，可用拉管的方式进行人工喷洒除臭。

4. 从源头控制臭源

（1）为防止降雨、台风使膜破损或被掀开，每天须由专人在垃圾面上巡查，确保非作业区无垃圾及渗沥液裸露，无雨污混流的情况。

（2）对库区的填埋气体收集系统进行巡查，将暂时没有联通的填埋气体收集井进行井口密封，发现管道破损、破裂导致漏气漏水的情况须立即修复，同时对破损处重点除臭，将臭源消灭。

（3）对库区的渗沥液输送管道进行巡检，一旦发现有管道破裂、破损的情况，应立即进行修复。

（4）解决垃圾车辆的滴漏问题，加强对道路的冲洗工作，对于垃圾水滴漏较多的区域使用除臭剂喷洒除臭。

（5）用洗车设施对出场垃圾车辆进行冲洗，确保垃圾车辆不带垃圾和臭气出场。

5. 采取各种措施进行针对性除臭

（1）使用臭气监测仪器寻找场区重点臭源，从而制定针对性除臭方案。

（2）为避免臭气扩散对周边居民的影响，可在填埋场的下风向设置臭气拦挡幕墙，以拦截飘散的臭气并进行消除。

2.6　中期封场

中期封场是指填埋场部分区域已填埋一定的垃圾后，需停放2年以上时间暂时不再填埋垃圾，此时该区域需进行较高标准的封盖。

2.6.1　中期封场覆盖系统的功能

中期封场覆盖系统的基本功能和作用包括：

1. 减少雨水和其他外来水渗入垃圾体内，达到减少垃圾渗沥液的目的；

2. 控制填埋场臭气散发，使填埋气体有组织地从填埋场上部释放并收集，达到控制污染和综合利用的目的；

3. 防止地表径流无序排放，避免垃圾的扩散及其与人和动物的直接接触。

2.6.2　中期封场覆盖材料

中期覆盖要求覆盖材料的渗透性能较差，常用的有黏土、土工薄膜、土工合成黏土层等[7]。

1. 黏土

黏土的优点在于：成本低、施工难度小、不易被石子刺穿等。

黏土的缺点在于：渗透系数偏大，防渗性能较差、使用时所需土方多、施工量大、施工速度慢、抗拉伸性能差，易随着垃圾堆体不均匀沉降产生裂缝等。

2. 土工薄膜

目前应用最广泛的土工薄膜为高密度聚乙烯（HDPE）膜。

土工薄膜的优点为：防渗性能好、施工时工程量小、节约填埋空间、抗拉伸性能相对较好。

土工薄膜的缺点为：容易被尖锐物刺穿、存在老化问题、焊合接缝易出现接触张口、抗剪切性能差。

3. 土工合成黏土层

土工合成黏土层一般是用土工布夹着一层膨润土。

土工合成黏土层的优点是：渗透系数比压实黏土低、抗拉伸能力强、体积相对较小。

土工合成黏土层的缺点是：膨润土吸湿膨胀后抗剪切性能变差、容易被尖锐的石子或根系刺穿、含水率低时膨润土会透气。

2.6.3　中期封场覆盖要求

1. 中期覆盖可在日常覆盖层的基础上加盖一层 HDPE 膜。HDPE 膜的厚度至少为 0.5mm，渗透系数应小于 1×10^{-12} cm/s，应具有良好的抗老化性。覆盖时应在覆盖层上、下部设置保护层，防止覆盖层遭到刺穿破坏。边坡长度大于 10m 时，应在边坡或平台上设置锚固沟。需在覆盖层上压载渔网、沙袋等，以防止覆盖膜被风吹起[8]。

2. 采用黏土层作为覆盖层时，覆盖层的厚度不应小于 30cm，应进行分层压实，压实度不应小于 90%，渗透系数不应小于 1×10^{-5} cm/s，黏土层表面应平整、光滑，平整度应达到每平方米误差不大于 2cm。

3. 为使覆盖层上雨水顺利导排，覆盖层需留有 2% 左右的排水坡度，且需在堆体顶面及边坡设置表面雨水导排沟，以防止表面径流对覆盖层的冲刷（见图 2-8）。

4. 覆盖层下的气体收集可采用垂直气井、水平集气管或井 - 管混合式填埋气体导排系统。

5. 覆盖层下的渗沥液导排可采用库底导

图 2-8　填埋堆体顶表面雨水导排沟

排和水平盲沟导排的形式。当无法实施库底导排时，应在垃圾堆体上设置渗沥液垂直导排井，并用压缩空气将堆体内的渗沥液排出。

本章执笔人：张彦敏；校审：黄中林

思考题

（1）垃圾填埋时为什么需要修建倾倒平台？目前较常用的修建材料主要有哪些？

（2）垃圾摊铺的具体作业要求是什么？

（3）雨污分流的总要求是什么？

（4）雨污分流的具体措施有哪些？

（5）臭气控制的主要措施有哪些？

参考资料

[1] CJJ 93—2011 生活垃圾卫生填埋场运行维护技术规程 [S]. 北京：中国建筑工业出版社，2011.

[2] 华中科技大学环境科学与工程学院 . 深圳市下坪生活垃圾卫生填埋场运行规程 . 深圳，2012.

[3] 生活垃圾卫生填埋场运营管理手册 [J]. 环卫科学，2009.

[4] 广州市城市管理技术研究中心 . 生活垃圾卫生填埋场运营管理与监管通用手册 . 广州，2010.

[5] 陈海滨，左钢 . 生活垃圾卫生填埋场运营监管的若干问题研究——DBJ19—2011 解读 [J]. 环境卫生工程，2012，20（3）.

[6] CJJ 17—2004 城市生活垃圾卫生填埋技术规范 [S]. 北京：中国建筑工业出版社，2004.

[7] CJJ 112—2007 生活垃圾卫生填埋场封场技术规程 [S]. 北京：中国建筑工业出版社，2007.

[8] 赵由才，宋玉 . 生活垃圾处理与资源化技术手册 [M]. 北京：冶金工业出版社，2007.

第3章　填埋作业过程管理

本章首先简要介绍填埋场投入运营前需要准备的工作，然后重点分析介绍填埋场作业进度计划的表示方法，并结合实例说明进度计划制定过程中主要因素的计算方法及如何绘制垃圾填埋场运营进度图。最后对填埋场作业过程中填埋现场数据管理的方法及要求、填埋场进度计划实施中的监测与调整做了简要的介绍。

本章的重点、难点为：填埋场进度计划制定过程中主要因素的计算方法及绘制垃圾填埋场运营进度图的方法。

3.1　填埋场投入运营前准备

对于规范的垃圾填埋场，在正式投入使用前，制定科学合理的填埋规划非常重要，不仅能确保填埋作业符合卫生填埋规范要求，还可提高填埋场工程投资利用率，减少雨水进入垃圾堆体，减少渗沥液产生量，降低渗沥液出水浓度，有利于填埋气体收集利用。填埋规划主要依据填埋区面积、填埋垃圾高度、每日进场垃圾量、场区交通等基本条件制定，一般填埋场投入使用前制定分区填埋规划，包括各区域面积、容量、各区分布、交通布置、雨污分流设置等内容[1]。

填埋场运营之前，要完成以下重要准备工作。

3.1.1　通信

发生事故，找医生、消防、警察的紧急呼救电话。入门检查站和施工工地之间的联系电话（例如：通过无线电、移动电话等）。

3.1.2　培训

工作人员在上岗之前要按照专门课程安排进行培训。培训结束时要有一系列考试。要让工作人员了解各种可能的危险及安全措施。

3.1.3　卫生保健

医务室要配备急救药箱(1～2人要在急救方面受过培训)。要有盥洗室、厕所、更衣室。工作人员要注射预防破伤风和肝炎的疫苗。配备工作服装、防雨和冬季保暖的服装、防尘面罩、护耳等劳保用品。

3.1.4　填埋计划

填埋规划把填埋场分成几个填埋分区，每个分区根据运营的进度要求，应制定填埋计划，划分填埋单元，以便尽可能减少渗沥液。制定填埋计划必须考虑堆体稳定、气体收集、倾卸平台的位置等方面的问题。作业面要尽可能小。过大的作业面对保持填埋场整洁卫生不利。

3.1.5　填埋场用建筑材料

准备好修建和保养填埋库区道路与倾卸平台的用料（石子或建筑垃圾等）。垃圾车必须能够安全稳固的在填埋场表层行驶。倾卸平台必须加固。

3.1.6　照明

填埋场入口和倾卸平台必要时设置移动照明，以便夜间工作。入口处在非工作期间也要照明，防止有人未经允许进入填埋场。

3.1.7　消防

填埋场最好的灭火方法是用泥土灭火。因此，在填埋场地需要预备足够的泥土，泥土最好是用装载机（配有橡胶轮胎）从侧面向火灾处倾倒。泡沫灭火或用水灭火只是在个别情况下才使用。车间要配备消防器材（消火栓）。填埋场上的每个机器设备都要备有自己的灭火器。不工作期间，填埋区上不要留下任何机械。楼房建筑物和构筑物要符合消防规定。

3.1.8　操作指南

内容包括规定作业时间，工作班次，换班交接要求，规定接收的垃圾，进场垃圾计量、收费及特性检查，维护场地秩序，相关责任等。未经许可，禁止入内。作业时间结束后要关闭场所。

3.2　填埋作业进度计划

3.2.1　填埋作业进度计划表示方法

安排填埋作业进度计划的目的是为了提高填埋场工程投资利用率，节约运营成本；使填埋作业有序地进行，避免因"乱堆、乱倒"现象造成环境的二次污染，降低对防渗系统的破坏。

基本进度计划要说明垃圾需在哪块区域进行填埋，填埋厚度多少，何时进行堆体压实，何时填土覆盖。同时，根据进度计划安排还可合理安排作业人数、作业时间。常用的制定进度计划的方法有以下几种：

1. 关键日期表

这是最简单的一种进度计划表，它只列出一些关键活动和进行的日期节点。

2. 横道图

横道图又称甘特图（Gantt），是应用广泛的进度表达方式，横道图通常在左侧垂直向下依次排列工程任务的各项工作名称，而在右边与之紧邻的时间度表中则对应各项工作逐项绘制道线，从而使每项工作的起止时间均可由横道线的两个端点来得以表示。

3. 斜线图

斜线图，是将横道图中的水平工作进度线改绘为斜线，在图左侧纵向依次排列各项目工作活动所处的不同空间位置，在图右侧时间进度表中斜向画出代表各种不同活动的工作进度直线的一种与横道图含义类似的进度图表。

4. 线型图

线型图，是利用二维直角坐标系中的直线、折线或曲线来表示完成一项工作量所需时间，或在一定时间内所完成工程量的一种进度计划表达方式。一般分为时间-距离图和时间-速度图等不同形式。

5. 网络图

网络图，是利用箭头和节点所组成的有向、有序的网状图形来表示总体工程任务各项工作流程或系统安排的一种进度计划表达方式。

由于以上几种进度计划表示方法仅能表示各项工作之间的时间关系，而填埋作业规划还需从空间上对整个填埋区进行合理规划，并对在作业过程中出现的偏差做出及时的调整，所以以上几种表示方法均不适用于垃圾填埋作业进度计划的制定。

根据广东省内多座填埋场的运营经验，结合先进的计算机技术，填埋作业进度计划可采用Excel表格计算、横道图时间标示、三维图形模拟以及文字说明相结合的方式，制定年、月、周、日填埋作业计划。根据工程设计预测的垃圾产生量，计算本年需要使用的总库容、覆土量、填埋面积以及填埋高度，并按月、周、日将每项数据以Excel表格形式划分罗列。根据Excel表格数据，结合填埋作业的技术要求，将卸料、摊铺、压实、覆土、灭虫的进度安排制成横道图，由计量员和填埋作业现场协调员共同控制各项工作的进度。从某种程度而言，前两者的结合已可推进填埋作业有序的按计划进行，但这仅限于运营的初期阶段。在运营过程中，由于垃圾堆体的不均匀沉降，使得计算数据与现场的实际情况出现了偏差，此时就需要运用三维图形模拟技术对填埋作业规划进行调整。三维图形模拟技术的应用，让整个填埋规划更精确、更直观、更可控。具体的计算及规划图绘制方法详见后续章节。

案例一：以下为某填埋场整体填埋规划表。

填埋场总库区使用规划计算表 表 3-1

年份	2011	2012	2013	2014	2015
垃圾日处理量（t）	300.0	312.0	324.5	337.5	351.0
年填埋容积（万m³）	8.4	8.8	9.1	9.5	9.9

续表

年份	2011	2012	2013	2014	2015
垃圾累积填埋容积（万m³）	8.4	17.2	26.3	35.8	45.6
覆盖土体积（万m³）	2.0	2.0	2.1	2.2	2.3
库区累积使用量（万m³）	10.4	21.2	32.4	44.1	56.2
年份	2016	2017	2018	2019	2020
垃圾日处理量（t）	365.0	379.6	394.8	410.6	427.0
年填埋容积（万m³）	10.2	10.7	11.1	11.5	12.0
垃圾累积填埋容积（万m³）	55.9	66.5	77.6	89.1	101.1
覆盖土体积（万m³）	2.4	2.5	2.6	2.7	2.8
库区累积使用量（万m³）	68.8	82.0	95.6	109.8	124.6
年份	2021	2022	2023	2024	2025
垃圾日处理量（t）	439.8	453.0	466.6	480.6	495.0
年填埋容积（万m³）	12.3	12.7	13.1	13.5	13.9
垃圾累积填埋容积（万m³）	113.5	126.2	139.3	152.8	166.7
覆盖土体积（万m³）	2.9	3.0	3.0	3.1	3.2
库区累积使用量（万m³）	139.8	155.5	171.6	188.3	205.4
年份	2026	2027	2028	2029	2030
垃圾日处理量（t）	509.9	525.1	540.9	557.1	573.8
年填埋容积（万m³）	14.3	14.7	15.2	15.6	16.1
垃圾累积填埋容积（万m³）	181.0	195.7	210.9	226.6	242.7
覆盖土体积（万m³）	3.3	3.4	3.5	3.6	3.7
库区累积使用量（万m³）	223.0	241.2	259.9	279.2	299.0
年份	2031	2032	2033	2034	2035
垃圾日处理量（t）	591.1	608.8	627.1	645.9	665.2
年填埋容积（万m³）	16.6	17.1	17.6	18.1	18.7
垃圾累积填埋容积（万m³）	259.3	276.4	294.0	312.1	330.8
覆盖土体积（万m³）	3.9	4.0	4.1	4.2	4.3
库区累积使用量（万m³）	319.5	340.5	362.2	384.6	407.6

注：1. 该场按 2011 年垃圾填埋量 300t/d，近 10 年（2011～2020 年）垃圾增长率 4%，以后逐年增长率按 3% 测算；

2. 垃圾填埋经压实后密度达到 0.8t/m³，覆土量与垃圾量比按 1∶7，即 300t 的垃圾填埋压实后体积约 375m³，则年覆土量约 2.0 万 m³（375/0.8×365/7）；

3. 垃圾填埋后，在填埋堆体内厌氧反应消解后，容积系数按 1.3t/m³ 计算，则 300t/d 的垃圾量占的填埋库区容积约 8.4 万 m³（300/1.3×365）；

4. 该场设计总库容为 410 万 m³，则可供该地区使用 25 年（2011～2035 年）；

5. 此处暂按覆盖土进行规划，如采用膜覆盖，则可相应减少覆盖土用量，相应进行调整。

案例二：以下为上述填埋场第一期库区各时段填埋规划列表。

第一期库区填埋规划表　　　　　　　　　　　　　　　表 3-2

年份	2011	2012	2013	2014
垃圾日处理量（t）	300.0	312.0	324.5	337.5
年填埋容积（万m³）	8.4	8.8	9.1	9.5
覆盖土体积（万m³）	2.0	2.0	2.1	2.2
垃圾及覆土容积（万m³）	10.4	10.8	11.2	11.7
填埋区域	①	②	③	④

注：填埋区域应根据规划表进行绘制，以平面图或立体图表示分层、分区填埋规划，上表中①、②、③、④分别代表图中相应区域。

2011 年度填埋规划表　　　　　　　　　　　　　　　表 3-3

月份	垃圾填埋量（t/月）	覆土量（m³/月）	需求容积（m³/月）	填埋厚度（m）	需求面积（m²）	规划填埋区域
1	9300	1661	8815	6	1500	A
2	8400	1500	7962	6	1500	B
3	9300	1661	8815	6	1500	C
4	9000	1607	8530	6	1500	D
5	9300	1661	8815	6	1500	E
6	9000	1607	8530	6	1500	F
7	9300	1661	8815	6	1500	G
8	9300	1661	8815	6	1500	H
9	9000	1607	8530	6	1500	I
10	9300	1661	8815	6	1500	J
11	9000	1607	8530	6	1500	K
12	9300	1661	8815	6	1500	L

注：1. 填埋厚度可根据具体实际区域或需要进行调整，需求面积为大约数；

2. 填埋区域应根据规划表进行绘制，以平面图或立体图表示分层、分区填埋规划，上表中 A、B、C、……、K、L 分别代表图中相应区域。

2011 年 6 月填埋规划表　　　　　　　　　　　　　　　表 3-4

日期	垃圾填埋量（t/d）	覆土量（m³/d）	填埋容积（m³/d）	规划填埋区域
6月1日	300	53.6	300	①
6月2日	300	53.6	300	①

续表

日期	垃圾填埋量（t/d）	覆土量（m³/d）	填埋容积（m³/d）	规划填埋区域
6月3日	300	53.6	300	②
……				
6月28日	300	53.6	300	……
6月29日	300	53.6	300	……
6月30日	300	53.6	300	……

注：填埋区域应根据规划表进行绘制，以平面简图或立体图表示填埋规划，上表中①、②、③……分别代表图中相应区域。

3.2.2　填埋作业进度计划内容

填埋作业计划是填埋场运行管理达到卫生填埋技术规范要求的重要保障。应有年、月、周、日填埋作业计划，严格按填埋作业计划进行作业管理，才能确保填埋安全并符合卫生填埋规范要求，填埋作业计划主要内容如下：

1. 根据填埋分区，确定每周、每日填埋作业单元，雨季备有应急作业单元；

2. 填埋区内临时道路路线及每周道路修筑工作量；

3. 每日倾卸平台位置及平台修筑工作量；

4. 每月、每周边坡保持层施工范围控制和工作量；

5. 每月、每周填埋气体收集井设置和安装工作量；

6. 填埋区日覆盖工作量；

7. 填埋区雨、污分流设施布置及工作量；

8. 每层垃圾标高和坡度的控制，每个单元范围的控制；

9. 填埋作业过程人员和设备安排，材料准备；

10. 填埋作业日覆盖材料的准备和调配；

11. 填埋作业过程安全防护和应急措施[1]。

3.3　作业进度计算

3.3.1　填埋规划术语

1. 计划垃圾填埋处理量

计划垃圾处理量（t/d）＝计划收集垃圾量（t/d）＋其余垃圾运入量（t/d）＝计划收集人口数（人）× 每人每日平均排出量 ×10⁶g /（人·d）＋其余垃圾运入量（t/d）。

2. 垃圾压实密度

指由垃圾压实机械将垃圾挤压成紧固状态时的垃圾密度。这个数值根据填埋垃圾的种类、使用的填埋机械不同而异。日本经长期汇总有如下数据可供参考（见表3-5）：

不同垃圾密度代表值 表 3-5

序号	垃圾压实密度	范围（t/m³）	平均（t/m³）	代表值（t/m³）	
1	可燃垃圾主体（60%以上）	0.74~1.00	0.83	可燃垃圾	0.77
2	不可燃垃圾主体（60%以上）	0.42~1.59	0.86	建筑废材 焚烧残灰	0.71 1.00
3	混合垃圾	0.41~1.28	0.71	污泥 塑料系不燃垃圾	0.80 0.43

我国对垃圾填埋场压实密度的要求为 ≥ 0.6 t/m³，各地市根据其经济水平、填埋场的管理要求对垃圾填埋场的垃圾压实密度也有不同的要求（见表 3-6）：

我国主要地区对填埋场垃圾压实密度的要求 表 3-6

地区	要求值（t/m³）	标准出处	备注
国家	≥0.6	《生活垃圾卫生填埋技术规范》 GB 50869—2013	
国家	≥0.6	《生活垃圾卫生填埋场运行维护技术规程》CJJ 93—2011	
北京	经过压实后垃圾的密度≥0.9 t/m³（按年核算），未配备压实机的小型填埋场压实密度≥0.8 t/m³（按年核算）	北京地标《生活垃圾卫生填埋场运行管理规范》DB 11T 270—2005	
福建	≥0.8	福建省地标《城市生活垃圾卫生填埋场运行维护及考核评价标准》征求意见稿	
广东（广州市兴丰生活垃圾卫生填埋场）	≥0.9		运营单位根据实际情况确定
广东（河源市七寨生活垃圾卫生填埋场）	≥0.8		运营单位根据实际情况确定

以河源市七寨生活垃圾卫生填埋场为例，通过压实作业将垃圾减少填埋垃圾间的空隙，保证填埋场有较长的使用寿命。

推土机摊铺作业后形成的一层不超过 0.5m 的垃圾层，之后采用垃圾卫生填埋专用压实机进行压实。压实机每趟作业至少来回压实 2 次，压实密度要求达到 0.8t/m³。垃圾填埋场在堆体稳定后，堆体自身沉降并得到进一步的压实，最终容积系数（1 立方米库容可容纳的垃圾量）可到达 1.2 ~ 1.4 t/m³。

3. 垃圾填埋容量

垃圾填埋容量（m³/d）＝垃圾填埋量（t/d）/ 垃圾压实密度（t/m³）；以往垃圾填埋容量多用质量表示，现在一般用容积表示。

4. 垃圾填埋高度

垃圾填埋高度 ＝ 填埋容积 / 填埋面积；

5. 覆盖厚度

一般垃圾一次性填埋，每层垃圾厚度应为 3m 左右。当天作业完毕，覆土 20 ~ 30cm

左右。最终覆土，考虑到填埋场的生态恢复，层厚达到 1m。

3.3.2　作业进度计算公式

作业进度的计算应根据进场垃圾的量、垃圾压实密度、作业覆土量等来确定填埋分区各单元的作业进度。

1. 垃圾填埋容量

为精确估算此值，尽管需要考虑的诸多因素，但工程上往往采用以下近似算法[3]即可满足作业进度设计的需求。

$$V_n = \text{垃圾填埋量} + \text{覆盖土量} = (1-f) \times \left[\frac{365 \times W}{\rho} \right] + \left[\frac{365 \times W}{\rho} \right] \times \varphi \qquad (3-1)$$

$$V_t = \sum_{n=1}^{N} V_n \qquad (3-2)$$

式中　　V_t——填埋总容量，m³；

　　　　V_n——第 n 年垃圾填埋容量，m³/a；

　　　　N——规划填埋场使用年数，a；

　　　　f——体积减小率，一般指垃圾在填埋场中降解，一般取值为 0.15 ~ 0.25，与垃圾组分有关；

　　　　W——每日计划填埋垃圾量，kg/d；

　　　　φ——填埋时覆土体积占废物的比率，0.15 ~ 0.25；

　　　　ρ——废物平均密度，在填埋场中压实后垃圾的密度可达到 750 ~ 950kg/m³。

2. 填埋所需面积 [3]

$$A = (1.05 \sim 1.20) \times \left[\frac{V_t}{H} \right] \qquad (3-3)$$

式中　　A——填埋作业所需面积，m²；

　　　　H——填埋作业面的深度，m；

1.05 ~ 1.20——修正系数，决定于两个因素，即填埋场地面下的方形度与周边设施占地大小，因实际用于填埋地面下的容积通常非方体，侧面大都为斜坡度。

3. 填埋垃圾量（t/d）的确定

由于填埋场的服务年限均较长，因此在规划作业进度时候，应充分考虑人口的增长率与垃圾产率的变化。一般按照年增长率进行计算（取值为 3% ~ 8%），填埋场的运营单位可以根据实际运营数据汇总预测本场的垃圾增长率。同时，由于垃圾产量的季节性变化较大，因此需考虑季节性变化的影响因素。

3.3.3　作业进度计算案例分析

以河源市七寨生活垃圾卫生填埋场为例。一期工程场底按照规划运营分区的原则进行分区，每个分区能够供运营单位使用半年计，运营起始年为 2009 年，该年日均产垃圾量为 340t/d。

1. 分区计算

采用式（3-1）计算半年（按照 183d 计）七寨生活垃圾填埋场堆填垃圾所需体积为：

$$V_{1/2}= 垃圾填埋量 + 覆盖土量 = （1-0.2）\times\left[\dfrac{183\times340}{0.8}\right]+\left[\dfrac{183\times340}{0.8}\right]\times0.15=73886.25\text{m}^3$$

其中 W=340t/d，f 取 0.2，φ 取 0.15，ρ 取 0.8t/m^3。

因此，以半年堆填垃圾量为一个分区，则所需要的填埋区的体积为 $V_{1/2}\approx7.4$ 万 m^3。

分区作业面的高度按照到达第 1 级锚固平台为 7m（最高），因此所需要的面积为

$$A=（1.20）\times\left[\dfrac{7.4}{7}\right]=1.268 \text{ 万 m}^2$$

2. 单元计算

作业单位面积即填埋作业一天所需要的面积，计算如下：

$$V_{1/2}= 垃圾填埋量 + 覆盖土量 = （1-0.2）\times\left[\dfrac{340}{0.8}\right]+\left[\dfrac{340}{0.8}\right]\times0.15=403.75\text{m}^3$$

$$A_{1d}=1.0\times\left[\dfrac{V_{1d}}{3}\right]=135\text{m}^2$$

注：作业单元垃圾堆填的高度不宜太高，一般取 3m 左右。

3.4 作业规划图的绘制

3.4.1 作业规划图绘制工具及所需资料

1. 规划图绘制基础资料收集

运营方应在进场运营前做好运营前期的规划工作，填埋规划图的绘制需要如下基础资料：

（1）填埋场的工艺平面图（包含各个主要控制点的高程、库区的整体坡度方向、进场填埋便道的位置等）；

（2）所填埋垃圾的性质（包括垃圾的含水率、进场垃圾的容重、垃圾的成分等信息）；

（3）填埋场日覆土、中期覆土等阶段用土的土源，覆盖土及覆盖膜等材料的临时堆放场位置及规模。

2. 规划图绘制工具

绘制规划图可以采用传统绘图软件 AutoCAD，也可采用 Civil 3D。传统绘图软件 AutoCAD 此处不再介绍，以下仅简要介绍 Civil 3D。

Civil 3D 软件是一款面向土木工程设计与文档编制的建筑信息模型（BIM）解决方案。

Civil 3D 能够帮助从事交通运输、土地开发和水利项目的土木工程专业人员保持协调一致，更轻松、更高效地探索设计方案，分析项目性能，并提供相互一致、更高质量的文档。

Civil 3D 就是根据专业需要进行了专门定制的 AutoCAD，是业界认可的土木工程软件包，可以加快设计理念的实现过程。它的三维动态工程模型有助于快速完成道路工程、场地、雨水 / 污水排放系统以及场地规划设计。所有曲面、横断面、纵断面、标注等均以动态方式链接，可更快、更轻松地评估多种设计方案、做出更明智的决策并生成最新的图纸。

测量命令已完全集成到 Civil 3D 工具集和用户界面中。用户可以在完全一致的环境中进行各种工作，包括从导入外部地形资料、最小二乘法平差和编辑测量观测值，到管理点编组、创建地形模型以及设计地块和路线。

因此填埋场运营的规划设计利用 Civil 3D 的模型构建功能可以实现以下功能：

（1）更为精确地计算选定填埋区域能够填埋的垃圾量；

（2）更为直观地显示堆填点位、垃圾堆填形态；

（3）更方便填埋管理人员对现场情况的控制，并对填埋计划及时作出调整。

3.4.2　作业规划图绘制理论依据及思路

1. 作业规划图绘制的依据

（1）《生活垃圾卫生填埋技术规范》GB 50869—2013；

（2）《生活垃圾填埋场污染控制标准》GB 16889—2008；

（3）《生活垃圾填埋场填埋气体收集处理及利用工程技术规范》CJJ 133—2009；

（4）《生活垃圾卫生填埋场运行维护技术规程》CJJ 93—2011；

（5）《生活垃圾卫生填埋场环境监测技术要求》GB/T 18772—2008；

（6）《生活垃圾卫生填埋场运行管理规范》DB11/T 270—2005。

2. 作业规划图绘制基本思路

填埋作业图绘制应依照单元划分的原理，尽量减少垃圾填埋的暴露面，以减少因垃圾暴露而产生的渗沥液、恶臭等污染环境。

（1）单元划分原理

分区作业是将垃圾填埋场分成若干区域，再根据计划按区域进行填埋。每个分区可以分成若干个单元，每个单元通常为一个作业期（通常为一天）的作业量。填埋作业单元完成后，覆盖 20 ～ 30cm 厚的黏土进行压实（若黏土资源不丰富地区可采用 0.5mm 厚 HDPE 膜进行日覆盖）。分区作业可以使得每个填埋区在尽可能短的时间内封顶覆盖，有利于填埋计划的有序进行，并使得各个时期的垃圾分部清楚，同时根据不同时期不同垃圾量的堆填情况，核查运营单位垃圾填埋运营的效果。另外，单独封闭的分区也有利于清污分流，减少垃圾渗沥液的产生量。

（2）单元分区系统图

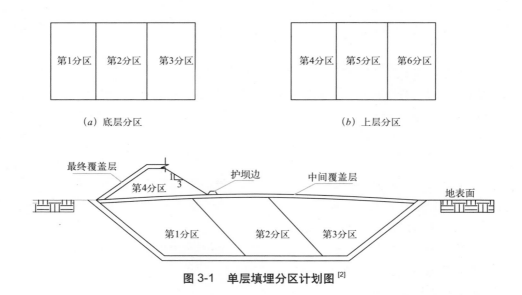

（a）底层分区   （b）上层分区

图 3-1   单层填埋分区计划图 [2]

图 3-1 为一座填埋场的单层填埋分区计划图，如果填埋场高度从基底算起超过 9m，通常在填埋场的部分区域设中间层，中间层设置在高于地平面 3.0 ~ 4.5m 的地方，而不是高于基底 3.0 ~ 4.5m。在这种情况下，这一区域的中间层由 60cm 黏土和山坡表土组成。在底部分区覆盖好中间层后，上面可以开始新的填埋区作业。

在分区计划中需明确表明填土的方向，以防混乱。在已封顶的区域不能设置道路。永久性道路应该与分区平行铺设在填埋场之外，并设置支路通向填埋场底部。交通路线的规划也应在作业规划图中合理表示，使所有垃圾均能够卸入最后剩余的一个单元之中。

3. 作业规划图绘制案例分析

以河源市七寨生活垃圾卫生填埋场为例（填埋场总平面布置图见图 3-2）。

项目名称：河源市七寨生活垃圾卫生填埋场；

项目规模：填埋场总容积为 550 万 m³，可填埋垃圾 580.26 万 t，使用年限 26 年，其中一期工程库区库容为 40.87 万 m³，约可供使用 4 年；

建设地点：河源市紫金县临江镇东江林场内七寨坑；

项目运营模式：以 BOT 模式进行运作。

根据上述资料说明，设计单位在构建填埋场时已经对填埋场进行总体规划，以该填埋场服务范围内城市垃圾的处理需求为目标，填埋场的构建容积即是总体的规划容积。因此运营单位仅需在设计单位规划好的填埋区的基础上进行阶段运营的规划（见图 3-3，图 3-4）。

（1）分区图绘制

河源市七寨垃圾填埋场一期工程库区库容为 40.87 万 m³，按照填埋区运营分区的原则，以半年的垃圾填埋量为 1 个分区，第一分区所容纳的垃圾量为 7.4 万 m³，所需要的填埋面积约为 1.268 万 m²（详见作业进度计算）。

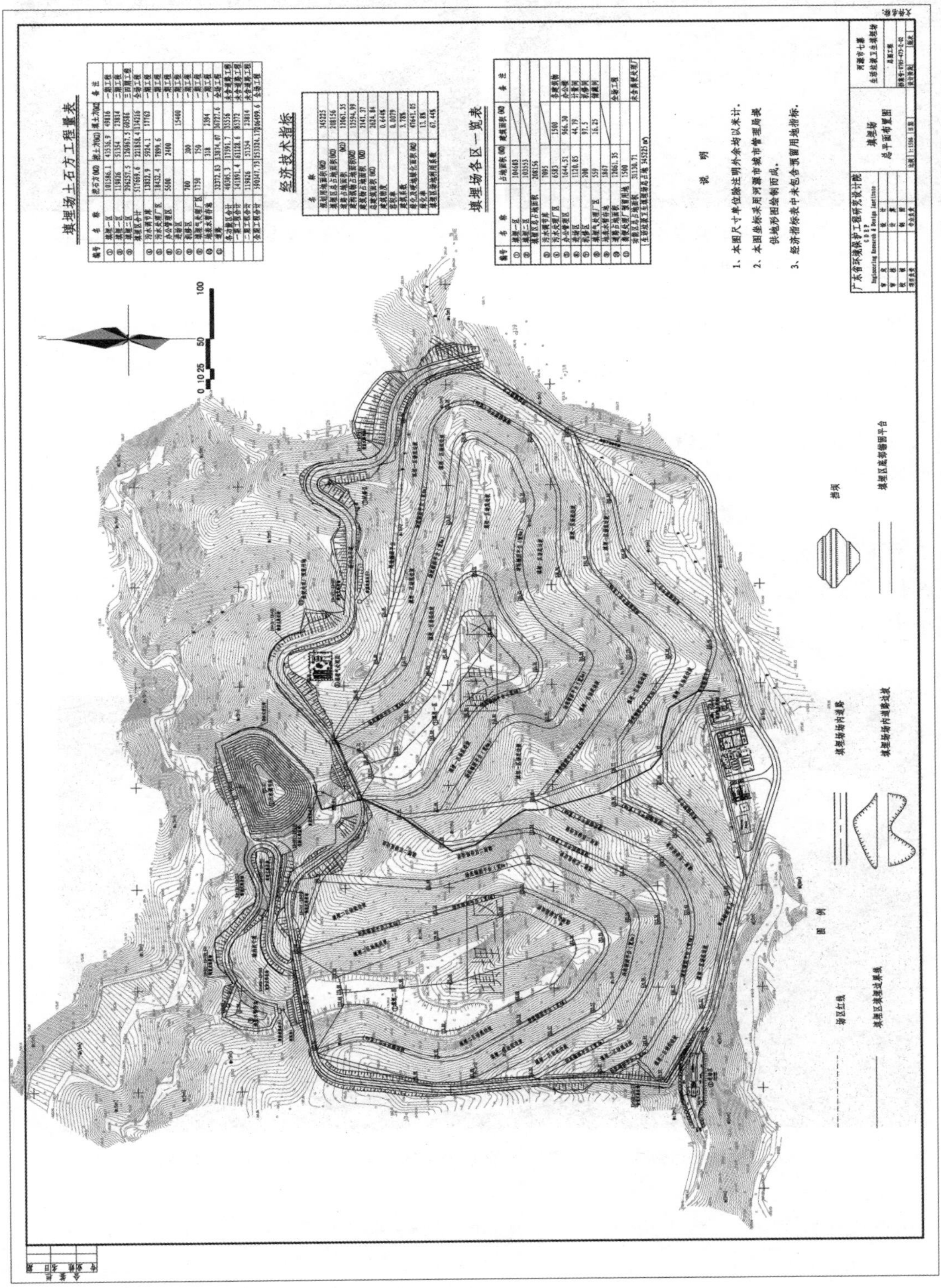

图 3-2 填埋场总平面布置图

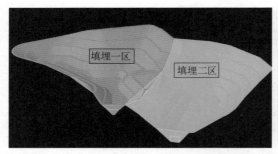

图 3-3 七寨生活垃圾卫生填埋场一期和二期工程
库区底面 3D 图

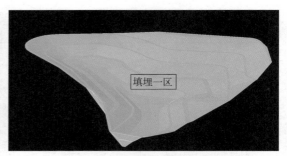

图 3-4 七寨生活垃圾卫生填埋场一期工程
底面 3D 图

堆体堆填规划必须严格按照《生活垃圾卫生填埋场运行维护技术规程》CJJ 93—2011的要求：填埋场应该采用专用垃圾压实机分层连续数遍碾压垃圾，一般说压实后垃圾压实密度可达到 800kg/m³。平面排水坡度应控制在 2% 左右（以利于垃圾堆体表面雨污分流），边坡坡度应小于 1：3（以利于垃圾边坡稳定）。如图 3-5 所示，河源市七寨生活垃圾卫生填埋场运营第一分区即从库区的东南角开始堆填，按照规范要求进行定点倾斜、摊铺、压实、日覆盖，中间覆盖等作业保证压实后的垃圾密度达到不小于 800kg/m³，直至垃圾堆填至 1 级平台。垃圾面的排水坡度不小于 2%，雨水顺着经覆盖后的垃圾面层坡度流向下游挡坝坡脚处，最终通过雨水排水泵抽排出库区。并且保证垃圾最外侧的边坡坡度不小于 1：3。

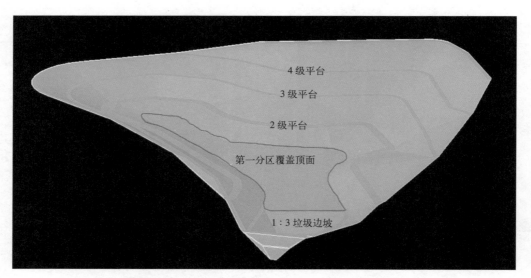

图 3-5 河源市七寨生活垃圾卫生填埋场运营分区第一分区覆盖顶面 3D 图

依此类推绘制第二分区、第三分区直至本填埋场一期工程堆满封场为止（见图 3-6）。

（2）单元图绘制

填埋单元是在已经进行规划分区的区域进行细化划分，其面积相对较小，一般规划

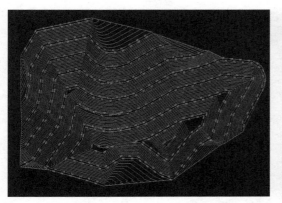
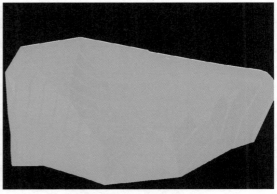

图 3-6 七寨生活垃圾卫生填埋场运营一期和二期填埋完毕覆盖顶面构建及 3D 图

为堆填一天垃圾的量所需要的填埋区域。根据填埋场的构建坡度，应从库区场底高程较高处开始填埋（本场从场区东南角开始），这样垃圾面层的雨水能够顺利地利用填埋场场底构建坡度流向下游坝角，从而保证雨污分流系统能够有效地收集垃圾面层的雨水。同时按照《生活垃圾卫生填埋场运行维护技术规程》CJJ 93—2011 的要求：每日填埋作业完毕后应及时覆盖，覆盖材料应为低渗透性的。采用土覆盖，日覆盖层的厚度宜为 20 ~ 25cm；中间覆盖层厚度不宜小于 30cm，终场覆盖厚度按封场要求。覆盖层应压实平整。斜面日覆盖可用塑料防雨薄膜等材料临时覆盖，作业完成后如逢大雨，应在覆盖面上铺设防雨薄膜。单元作业 1 和单元作业 2 的布置详见图 3-7。运营期的其他单元作业的绘制依此类推。

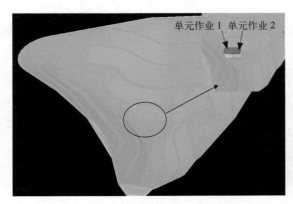
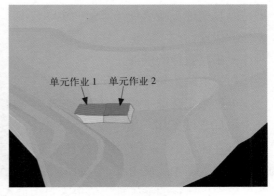

图 3-7 七寨生活垃圾卫生填埋场运营分区第一分区内单元作业布置 3D 图

3.5 填埋现场数据管理

3.5.1 填埋作业现场收集的主要数据及测定方法

填埋作业工作量大，设计的面也较广，因此根据作业点的不同所需要收集的数据也不同，具体如表 3-7 所示。

填埋作业现场主要收集的数据及其测定方法 表 3-7

位置	收集数据	用途	测定方法
垃圾填埋作业点	填埋作业点边界控制点高程	用于核对现场作业和规划的符合性	采用全站仪、经纬仪等测量
	填埋作业边坡的坡度	保证边坡不小于1:3（利于堆体稳定）	
	填埋作业点甲烷气体浓度	控制甲烷气体的浓度	便携式甲烷测定仪
	所需覆土或者覆膜区域尺寸	计算所需的覆土量或者覆膜面积	卷尺/运输车辆计重
	垃圾压实的密度	核实压实的效果	—
	垃圾堆体消杀次数及消杀面积	核查填埋场消杀的情况	—
	作业材料的使用量统计	运营成本核算	—

其他（污水、地下水、空气、土壤等方面）数据收集详见 GB 18772—2008 等相关规范的要求。

3.5.2 填埋现场数据管理

1. 数据管理的对象及分类

数据管理的主要对象是：运营单位每日进行现场测定的运营相关数据及记录。

按照数据的来源不同可以分为人工采集数据和电脑采集数据两类数据的管理。

2. 数据管理的具体要求和必要性

数据管理要求及时、准确、填写规范，具有可追溯性，能经得起推敲。及时准确的数据可以真实地反映填埋场运营的实际状况，是对填埋规划执行情况的检验依据和进行工作调配的依据。

3. 采集数据的管理

（1）电脑采集数据的管理

电脑采集数据主要针对的是PCL控制柜、各类传感器及其他在线监测系统产生的数据，通常电脑系统采用一用一备（1号机、2号机）两套系统主机，每小时系统自动将所有记录数据存储在1、2号机中。在日常运行当中需确保1、2号机均能正常使用，在其中一个机组出现故障无法使用时，至少保证另外一个机组的正常运行，故障的排除需在6h内完成。为保障数据运行的准确性，值班人员采取人工数据记录系统，按时按点抄录一次各个仪表显示的数据。

计量工作人员在每个工作日结束后需完成当天收集数据的整理工作，整理的数据严格根据运营管理手册中规定的方法来进行，出现问题，需要在详细询问当日值班人员后，立即汇报至项目经理并研究相关的解决办法。

当日的数据计算结果需形成统一格式的日报表，每月初由数据管理负责人统计形成统一格式的月报表，并提交至项目经理进行审核。通过审核的报表则进行存档备份作为最后提交至项目审核的报表数据。

（2）人工采集数据的管理

由于填埋场填埋区作业数据多为需要人工采集的数据，且人工数据采集受到主观性的约束较大，因此必须做到所有数据的测定至少有两人分别测定取均值的方法。

计量工作人员在每个工作日结束后需完成当天收集数据的整理工作，整理的数据严格根据运营管理手册中规定的方法来进行，出现问题，需要在详细询问当日值班人员后，立即汇报至项目经理并研究相关的解决办法。

当日的数据计算结果需形成统一格式的日报表，每月初由数据管理负责人统计形成统一格式的月报表，并提交至项目经理进行审核。通过审核的报表则进行存档备份作为最后提交至项目审核的报表数据。

4. 监测仪器校准

监测仪器由于长期使用必然会出现灵敏度下降或者数据不准确等问题，因此定期对监测仪器进行校准是运营工作的重点。

以甲烷监测仪器为例子：

由于固定或便携的甲烷气体分析仪等仪器，在连续使用一段时间后，内部的传感器将会丧失一些灵敏度，如果长时期不进行相关的校准工作，可能会导致最终数据长期不准确，并且对仪器的寿命造成一定的影响，因此所有使用的气体分析仪器均需要定期使用测试气体和校准气体按照相关操作指导进行校准。在校准的过程中，一旦发现有气体传感器显示读数不准确或不稳定的情况下，如确认非气体问题时，须 12h 内通知厂家到场维修。

另外，值班人员需随时留意分析仪显示的气体浓度，如果浓度显示出现较大范围的变化，要立即查看是否为管内气质有所变化还是分析仪出现故障，如果为填埋沼气出现变化，则要马上通知现场工作人员，随时留意是否会影响到填埋气体处理系统的正常运行及填埋场安全作业；如果是分析仪出现故障，必须及时切换至备用分析仪工作，再对问题分析仪进行校准工作，如校准无法解决分析仪问题，则需及时联系厂家到场进行维修工作。

3.6　进度计划实施中的监测与调整

3.6.1　进度计划实施中的监测

对进度计划的执行情况进行跟踪检查是计划执行信息的主要来源，是进度分析和调整的依据，也是进度控制的关键步骤。

1. 定期收集填埋现场相关数据，比较现场数据与规划数据间是否有偏差，分析现场存在的问题。

2. 现场实地检查工程进展情况，收集除可测数据外其他影响计划进度的因素。

3. 定期召开现场会议。

3.6.2 进度计划实施中的调整

在项目进度检查监督过程中，一旦发现实际进度与计划进度不符即出现进度偏差时，项目经理必须认真分析产生的原因及对填埋作业进度的影响，并采取合理的调整措施，确保进度总目标的实现。具体过程如下：

1. 分析产生进度偏差的原因

一般了解产生进度偏差原因的最好方法是：项目经理深入现场进行调查或通过召开现场会，与作业现场有关人员进行面对面的交谈，分析产生偏差的原因。

填埋作业过程中影响进度计划的因素可以分为几类：人为因素、机械设备因素和自然因素。

（1）人为因素

人为因素主要指因填埋作业人员操作不当或不按要求操作、现场协调员指挥不当造成的进度计划偏差，填埋库容使用效率低等情况。

（2）机械设备因素

机械设备因素主要包括机械设备选型不合适、机械设备突发故障等。

（3）自然因素

自然因素是指除了人为因素、机械因素以外的所有影响填埋作业进度计划的因素。如垃圾堆体的不均匀沉降、进场垃圾量激增、气候因素、自然灾害因素等。

2. 采取进度调整措施

在查明产生偏差原因之后，根据不同的原因采取相应的进度调整措施，以保证要求的进度目标实现。

（1）人为因素调整措施

填埋作业前，对所有作业人员进行岗前培训，包括填埋场相关基础知识，作业机械的安全操作和维护保养等。填埋作业过程中，实行严格的奖惩制度，对于消极怠工的作业人员予以惩罚；对于操作能力差的作业人员应停工进行岗外培训，直到能熟练操作为止。

（2）机械设备因素调整措施

对于不满足要求的机械设备应及时更换，保证填埋作业按时完成，垃圾堆体的压实度满足设计要求。

对于机械设备突发故障，应马上修理，短时间内无法修好的，必须在24h内，购买或租借同类设备替代。

（3）自然因素调整措施

垃圾堆体的不均匀沉降是存在于整个运营期的影响填埋作业进度计划的因素，无法控制也无法预测，只能通过收集沉降数据，利用三维图形模拟技术对进度计划进行调整，修正沉降后填埋作业面的相关情况。

对于因城市发展造成的垃圾产生量激增，在收集到稳定的产生量数据后，根据前述的计算表示方法，对整个进度计划重新制定。

运营前，根据当地的气候条件和可能出现的自然灾害制定相应的应急预案。对于未能预测到的灾害影响，应马上召集所有管理人员、技术员、安全员开会讨论，制定有效的临时应急预案。

本章执笔人：陈露、陈华；校审：沈建兵

思考题

（1）简述生活垃圾卫生填埋场运营之前，要完成哪些准备工作？

（2）简述运营方应在进场运营前做好运营前期的规划工作，填埋规划图的绘制需要收集哪些基础资料？

（3）请以任一生活垃圾卫生填埋场为案例，进行垃圾填埋容量、填埋所需面积及作业单位面积的计算？

（4）请以任一生活垃圾卫生填埋场为案例，利用 Civil 3D 或者其他软件进行分区图和单元图的绘制？

参考文献

[1] 李颖，郭爱军. 城市生活垃圾卫生填埋场设计指南 [M]. 北京：中国环境科学出版社，2005.

[2] 聂永丰. 三废处理工程技术手册（固体废物卷）[M]. 北京：化学工业出版社，2000.

[3] 中国环境保护产业协会. 注册环保工程师专业考试复习教材 [M]. 北京：中国环境出版社，2011.

第4章 渗沥液的收集和处理

本章首先介绍了渗沥液的组成成分及特性、渗沥液水质影响因素和国内外渗沥液污染现状，并对影响渗沥液产生量的因素进行了分析并提出渗沥液控制的方法，同时简要介绍了渗沥液产生量常用的计算模拟方法，然后详细论述了渗沥液的收集方法、处理技术及技术选择的要点，并介绍了几种典型的处理工艺流程，最后对渗沥液的处理提出管理要求。

4.1 渗沥液成分和特性

4.1.1 渗沥液成分

渗沥液成分取决于垃圾成分、填埋时间、气候条件、填埋场设计等多种因素。一般来说，垃圾渗沥液具有如下性质。

1. 有机物浓度高、成分复杂

垃圾渗沥液中含有大量的有机物，广州市环境卫生研究所郑曼英等人对广州市大田山垃圾填埋场渗沥液中有机物的分析研究表明[1]，渗沥液中的有机物主要有 77 种，其中芳烃 29 种，烷烃烯烃类 18 种，酸类 8 种，脂类 5 种，醇、酚类 6 种，酮、醛类 4 种，酰胺类 2 种，其他 5 种。77 种有机物中，可疑致癌物 1 种、辅助致癌物 5 种，被列入我国环境优先污染物"黑名单"的有 5 种以上。一般来说，垃圾渗沥液中的有机物可归纳为以下三类：

（1）低分子量的脂肪酸类；

（2）腐殖质类高分子的碳水化合物；

（3）中等分子量的灰黄酸类物质。

对于新建的填埋场，其渗沥液中大约90%的可溶性有机物是短链的可挥发性的脂肪酸，以乙酸、丙酸和丁酸为主，其次是带有较多个羧基和芳香族烃基的灰黄霉酸；对于使用了一定时间的填埋场，其渗沥液中挥发性脂肪酸（易生物降解）的含量随填埋场使用年限的延长而减少，而灰黄霉酸类（难生物降解）物质的比重则会逐步增加。

2. 氨氮浓度高

高浓度氨氮是填埋场渗沥液的重要水质特征之一。由于目前多采用厌氧填埋技术，因而渗沥液中的氨氮浓度在填埋场进入产甲烷阶段后不断上升，达到峰值后会延续很长的时间直至填埋场封场。国内渗沥液氨氮浓度一般在 2000 ~ 3000mg/L，约占总氮的 85% ~ 90%，渗沥液中高浓度的氨氮及其随时间不断增加的特性给渗沥液的处理带来了很大的困难，大大增加了渗沥液处理工艺的复杂性。

3. 磷

垃圾渗沥液中磷的含量通常较低，溶解性磷酸盐的浓度则更低。渗沥液中溶解性磷酸盐的含量主要由 $Ca_5OH(PO_4)_3$ 浓度来控制。垃圾渗沥液中 Ca^{2+} 浓度和总碱度都较高，可分别达到 7200（mg/L）和 2500（mg/L），而 TP 的浓度仅为 0 ～ 125（mg/L），因而渗沥液中的溶解性磷酸盐含量受到 Ca^{2+} 浓度和碱度的影响，会导致渗沥液生物处理产生缺磷的问题。

4. 重金属

渗沥液中含有十多种重金属离子，主要包括 Fe、Zn、Cd、Cr、Hg、Mn、Pb、Ni 等。生活垃圾中的重金属含量与所在城市的工业化水平和工业废弃物的掺入比例紧密相关。单独填埋时，重金属含量较低，渗沥液中重金属浓度基本与市政污水中重金属的浓度相当；但与工业废物或污泥混埋时，重金属含量较高。影响渗沥液中重金属含量的另一个因素是酸碱度。在微酸环境下，渗沥液中重金属溶出率偏高，一般在 0.5% ～ 5.0%，在水溶液中或中性条件下溶出量较低且趋于稳定。

5. 微生物

渗沥液中检测出的细菌最常见的是杆菌属的棒状杆菌和链球菌，其他普通的细菌是无色菌、粒状菌、好氧单胞菌属、梭状芽孢杆菌、李司脱氏菌（Listeria）、微球菌、摩拉克氏菌（Moraxella）、假单胞杆菌、奈赛氏菌属（Nersseria）、沙雷氏菌属（Serratia）及葡萄球菌等。有的渗沥液中可检测出肠道病毒。

6. 水质变化大

通常情况下，渗沥液中 COD_{cr} 在 2000 ～ 62000mg/L、BOD_5 在 60 ～ 10000mg/L 的范围内，最高可分别达到 90000 mg/L 和 45000mg/L。随着填埋场时间变化及微生物活动的增加，渗沥液中 COD_{cr} 和 BOD_5 的浓度会发生变化。一般规律是垃圾填埋后的 0.5 ～ 2.5 年，渗沥液中 BOD_5 的浓度逐步达到高峰，此时 BOD_5 多以溶解性为主，BOD_5/COD_{cr} 可达 0.5 以上。此后，BOD_5 的浓度开始下降，至 6 ～ 15 年填埋场完全稳定时为止，BOD_5 的浓度保持在某一值域范围内，波动很小。COD_{cr} 的浓度变化情况同 BOD_5 相似，但随着时间的推移，COD_{cr} 值降低较 BOD_5 缓慢。因此，BOD_5 / COD_{cr} 也随着降低，渗沥液可生化性逐渐变弱。

此外，垃圾渗沥液具有很高的色度，其外观多呈淡茶色、深褐色或黑色，色度可达 2000 ～ 4000 倍，有极重的垃圾腐败气味。

4.1.2　渗沥液水质影响因素

渗沥液产量主要与当地地质地貌、气候、降水、水文条件、季节变化、垃圾组分和含水率等因素有关，渗沥液的水质特征除与上述因素有关外，还与填埋方式（如厌氧填埋、半好氧填埋、动态或静态好氧填埋等）、填埋场的使用年限、垃圾压实度和渗沥液的收集、导排方式等因素有关。垃圾渗沥液中污染物溶出率的影响因素如图 4-1 所示。

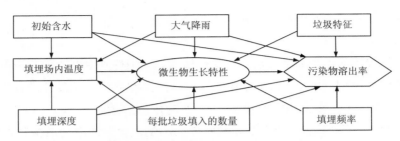

图 4-1 诸因素对垃圾中污染物溶出率的影响

1. 垃圾成分的影响

渗沥液水质受垃圾成分的影响很大，渗沥液中的 COD、BOD_5 主要由垃圾中的厨余组分产生，厨余组分含量的高低直接决定渗沥液中 COD、BOD_5 的高低。另外，垃圾中的炉灰、砂土等对渗沥液中的有机物具有吸附、过滤作用，因此垃圾中炉灰、砂土的含量也会影响渗沥液中有机物的浓度。由于各个城市居民的生活水平、生活习惯不尽相同，垃圾成分差别较大，致使垃圾渗沥液中 COD、BOD_5 在数千至数万 mg/L 之间变化。

2. 填埋时间的影响

渗沥液水质随填埋时间的变化情况如下：

（1）调整期

在填埋初期，垃圾中水分逐渐积累且尚有氧气存在，厌氧发酵作用及微生物作用缓慢，本阶段渗沥液水量较少。

（2）过渡期

本阶段垃圾中水分达到饱和容量，渗沥液中微生物优势菌群逐渐由好氧菌转为兼氧菌或厌氧菌，渗沥液中可测到挥发性有机酸。

（3）酸形成期

渗沥液中挥发性有机酸不断增加，pH 值下降，COD 浓度升高，BOD_5/COD 为 0.4～0.6，可生化性好，颜色较深，属于初期的渗沥液。

（4）甲烷形成期

渗沥液中有机物经甲烷菌分解转化为 CH_4、CO_2，pH 值上升，COD 浓度降低，BOD_5/COD 为 0.1～0.01，可生化性变差，属于后期的渗沥液，也称为"老化"的垃圾渗沥液。

（5）成熟期

渗沥液中可生化降解的成分大大减少，填埋场停止产气，系统由无氧态缓慢转为有氧态，环境逐步得到恢复。

采用填埋法处理城市垃圾，实际上是一个垃圾的摊铺、压实、覆盖的多次循环过程，填埋场的各个部分处于不同的反应阶段，或者说各部分的"年龄"不同。随着填埋场使用年限的延长，渗沥液水质将发生变化。填埋场通常可根据其"年龄"分为两大类：一类是"年轻"的填埋场，其填埋时间在 5 年以下，所产生的渗沥液水质特点是 pH 值较低，COD 和 BOD_5 浓度较高，且 BOD_5/COD 值较高，同时各类重金属离子的浓度也较高；另一类是"年老"

的填埋场，其填埋时间在 5 年以上，所产生的渗沥液水质特点是 pH 值较接近中性，COD 和 BOD_5 浓度较低，且 BOD_5 / COD 值较低，NH_3-N 浓度则较高，重金属离子的浓度也开始下降。

根据垃圾填埋场的垃圾填埋年限，垃圾渗沥液可分为初期渗沥液、中期渗沥液、后期渗沥液和封场后渗沥液。表 4-1 列举了不同填埋年限的渗沥液的典型水质情况。

国内垃圾填埋场渗沥液典型水质 表 4-1

污染指标	初期渗沥液	中期渗沥液	后期渗沥液	封场渗沥液
五日生化需氧量（mg/L）	3000~15000	2000~4000	1000~2000	200~1000
化学需氧量（mg/L）	6000~25000	5000~10000	3000~6000	1000~3000
氨氮（mg/L）	200~1800	500~2000	1000~3000	1000~3000
悬浮固体（mg/L）	500~2000	200~1500	200~1000	200~500
pH 值	5~8	6~8	6~9	7~9

3. 防渗方式的影响

不同的防渗方式对渗沥液水质的影响也不同，如果填埋场设有截洪沟、场底铺设 HDPE 衬垫，即能较好地阻止地表径流和地下水进入填埋场，渗沥液中有机物浓度则相对较高；如果填埋场采用一般的黏土衬垫或采用帷幕灌浆防渗，地表径流未截流或截流效果不佳，渗沥液中有机物浓度则相对较低，但产生量会大大增加。

4.1.3 渗沥液污染现状

国外资料报道，目前几乎所有的填埋场废弃物隔层都发生过渗漏，不仅会渗入土壤和地下水中，而且还直接污染大气。即使发达国家，渗漏现象也时有发生。如美国现有约 86% 的填埋场曾经污染过地下水，印度的 Delhi 市日产垃圾量达 900t，已成为该市重要污染源，通过对 Yamuna 河河水及其附近（距离约 0.5 ~ 6km）垃圾填埋场渗沥液采样检测，并选取 pH 值、COD、SS、硫酸盐、氯化物、氮、重金属等 16 项指标进行分析，结果表明，该河已受到垃圾渗沥液的严重污染。

据统计，仅 2010 年我国西安、安徽、福建、广西、深圳等地发生渗沥液污染事件 10 余起，严重污染了地表水、地下水、土壤和农田，严重危害了人体健康。

4.2 渗沥液产生和控制

4.2.1 渗沥液产生量的影响因素

1. 气象条件

气象条件是影响渗沥液产生量最重要的因素，主要包括大气降水、温度、风速、湿度和太阳辐射等方面。

大气降水是渗沥液的直接来源之一，也是最主要的来源。降水持续时间、降水强度和降水频率直接影响渗沥液的产生量。大气降水到达地面后，一部分通过蒸发和植物的蒸腾作用重新回到大气圈中参与循环，剩下的则渗入填埋场中，因此水分蒸发、蒸腾量以及降水量决定了填埋场水分的入渗量。影响水分蒸发和植物蒸腾量的主要因素是温度、湿度、太阳辐射和大气流动，这些因素间接地影响了渗沥液的产生量。可以通过合理地设计填埋场的表面来提高其蒸发量和蒸腾量，从而达到减小渗沥液产生量的目的。

2. 垃圾成分与性质

城市生活垃圾本身就含有一定的水量；另外，垃圾填埋后其中的有机物在微生物的作用下也会产生一定的水量，我国现行规范中规定的渗沥液产量计算方法，也是目前设计中普遍采用的"浸出系数法"，仅考虑了因降雨入渗产生的水量，忽略了垃圾自身产生（或吸收）的水量。但是，我国填埋垃圾初始含水率普遍较高，若计算时不考虑这部分量，将使计算结果偏低。

3. 防渗系统的效果

填埋场均应设有防渗系统，防渗系统分为水平防渗和垂直防渗，水平防渗又可分为天然水平防渗和人工衬里的水平防渗，防渗系统的好坏决定了是否有渗沥液泄漏或地下水的侵入，因此防渗系统的效果在一定程度上影响渗沥液的产生量。

4. 填埋作业的规范

在填埋作业面上，雨水更容易通过垃圾体下渗从而形成渗沥液，因此填埋作业面的大小影响了渗沥液的产量；在实施雨污分流的同时，覆盖或中间覆盖的方式及效果也影响雨水下渗的比例，进而影响渗沥液的产量。

4.2.2　渗沥液产生量的控制方法

1. 雨污分流

由于降水入渗是渗沥液的主要来源，因此控制降水的渗入是减少渗沥液产生量最重要的措施。填埋场一般通过雨污分流的方法将大部分的雨水分流到填埋库区外，从而将渗沥液的产生量控制到较低的程度。

2. 覆盖

日覆盖、中间覆盖和最终覆盖可以有效地减少地表水入渗，因此，及时覆盖是控制渗沥液产生量的重要措施。

3. 控制地下水的渗入

通过设置地下水导排系统，在填埋场底部和周围设置防渗系统能有效防止地下水进入垃圾层，从而减少渗沥液的产生量。

4. 控制填埋作业面

由于填埋作业面的渗透系数远大于覆盖区，因此要控制作业面的大小，以减少渗沥液的产生量。

4.3　渗沥液产生量计算方法

目前常用的渗沥液产量计算方法有以下几种。

4.3.1　水量平衡法

以填埋场垃圾堆体为研究对象，根据水量平衡（见图 4-2），在 Δt 时间内渗沥液的产生量计算如下：

$$流入水量 = \Delta t \times I \times A/1000 + S_i + G + W$$
$$流出水量 = \Delta t \times E \times A/1000 + S_o + Q$$

Δt 时间内，覆土中的水分变化为 ΔC_w，垃圾中的水分变化为 ΔR_w，填埋场的水量平衡可以用下式表示：

$$流入水量 - 流出水量 = 水分变化量$$
$$(I \times A/1000 + S_i + G + W) - (E \times A/1000 + S_o + Q) = \Delta C_w + \Delta R_w$$

即：

$$Q = (I - E) \times A/1000 + (S_i - S_o) + G + W - (\Delta C_w + \Delta R) \tag{4-1}$$

式中　　Q——Δt 时间内产生的渗沥液量，m^3；

I——大气降雨量，mm/d；

E——蒸发蒸腾量，mm/d；

A——填埋场汇水面积，m^2；

W——Δt 时间内随垃圾和覆土带入填埋场的水量，m^3；

S_i——Δt 时间内场外径流进入填埋场的水量，m^3；

S_o——Δt 时间内降入填埋场的雨水在接触垃圾前排出场外的水量，m^3；

G——渗入填埋场的地下水量，m^3；

ΔC_w、ΔR_w——Δt 时间覆土和垃圾中水分的变化量，单位为 m^3。

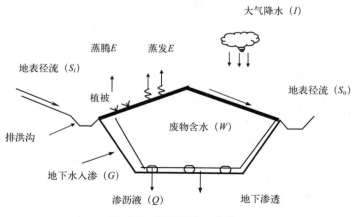

图 4-2　填埋场水量平衡图

渗沥液产生量可通过式（4-1）准确计算，但是由于蒸发量、径流量等参数的不确定性，在实际计算中难以得到满意的结果。

4.3.2 经验公式法

经验公式法是根据多年的气象观测结果，把年平均日降雨量作为填埋场平均日渗沥液产量的计算依据，用以预测渗沥液产量的近似方法，其计算公式为：

$$Q = C \times I \times A \times 10^{-3} \tag{4-2}$$

式中　　Q——渗沥液产生量，m^3/d；

I——降雨量，mm/d；

C——浸出系数；

A——填埋面积，m^2。

填埋场的填埋作业区和填埋完成后及时覆盖区域的地表状况不同，浸出系数 C 的取值也有较大的差异，设填埋作业区的面积为 A_1，浸出系数为 C_1，及时覆盖区域的面积为 A_2，浸出系数为 C_2，则：

$$Q = \left(C_1 A_1 + C_2 A_2 \right) \times I \tag{4-3}$$

一般在渗沥液产生量的预测中，根据经验，人们认为 $C_2 = 0.6C_1$。

4.3.3 浸出系数法

生活垃圾填埋场渗沥液处理工程技术规范（HJ 564—2010）规定使用浸出系数法进行计算 [2]，公式如下：

$$Q = \frac{I_n}{1000} \times \left(C_{L1}A_1 + C_{L2}A_2 + C_{L3}A_3 \right) \tag{4-4}$$

式中　　I_n——第 n 个计算阶段内降雨量，mm；

A_1——填埋作业区域汇水面积，m^2；

C_{L1}——填埋作业区域渗出系数，一般取 0.5 ~ 0.8；

A_2——中间覆盖区域汇水面积，m^2；

C_{L2}——中间覆盖区域渗出系数，宜取（0.4 ~ 0.6）C_1；

A_3——终场覆盖区域汇水面积，m^2；

C_{L3}——终场覆盖区域渗出系数，0.1 ~ 0.2。

浸出系数法实质为简化水量平衡法的经验化公式。其同样无法考虑垃圾自身含水率和持水率的影响，对中国高含水率垃圾，计算误差大。

4.3.4 《生活垃圾卫生填埋场岩土工程技术规范》规定的公式

按照前述方法建立水量平衡模型，分阶段计算，可较为准确的计算垃圾自身渗沥液产量（或吸收量），但计算过程复杂，设计较难采用。考虑设计计算取值宜偏保守的原则，垃圾自身渗沥液产量（或吸收量）可以用初始含水率和最终田间持水量的差值与填埋量乘积计算。因此，《生活垃圾卫生填埋场岩土工程技术规范》CJJ 176—2012 对浸出系数法进行修正[3]，提出了如下公式：

$$L = \frac{I_d}{1000} \times (C_{L1}A_1 + C_{L2}A_2 + C_{L3}A_3) + \frac{M_d \times (M_S - M_R)}{\rho_w} \tag{4-5}$$

式中　　L——日均渗沥液产量，m^3/d；

　　　　I_d——日均降雨量，mm/d；

　　　　A_1——填埋作业区域汇水面积，m^2；

　　　　C_{L1}——填埋作业区域渗出系数，一般取 0.5 ~ 0.8；

　　　　A_2——中间覆盖区域汇水面积，m^2；

　　　　C_{L2}——中间覆盖区域渗出系数，宜取（0.4 ~ 0.6）C_1；

　　　　A_3——终场覆盖区域汇水面积，m^2；

　　　　C_{L3}——终场覆盖区域渗出系数，0.1 ~ 0.2；

　　　　M_d——日均填埋垃圾量，t/d；

　　　　M_S——填埋垃圾初始含水率，以重量含水率形式表达，%；

　　　　M_R——降解后填埋垃圾的田间持水量，以重量含水率形式表达，%；

　　　　ρ_w——水的密度，t/m^3。

4.3.5　HELP 水文计算模型法

HELP 水文计算模型法是基于水量平衡原理的一种计算机模拟计算方法，在美国较为流行。该程序需要输入气候数据、土层设计数据估计每天的流进、通过和流出填埋场的水量。将日降雨量分为表面积存（雪）、径流、地表渗入、表面蒸发、蒸腾散发、渗漏、土体存蓄水量以及地下侧向排水等以分别计算各项所需的预计水量。

利用 HELP 模型进行计算时，需要收集较为详尽的气象资料，如若干年的月平均降雨量、蒸发量、平均湿度、太阳辐射强度、风速等。由于 HELP 模型计算需要的气象资料国内较难收集完整，利用程序默认的气象资料又易造成较大误差，且国外开发的程序模型，对中国垃圾及垃圾填埋场的适用性也有待进一步验证。另外，HELP 模型对垃圾自身含水率考虑不足，使用时需要进行修正。

4.4　渗沥液收集

4.4.1　收集系统的作用

渗沥液收集系统应保证在填埋场使用和封场后垃圾降解稳定年限内正常运行，收集并将填埋场内渗沥液排至场外指定地点，避免渗沥液在填埋场底部蓄积。渗沥液的蓄积会引起下列问题：

1. 场内水位升高导致垃圾体中污染物更强烈地浸出，从而使渗沥液中污染物浓度增大；

2. 底部衬层之上的静水压增加，导致渗沥液更多地渗漏到地下水——土壤系统中；

3. 填埋场的稳定性受到影响；

4. 渗沥液有可能扩散到填埋场外。

4.4.2 收集系统的构造

渗沥液收集系统主要由渗沥液调节池、泵、输送管道和场底排水层等组成。

1. 排水层

场底排水层位于底部防渗层上面，由砂和砾石构成。排水层内设有盲沟和穿孔收集管网，以及为防止孔隙阻塞铺设在排水层表面和包在穿孔管外的无纺布。排水层通常由粗砂砾铺设，也可使用人工排水网格。当采用粗砂砾时，厚度为 30 ～ 100cm，必须覆盖整个填埋场底部衬层，其水平渗透系数应大于 0.1cm/s，坡度不小于 2%。排水层和废物之间通常设置天然或人工滤层，以免小颗粒物质堵塞排水层，从而可快速导排渗沥液，降低衬层上的水位。

2. 管道系统

一般穿孔管在填埋场内平行铺设，并位于衬层的最低处，且具有一定的纵向坡度（通常为 0.5% ～ 2.0%）。管间距要合适，以便能及时迅速地导排渗沥液。

3. 防渗衬层

由黏土或人工合成材料构筑，有一定厚度，能阻止渗沥液下渗，并具有一定坡度（通常为 2% ～ 5%），以利于渗沥液流向排水管道。

4. 集水井、泵、检修设施以及监测和控制装置等。

4.4.3 收集系统的布置

渗沥液收集系统的布置主要取决于填埋场地形、填埋场大小、气候条件和技术法规的要求等。自垃圾体流出的渗沥液，通过收集管道汇集于集水井。渗沥液收集管一般安放在渗沥液收集沟中，用砾石将其四周加以填塞，再衬以纤维织物，以减少细粒物进入沟中。所有渗沥液收集管的出口处都应设有防渗环，以确保渗沥液不会通过接口处孔隙渗漏。渗沥液通过渗沥液收集管网汇集于污水调节池，最后进入渗沥液处理站（厂）进行处理。

4.4.4 渗沥液调节池的计算方法

目前常用的渗沥液调节池的计算方法有：

1. 洪峰流量调节计算法

$$V = (Q_n - q_n) \times s \qquad (4-6)$$

式中　　V——调节池计算容积，m^3；

　　　　Q_n——设计降水频率连续 n 天内渗沥液最大总产量，m^3；

q_n——n 天内渗沥液处理量，m^3，分别按 n=3d、7d、10d、30d 的取值进行计算；

s——安全系数，取各种工况计算的最大值作为结果。

2. 年均调节计算法

根据我国的气候及渗沥液产量特点，全年可分为渗沥液产量的"干季"和"湿季"，调节池至少应满足全年（最不利年）调蓄要求，计算公式为：

$$V = (Q-q) \times T \qquad (4\text{-}7)$$

式中　　V——调节池计算容积，m^3；

Q——"湿季"季渗沥液日产量，m^3/d；

q——渗沥液处理量，m^3/d；

T——"湿季"时间区间，d。

3. 逐月（逐日）计算法

设置调节池的目的就在于调蓄、匀化渗沥液产量，保证渗沥液处理装置正常、安全运行。根据调蓄原理，若单位时间内渗沥液产量大于渗沥液处理量，多余部分需进入调节池调蓄；若单位时间内渗沥液产量小于渗沥液处理量，又可从调节池中取水满足渗沥液处理设施的正常运行。

若将调节池使用年限分为 n 个计算周期，则第 n 个计算周期内的库容调节量（$V_{调节n}$）应为上一周期调节量（$V_{调节n-1}$）与本周期内渗沥液产量（$V_{产}$）与处理量（$V_{处理}$）之差的加和，即：

$$V_{调节n} = V_{调节n\text{-}1} + (V_{产n} - V_{处理n}) \qquad (4\text{-}8)$$

式中　　n——月份（或天数）自然数。

若计算得 $V_{调节n} < 0$，则取 $V_{调节n} = 0$。

从而，调节池调节库容的理论计算公式可表达为：

$$调节池容积 V_{调} = k \times \text{Max}(V_{调节n}) \qquad (4\text{-}9)$$

式中　　k——安全系数。

4.5　渗沥液处理技术

4.5.1　土地处理技术

土地处理是人类最早采用的污水处理方法。土地处理包括慢速渗滤系统（SR）、快速渗滤系统（RI）、表面漫流（OF）、湿地系统（WL）、地下渗滤土地处理系统（UG）以及人工快速渗滤处理系统（ARI）等多种土地处理系统。土地处理主要通过土壤颗粒的过滤、离子交换吸附和沉淀等作用去除渗沥液中悬浮颗粒和溶解成分。通过土壤中的微生物作用，使渗沥液中的有机物和氨氮发生转化，通过蒸发作用减少渗沥液量。目前垃圾渗沥液土地法主要是回灌和人工湿地。

1. 回灌法

该方法主要是利用土壤颗粒和垃圾体的过滤、离子交换吸附、沉淀等作用去除渗沥液中的悬浮物和溶解性物质；利用微生物作用使渗沥液中的有机物和氮发生转化，并通过蒸发作用减少渗沥液的处理量。其处理过程是将垃圾渗沥液收集后经沉淀调节池沉淀处理后，喷灌回流至垃圾填埋场，处理流程见图 4-3。

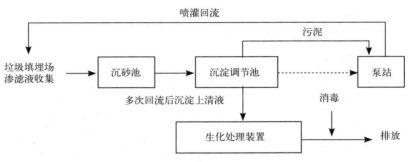

图 4-3　土地回灌法流程图

对渗沥液进行喷灌回流，一方面可利用太阳的辐射作用蒸发掉部分水量以减少后续的处理量。另一方面，垃圾填埋场是一个大的生物滤池，上层垃圾可作为好氧生物滤池，下层垃圾可作为厌氧生物滤池，喷灌回流还可增加污水的曝气量。因此，渗沥液经过多次喷灌回流后，其总量及有机物的含量会越来越低，最后经生化处理即可达标排放。在此处理过程中，沉淀在调节池中的污泥可与渗沥液一起喷灌回流至填埋场。这样有三个好处，一是可避免污泥的二次污染；二是相当于活性污泥法中污泥回流的作用，可以增加垃圾体中的生物量；三是可加速垃圾体中有机物的分解稳定，起到缩短填埋场稳定化过程的作用。

回灌法虽具有占地面积少、操作方便、基建投资及运行费用低等优点，但也有一定局限性，其处理能力有限，处理效果也难以保证。另外，回灌法还受土地资源、作业空间、季节、气候条件等因素的限制，若管理不好，容易产生新的环境问题。作业现场卫生状况较差，环境恶劣，喷灌时，渗沥液中的致病病菌容易感染人群、污染空气。

回灌法能达到减少渗沥液水量的目的，但不宜长期单独使用。可将其作为预处理措施，为其他工艺方法作补充，主要适合于降水量小、蒸发量大的北方地区，对于降水量大的南方地区，要把握好回灌量及回灌时间，否则渗沥液会随地表径流造成二次污染。

2. 人工湿地

人工湿地一般用在垃圾渗沥液的生化处理之后，可去除残余氨氮和悬浮物，并作为保障措施。由于人工湿地的负荷较低，占地面积较大，只能用在有自然坑谷、荒地或土地资源比较丰富的地区。而且人工湿地处理工艺单独使用不能达标，只是作为生化处理之后的精处理。

4.5.2　物化处理技术

物化法一般是作为生物处理的预处理工艺，以减轻生物处理的负荷；或作为水处理的后续保证工艺，以确保最后出水水质到达设计要求。物化法常见于渗沥液的预处理中，常与其他方法联合使用，很少单独使用。与生物法相比，物化法不受渗沥液水质水量的影响，系统运行比较可靠，出水水质比较稳定，尤其对 BOD_5 / COD 比值较小（0.07 ～ 0.20）的可生化性差的渗沥液具有较好的处理效果，但处理成本高，在投资费用和运行费用上分别比生物处理过程要高出 5 ～ 10 倍和 3 ～ 10 倍，不适于大量渗沥液的处理。在实际应用中一般与其他方法结合起来，作为垃圾渗沥液的预处理或后续处理设施。

目前，渗沥液处理采用的物化法主要有混凝沉淀、活性炭吸附、化学氧化、蒸发、吹脱等方法。

1. 化学氧化

在经过生物处理后，渗沥液仍然含有不可降解的 COD，其中一些还具有毒性（AOX）。强氧化剂能够去除或部分转换成可生物降解的化合物。重金属、盐并不受化学氧化作用的影响。氧化剂可选用臭氧和过氧化氢，因为他们氧化能力强、分解产物没有副作用，可以一起使用，也可以分开使用或与 UV- 排放物结合使用。通过紫外线辐射提高臭氧（O_3）或过氧化氢（H_2O_2）的化学氧化作用主要目的是用来制备饮用水，但也大量地应用于渗沥液处理。通过这种方式，不仅能够轻易地把可生物降解的成分以及水中所含的有机污染物转换成二氧化碳和水，或转换成低分子中间体化合物（碳酸），使渗沥液更适合于生物降解和沉淀，但这一过程成本较高。

2. 混凝沉淀

混凝沉淀是水处理的一个重要方法，主要用来去除水中小型的悬浮物和胶体。在垃圾渗沥液处理的技术与方法中，混凝沉淀方法比较常见，它主要用于渗沥液中悬浮物、不溶性 COD、脱色以及重金属的去除，对氨氮也有一定的去除效果。

3. 膜处理

膜处理是在压力差作用下根据膜孔径的大小进行筛分的分离过程。在一定压力差作用下，当含有高分子溶质和低分子的混合溶液流过膜表面时，溶剂和小于膜孔的低分子溶质（如无机盐类）透过膜，作为透过液被收集起来，而大于膜孔的高分子溶质（如有机胶体等）则被截留，作为浓缩液被回收，从而达到溶液的净化、分离和浓缩的目的。近几年膜处理技术在国内垃圾渗沥液的处理方面发展较快，通常采用的膜技术包括微滤、超滤、纳滤和反渗透。下文以纳滤为例介绍膜处理工艺的主要原理。

纳滤分离作为一项新型的膜分离技术，技术原理近似机械筛分，但是纳滤膜本体带有电荷性，因此其分离机理只能说近似机械筛分，同时也有溶解扩散效应在内。这是它在很低的压力下仍具有较高的大分子与二价盐截留效果的重要原因。与超滤或反渗透相比，纳滤膜的分离孔径在一般在 1 ～ 10nm 左右，纳滤过程对单价离子和分子量低于 200 的有机物截留较差，而对二价或多价离子及分子量在 500 以上的有机物有较高截留率，而对于分子量小于 500 的有机污染物以及一价盐离子则几乎不作截留，一般的纳滤操作压力为 5 ～ 25bar 左右。图 4-4 显示了卷式纳滤膜的结构图，图 4-5 为纳滤车间图。

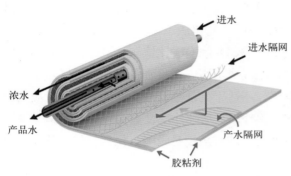
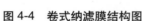

图 4-4　卷式纳滤膜结构图

图 4-5　纳滤车间图

4. 活性炭吸附

活性炭吸附主要用来除臭、去色、重金属以及难生物降解有机物，尤其对直径在 10^{-8} ～ 10^{-5}cm 或相对分子质量在 400 以下的低分子溶解性有机物的吸附性较好，但对极性较强的低分子化合物及腐殖酸类高分子有机物的吸附能力较差。

5. 蒸发

高效蒸发是渗沥液处理的一种新技术。蒸发一般是指在一定的温度和压力下，把溶液混合物中的相对易挥发性组分分离出去的过程。在对渗沥液运用蒸发进行处理时，可采用低能耗蒸汽洁净蒸发（MVPC）技术。它是将蒸发器产生的蒸汽压缩升温作为蒸发热媒，产生的蒸汽又进行压缩升温利用，如此反复进行，形成低能耗蒸发，耗电在 15 ～ 26kW·h/m³。蒸汽洁净蒸发技术是将蒸汽（含有氨、挥发性物质）经过蒸汽净化装置，将氨氮进行酸彻底吸收，在蒸汽冷凝过程中，通过温度控制，将蒸汽中挥发性物质进行气态分离、冷凝和碱吸收，从而保证出水的洁净。填埋场初期渗沥液挥发性有机物较高，其中有少量的有机物溶于高温水，不能分离，使出水 COD 达 100 ～ 300mg/L，后续可采用简单的低污染 RO 进行去除；在填埋场运行 2 ～ 3 年，调节池渗沥液挥发性有机物较低，蒸发冷凝水 COD 低于 100mg/L，可停止 RO 的运行。

6. 吹脱

渗沥液之所以难处理，不仅因为它含有不可生化降解的高浓度有机物，同时还含有高浓度 NH₃-N，渗沥液中高浓度氨氮的去除已成为比较棘手的问题。目前，常用的脱氮方法有生物法、离子交换法、活性炭吸附以及吹脱法等。水中的氨氮，大多以氨离子（NH_4^+）和游离氨（NH_3）的形式存在于水中，其平衡关系由下式所决定。

$$NH_4^+ + OH^- \xleftrightarrow{K_e^{NH}} NH_3 + H_2O \tag{4-10}$$

这个关系受 pH 值的影响，当 pH 值高时，平衡向右移动，游离氨的比例较大。水中所含氨氮中游离氨所占的比例（氨摩尔百分比计）可按式（4-11）计算，图 4-6 为不同温度和 pH 值下游离氨所占的比例。

$$S_{NH_3} = \frac{S_{NH_4}}{1 + \dfrac{10^{-pH}}{e^{-6344/(273+T)}}}$$

（4-11）

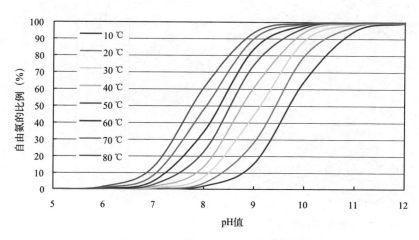

图 4-6　不同温度和 pH 值下游离氨所占的比例

吹脱法用于吹脱水中溶解气体和某些挥发物质，常作为生化处理的前处理方法。即将气体（载气）通入水中，使之相互充分接触，将水中溶解性气体和挥发性溶质穿过气液界面，向气相转移，从而达到去除污染物的目的。常用载体为空气和水蒸气，前者称为吹脱，后者称为汽提。目前，氨吹脱的主要形式有曝气池、吹脱塔和精馏塔。国内使用较多的是前两种形式，曝气池吹脱法由于气液接触面积小，吹脱效率较低，不适用于高氨氮渗沥液处理，吹脱塔的效率虽然较高，但具有投资运行成本较高，脱氨尾气难以治理的缺点。采用汽提的方式虽然可以较好地解决氨氮去除问题，但由于需要提高渗沥液的水温，其处理成本仍然较高。图 4-7、图 4-8 分别为深圳下坪填埋场的氨吹脱塔和香港新界西填埋场氨汽提塔。

4.5.3　生化处理技术

1. 厌氧生物处理

厌氧生物处理应用已有近百年的历史。但直到近 20 年来，随着微生物学、生物化学等学科发展和工程实践的积累，不断开发出新的厌氧处理工艺，克服了传统工艺的水力停留时间长、有机负荷低等特点，才使其在理论和实践上有了很大进步，在处理高浓度（$BOD_5 \geqslant 2000mg/L$）有机废水方面取得了良好效果。厌氧生物处理有许多优点，最主要的是能耗少，操作简单，因此投资及运行费用低，而且由于产生的剩余污泥量少，所需的

图 4-7　深圳下坪填埋场的氨吹脱塔

图 4-8　香港新界西填埋场氨汽提塔

营养物质也少，如其 BOD_5：P 只需为 4000：1，虽然渗沥液中 P 的含量通常少于 1mg/L，但仍能满足微生物对 P 的要求。采用常规的厌氧消化（35℃、负荷为 1kgCOD/（m^3·d）），停留时间 10d，渗沥液中 COD 去除率可达 90%。

　　厌氧处理最早从化粪池开始，随着技术的改进，先后出现过各种形式的厌氧处理工艺，如：第一代厌氧：消化池、厌氧接触工艺；第二代：上流式厌氧污泥床、厌氧生物滤池、厌氧生物转盘、厌氧流化床、厌氧复合反应器、厌氧折流板反应器；第三代：厌氧复合床反应器（UBF）、厌氧膨胀颗粒污泥床（EGSB）等，以下介绍目前渗沥液处理使用较多的 UBF 和 EGSB 的主要工艺情况。

　　（1）UBF

　　UBF 是上流式生物反应器，属于厌氧生物滤池的一种。厌氧生物滤池按水流方向可分为两种主要形式，即下流式厌氧固定膜反应器（DSFF）和上流式厌氧滤池（AF）。在厌氧生物滤池内厌氧污泥的保留有两种方式：一是细菌在固定的填料表面形成生物膜，二是在反应器的空间内形成细菌聚集体。高浓度厌氧污泥在反应器内的积累是厌氧生物滤池具有高效反应性能的生物学基础，在一定的污泥比产甲烷活性下，厌氧反应器的负荷与污泥浓度成正比。

　　渗沥液处理采用技术成熟、处理效率高的 UBF 技术，污水由 UBF 反应器底部进入，由于污水以一定流速自下向上流动以及厌氧过程中产生大量沼气的搅拌作用，污水与污泥充分混合，有机质被吸附分解，所产生的沼气从顶部集气室排出，沉淀性良好的污泥在沉降区分离，从而保证了反应器内高的污泥浓度，固液分离后的污水从上部排出。

UBF 由污泥反应区、填料区和气室三部分组成。在底部反应区内存留大量厌氧污泥，具有良好的沉淀性能和凝聚性能的污泥在下部形成污泥层。要处理的污水从厌氧污泥床底部流入与污泥层中污泥进行混合接触，污泥中的微生物分解污水中的有机物，把它转化为沼气。沼气以微小气泡形式不断放出，微小气泡在上升过程中，不断合并，逐渐形成较大的气泡，在反应器上部设置的滤床中，微生物可附着在滤床的填料（滤料）表面得以生长形成生物膜，滤料间的空隙可截留水中的悬浮微生物，同时加速沼气与污泥的分离，沼气穿过水层进入气室，集中在气室的沼气收集利用；UBF 出水经过溢流堰进入沉淀区，经过脱气沉淀后的污泥回流进入厌氧系统。渗沥液处理中运用 UBF 厌氧反应能极大的削减污染，COD 的去除率高达 85% 以上。

UBF 的池形状有圆形、方形、矩形。污泥床的高度一般为 3 ~ 8m，多用钢筋混凝土建造。当污水有机物浓度比较高时，需要的沉淀区与反应区的容积比值小，反应区的面积可采用与沉淀区相同的面积和池形状。当污水有机物浓度低时，需要的沉淀面积大，为了保证反应区的一定高度，反应区的面积不能太大时，则可采用反应区的面积小于沉淀区，即污泥床上部面积大于下部的池形。图 4-9 为 UBF 厌氧反应器的结构示意图。

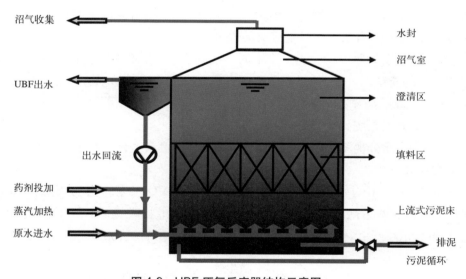

图 4-9　UBF 厌氧反应器结构示意图

（2）EGSB

EGSB 反应器是 UASB 反应器的变形，是厌氧流化床和 UASB 反应器技术的成功结合。EGSB 反应器实质上也是固体流态化技术的应用。固体流态化是固体颗粒与流体接触并使其呈现流体形状的技术，是为了改善废水和微生物之间接触，强化传质效果。

EGSB 反应器由布水器、反应区和三相分离器组成。废水由反应器底部的布水器均匀进入反应区。在水流均匀向上流动的过程中，废水中的有机物与反应区内的厌氧污泥充分接触，被厌氧菌所分解利用。通过一系列复杂的生化反应，高分子有机物转化为小分子的挥发性有机酸和甲烷。最后经过特殊设计的三相分离器，进行气、固、液分离后，沼气由气室收集，污泥在沉淀区沉淀后自行返回反应区，沉淀后的处理水以溢流的方式从反应器上部流出。EGSB 反应器高负荷、高效率的关键在于反应器能够保持很高的微生物量。由于三相分离器设计合理，能截流大部分的厌氧絮状污泥，所以 EGSB 反应器能保持较高的微生物量，并且能在较短时间内形成颗粒污泥。由于颗粒污泥的沉降性好，加上三相分离器的有效截流作用，即使在较高的水力上升流速和气体上升流速下，颗粒污泥也不会随着出水而流失，使得反应器处于良性循环，能够长期保持搞活性、高浓度的颗粒污泥。颗粒污泥具有良好的沉降性和很高的产甲烷性，使得反应器具有较高的水力上升速度，水力搅拌力度加强，各颗粒污泥处于膨胀状态，与废水中的有机物接触更加充分，从而传质效率高，有机物去除率高。较高的上升流速，使得反应器的水力停留时间大大缩短，从而大大缩小了反应器容积。主要特点如下：

1）应用范围更为广泛。EGSB 反应器不但可以处理中、高浓度的有机废水（COD 高达 30000 ～ 40000mg/L），而且可处理低浓度的有机废水（COD 在几百）。EGSB 反应器可以处理好氧生物难以降解的有机物，并且对于硫酸根、氨态氮等有毒物质的抗力强于其他厌氧反应器。

2）有机容积负荷高，占地面积小。

3）污泥产量少，且其浓缩性能好、易脱水。

4）能耗低，可回收能源。当废水中的有机物达到一定数量后，沼气能量可以抵偿厌氧运行中消耗的能量。

5）对氮、磷营养需要量较少。

6）独立的升温系统。

7）完善的汽水分离系统，有效防止沼气外漏，提高安全性，利于气体的回收利用。

2. 好氧生物处理

渗沥液处理常用的好氧处理工艺包括氧化沟、A/O 工艺、生物膜法、SBR 工艺以及 MBR 工艺，这些方法的两大功能是去除有机物和生物脱氮，对降低垃圾渗沥液中的 BOD_5、COD 和氨氮都取得一定的效果。其中好氧过程中有机物的转化途径为：

$$有机物 + O_2 \xrightarrow[\text{酶}]{\text{微生物}} CO_2 + H_2O + 能量$$

$$有机物 + P + NH_3 + O_2 \xrightarrow[\text{能量}]{\text{微生物}} 原生质（新细胞）+ CO_2 + H_2O$$

进行上述过程（碳氧化）的微生物以异氧型兼氧细菌占主体。其特点是：

（1）以有机物为食，通过对有机物的分解提供新陈代谢所需的碳源和能源；

（2）既可进行有氧呼吸，又可进行无氧呼吸（发酵）；

（3）以菌胶团细菌为主，也有一些丝状菌。

渗沥液好氧工艺处理的核心是硝化／反硝化机理，该过程可将去除 COD_{Cr} 和去除 $NH_3\text{-}N$ 有机地结合起来。其原理是：硝化作用是指由硝化细菌和亚硝化细菌或其他微生物将氨态氮转化为硝态氮的过程。硝化过程包括两个连续又独立的过程。第一步是由亚硝化菌（Nitrosomonas）将氨氮转化为亚硝酸盐。第二步是由硝化菌（Nitrobacter）将亚硝酸盐转化为硝酸盐。两步反应均需在有氧条件下进行。亚硝化菌包括亚硝酸盐单胞菌属和亚硝酸盐球菌属。硝化菌包括硝酸盐杆菌属、螺旋菌属和球菌属。硝化反应中氨氮的转化途径为：

$$NH_4^+ + 1.5O_2 \rightarrow NO_2^- + H_2O + 2H^+$$

$$NO_2^- + 0.5O_2 \rightarrow NO_3^-$$

$$NH_4^+ + 2O_2 \rightarrow NO_3^- + H_2O + 2H^+$$

进行硝化作用的微生物以自养型好氧菌为主体。其特点：

（1）以无机碳作为细胞生长的碳源；

（2）一般为专性好氧菌，在缺氧时受到抑制；

（3）栖居在活性污泥菌胶团表面，以杆菌、球菌为主。

反硝化作用是指包括异化型硝酸盐还原，即微生物将硝态氮（NO_3^- 和 NO_2^-）还原为气态氮（NO 和 NO_2）或进一步还原为 N_2 的过程。代谢途径如下：

$$NO_3^- + 5[H] \rightarrow 0.5N_2 + 2H_2O + OH^-$$

$$NO_2^- + 3[H] \rightarrow 0.5N_2 + H_2O + OH^-$$

经过碳氧化 - 硝化 - 反硝化过程，渗沥液中的有机物和氨氮大部分被转化为无机物（CO_2、H_2O、N_2）从水中去除，小部分则转化为细胞物质，通过定期排泥被排出系统。

以下对目前渗沥液处理使用较多的 MBR 技术进行介绍：

MBR 是膜分离技术和活性污泥法相结合的一种新型水处理技术，利用膜的截留作用使微生物完全被截留在生物反应器中，实现水力停留时间和污泥龄的完全分离，使生化反应器内的污泥浓度从 3 ～ 5g/L 提高到 10 ～ 20g/L，从而提高了反应器的容积负荷，使反应器容积减小。

污泥龄的延长，有利于世代期较长的亚硝化菌和硝化菌被保留在反应器中，使氨氮得到较充分的硝化，再通过反硝化过程实现生物脱氮。图 4-10 和图 4-11 是 MBR 处理车间和 MBR 膜组件。

图 4-10 MBR 处理车间

图 4-11 MBR 膜组件

MBR 从整体构造上来看，是由膜组件及生物反应器两部分组成，根据这两部分操作单元自身的多样性，膜生物反应器必然有多种类型。根据生物反应器有无供氧又可分为好氧式膜生物反应器和厌氧式膜生物反应器。若以生物反应器与膜单元结合方式来划分，可分为内置式和外置式，内置式是将膜直接浸渍于生化反应池中，直接从膜元件中抽出净水，而外置式则是用泵将生物反应池的泥水混合物通过膜组件进行错流过滤循环，得到洁净的透过水。内置式膜生物反应器由于操作压力低，膜的通量相对较小，膜面积的使用量较大，而外置式膜生物反应器由于是在泵的压力下大流量循环错流过滤，膜的通量较大，实用的膜面积较小，但动力消耗较大。图 4-12 显示了两种 MBR 的构造[4]。

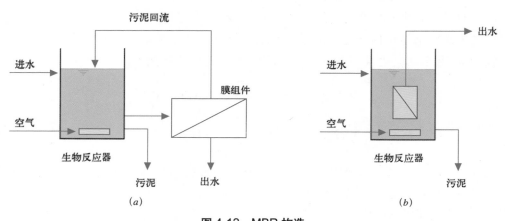

图 4-12 MBR 构造

(a) 外置式 MBR；(b) 内置式 MBR

3. 厌氧 - 好氧组合处理工艺

渗沥液的生化处理工艺一般采用厌氧 - 好氧组合处理工艺。其特点是：

（1）厌氧具有处理负荷高、耐冲击负荷的优点，将其置于好氧生化之前，能有效地降低 COD_{Cr}，减轻好氧的处理负荷，节约投资和运行成本。

（2）厌氧微生物经驯化后对毒性、抑制性物质的耐受能力比好氧强得多，并能将大分子难降解有机物水解为小分子有机物，有利于提高好氧生化的处理效率。

（3）渗沥液中含有大量表面活性物质，直接采用好氧处理在曝气池往往产生大量泡沫，并加剧污泥膨胀问题。经厌氧处理后表面活性物质得到分解，可显著减少好氧池的泡沫。

（4）在厌氧处理过程中，厌氧微生物将有机物更多地转化为热量和能源，而合成较少的细胞物质。因此，厌氧的污泥产率较低，减少污泥处理的投资和运行管理工作量。

由于厌氧 - 好氧组合工艺具有以上优点，在处理高浓度有机废水包括垃圾渗沥液方面，已获得大量成功经验和设计数据，工艺比较成熟、运行费用较为低廉。C/N 比合理、可生化性好的垃圾渗沥液尤其适于以厌氧 - 好氧生化作为主体工艺。

但是，是否采取厌氧 - 好氧组合工艺还必须考虑实际的水质特征，如果原水水质保持在一个低 C/N 比的水平，或是老龄化进程较为明显，这时就必须对厌氧工艺的可行性进行分析，对是否设计厌氧反应器进行论证分析。因为在硝化反硝化过程中，必须保证一定的碳氮比，即提供足够硝化反硝化过程的碳源，一般要求的碳氮比在 4 ~ 7 之间，能保证硝化反硝化所需要的碳源。图 4-13 是厌氧 - 好氧组合工艺现场图。

 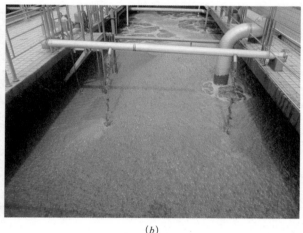

(a)　　　　　　　　　　　　　　　　(b)

图 4-13　厌氧 - 好氧组合工艺现场图

4.6　渗沥液处理技术的选择

垃圾渗沥液作为一种高浓度的有机废水，主要特点是 COD_{Cr} 和 BOD 浓度高、氨氮高、难降解有机物种类多、盐分高、重金属离子多、可生化性差、水质不稳定等。因此，渗沥液处理工艺的选择就有相当的难度，实际上没有单一工艺适用于所有填埋场和填埋场所有时期的渗沥液处理，常需要根据实际情况，将上述各种工艺组合，以获得经济性和较好的处理效果。目前通常采用"预处理 + 生物处理 + 深度处理"、"生物处理 + 深度处理"或"预处理 + 深度处理"组合工艺。

4.6.1　预处理技术

预处理技术主要采用物理化学方法，去除渗沥液中的悬浮物、漂浮物、重金属离子、色度、氨氮以及 COD 或分解难降解有机污染物，为后续处理提供有利条件。渗沥液预处理工艺可采用吸附、化学沉淀以及化学氧化等技术。

4.6.2 生物处理技术

生物处理技术包括厌氧生物和好氧生物处理技术。厌氧生物处理技术通常适用于填埋场年龄大于 5 年或 BOD_5 大于 1000mg/L 的渗沥液，可采用上流式厌氧污泥床法（UASB）等成熟处理技术。厌氧处理设施应设置沼气回收或安全燃烧装置。

好氧生物处理技术通常适用于填埋场年龄小于 5 年，BOD_5 / COD 不小于 0.5 的中、低浓度渗沥液，可采用活性污泥法或生物膜法等处理技术。

4.6.3 深度处理技术

深度处理技术主要包括纳滤、反渗透等膜处理技术和机械压缩蒸发、高级化学氧化等技术。

4.6.4 常用工艺流程介绍

1. 流程一：MBR ＋纳滤／反渗透

（1）工艺描述

MBR 主要由反硝化池、硝化池及膜分离池组成，内置 MBR 膜组件，宜采用板式、中空纤维式微滤，外置式 MBR 膜组件宜采用管式超滤。根据进水水质和排放要求选择纳滤和反渗透，也可选择两者串联。

（2）工艺特点

纳滤或反渗透系统对进水水质要求不高，板式、中空纤维截留率低于超滤，但是其具有能耗低的优点，适用于内置式 MBR 系统；管式超滤膜具有孔径小、截留率高、清洗方便等优点，不足之处是能耗高。

（3）适用范围

本工艺适用于处理可生化性好的渗沥液，如填埋初期、中期的渗沥液。出水可以达到《生活垃圾填埋场污染控制标准》GB 16889—2008 的要求。

2. 流程二：厌氧生物处理＋ MBR ＋纳滤／反渗透

（1）工艺描述

本流程增加了厌氧生物处理工艺段，渗沥液进入厌氧反应器，在酸化细菌的作用下，难溶或大分子有机物水解酸化，生成小分子物质，进而被产甲烷菌利用生成甲烷、二氧化碳等气体，从而去除有机污染物；厌氧出水进入后续的处理工段。厌氧生物反应器需根据进水水质进行选择，通常采用的为升流式厌氧反应器。根据进水水质和排放要求选择纳滤和反渗透，也可选择两者串联。

（2）工艺特点

此工艺流程中含有厌氧生物处理工艺和 MBR 工艺，运行费用相对较低，对于处理可生化性好的高浓度渗沥液具有较大优势。

（3）适用范围

本工艺适合处理浓度较高、可生化性好、碳氮比高的渗沥液。出水可以达到《生活垃圾填埋场污染控制标准》GB 16889—2008 的要求 [5]。

3. 流程三：低能耗蒸汽洁净蒸发 + 低污染 RO

（1）工艺描述

低能耗蒸汽洁净蒸发（MVPC）是通过低能耗蒸发将渗沥液中水分蒸发，与污染物分离，蒸汽中附带的氨进行气态充分酸吸收，氨与酸形成铵盐固体回收，吸收过程不产生二次污染，蒸汽中挥发性物质进行气态分离、冷凝和碱吸收，使蒸汽经洁净产生的冷凝液含有极少的盐分和少量有机物，通过低污染 RO 进行去除，使出水达到《生活垃圾填埋场污染控制标准》GB 16889—2008 表 3 排放标准。浓缩液通过处理达标排放或回流渗沥液调节池（或填埋库区），利用其巨大的生物载体进行降解。图 4-14 是低能耗蒸汽洁净蒸发处理车间。

（2）工艺特点

此工艺流程为物理分离，蒸发处理可将渗沥液浓缩 10 倍，渗沥液水质的巨大变化对处理效果影响

图 4-14　低能耗蒸汽洁净蒸发处理车间

敏感度低，蒸发采用缓垢和在线除垢，效率高，运行稳定，总产水率大于 90%，氨实现回收，能耗为 15 ～ 26kW·h/t，运行成本低，占地面积小，操作简单，可间歇性运行。

（3）适用范围

本工艺适合处理填埋场前期和后期渗沥液，在广东省市县级城市的填埋场运用较多，出水可以达到《生活垃圾填埋场污染控制标准》GB 16889—2008 的要求。

4.6.5　渗沥液处理技术选择要点

1. 垃圾渗沥液具有成分复杂，水质水量变化巨大，有机物和氨氮浓度高，微生物营养元素比例失调等特点，因此在选择垃圾渗沥液生物处理工艺时，必须详细测定垃圾渗沥液的各种成分，分析其特点，采用相应的处理工艺。还应通过小试和中试，取得可靠优化的工艺参数，以获得理想的处理效果。

2. 多种方法应用于渗沥液的处理是可行的。生物膜法和活性污泥法有成熟的运行管理经验，近年来采用组合厌氧 - 好氧工艺生物处理渗沥液的项目较多。

3. 对垃圾填埋场渗沥液进行处理的同时，更重要的是减少渗沥液产生量。鼓励发展可减少渗沥液产生量的填埋技术，如好氧填埋或准好氧填埋。

4. 高浓度氨氮处理技术，目前应用较多的主要有氨吹脱和生物脱氨技术。氨吹脱技术大多用空气为吹脱介质，使用吹脱设备吹脱的方式。但是吹脱具有效率低、消耗大量酸碱、尾气污染的缺点。新型高效吹脱装置的开发，脱氨尾气的妥善处理成为今后研究的方向。除了氨吹脱的方法脱氨以外，生物脱氨也是一种经济、有效的脱氨方式。但

传统理论认为：氨氮的去除是通过硝化和反硝化两个相互独立的过程实现的，硝化过程需要大量的氧气，而反硝化过程则需要一定的碳源。渗沥液氨氮浓度很高，C/N 值较低，无法通过单一的生物脱氮方式解决渗沥液的脱氨问题。目前对生物脱氮技术又有了很多新的认识，如好氧反硝化、同步硝化反硝化、厌氧氨氧化、短程硝化反硝化等，这些技术具有需氧量低、能耗低、负荷高、对碳源碱度需求低等优点，是未来的技术发展方向。

5. 对于"老龄化"渗沥液，生物处理基本无效，因此，必须采用以物化为主的深度处理技术处理。深度处理技术主要包括深度氧化法，如臭氧氧化、臭氧＋光催化氧化、臭氧催化氧化，以及膜处理技术等。由于高级的处理技术意味着较高的投资和运行费用，如何找到一种廉价的处理方式，成为人们关注的问题。

6. 人工湿地处理技术由于具有建设和运行成本低、设备简单、易于维护等优点，在近几年得到了一定应用。人工湿地系统对于处理老化渗沥液具有较好的效果，因此也可作为渗沥液深度处理的方法，对于有地方建造湿地的填埋场应予以考虑。

4.7 渗沥液处理管理要点

4.7.1 一般要求

1. 应检查核实导渗盲沟系统完整性，填埋区无渗沥液滞留，坝前水位符合要求，应定期检查穿坝管的完好性，保持导水畅通，无泄漏。

2. 应检查核实进入调节池的水量和水质，检查集液井和调节池防渗系统的完整性、有效性，调节池产生的气体状况，对于采取了密闭措施的渗沥液调节池，应及时导排调节池产生的气体，防止过量气体积聚。

3. 渗沥液处理系统应纳入垃圾填埋场的生产管理中，配备专业管理人员和技术人员。由于渗沥液处理存在连续性，运行人员宜采用四班三运行制度，每班应最少配备两名操作人员。为了对日常运行情况进行分析，还应配备化验设备及相关人员。渗沥液处理厂（站）最少应配备技术主管、运行操作人员、设备检修及维护人员和化验人员。

4. 应具有工艺操作说明书以及设备使用、维护说明书，各岗位人员应严格执行操作规程，如实填写运行记录，并妥善保存。

5. 运行人员应定期进行岗位培训，熟悉渗沥液处理工艺流程、各处理单元的处理要求、并根据水质条件变化适时调整运行参数，达到相应的操作要求和处理目标。

6. 各个运行岗位应对每天运行情况进行记录并形成日志，运行主管根据各岗位每日的运行情况形成周报、月报和年报。

4.7.2 检测与控制

1. 渗沥液处理厂的检测包括在线检测和化验室分析检测，对于流量、pH 值、温度、溶解氧等参数，宜采用在线监测仪进行检测，另外渗沥液处理厂（站）的总排放口应设有在线检测装置，包括巴氏流量计量槽、pH 值、COD 等。

2. 渗沥液处理厂试运行期间，应进行水质检测；正式运行期间，应建立水质、水量监测制度，水量包括渗沥液产生量和处理量。详见附录 A.4.4 节。

3. 渗沥液处理厂应采用集中监控系统和分散式自动控制系统，以便于日常维护管理，采用成套设备时，设备本身的控制系统应与系统控制系统相结合。

4.7.3　日常管理

1. 针对生物处理系统的日常运行情况，进行分析判断。日常遇到运行过程的问题一般包括：出水 COD 超标、氨氮超标、总氮超标、溶解氧较低、pH 值异常、厌氧系统出水悬浮物较高、温度异常及泡沫过多等。针对这些问题应及时分析原因，找出应对对策并及时调整运行的工艺参数，并保证出水最终达标。

2. 运行过程中应及时调整操作参数，以符合膜组件要求。膜系统运行操作要点：距上次清洗后运转的时间，设备投入运行总时间；多介质过滤器、保安过滤器与每一段膜组件前后的压降；各段膜组件进水、产水与浓水压力；各段膜组件进水与产水流量；各段膜组件进水、产水与浓水的电导率或含盐量（TDS）；进水、产水和浓水的 pH 值；进水淤积指数（SDI）和浊度值。

3. 根据水质变化，膜系统要采取 pH 值调节，投加阻垢剂、杀菌剂、还原剂等化学品，合理控制运行参数等必要措施，以有效控制膜的结垢及污染。当膜运行一定时间需要化学清洗时，要及时进行离线化学清洗。膜使用达到使用寿命后，应及时进行膜更换工作。

4.7.4　设备维护

1. 渗沥液处理系统应制定大、中检修计划和主要设备维护和保养规程，并购买足够的备品备件，及时更换损坏设备及部件，提高设备的完好率。

2. 操作人员及维修人员必须严格执行设备的维修和保养规程，进行经常或定期的维护和检修。具体详见第 7 章渗沥液处理设备维护部分。

本章执笔人：孟了；校审：黄中林

思考题

（1）简述渗沥液的主要水质特点。

（2）目前计算渗沥液产生量的计算方法有哪些，比较各种方法的优缺点。

（3）为了减少渗沥液的产生量，填埋过程中可采取哪些有效的措施。

（4）为满足《生活垃圾填埋场污染控制标准》GB 16899—2008，渗沥液处理过程需要采用哪些工艺，并简述目前处理工艺的优缺点。

（5）简述你认为目前国内渗沥液处理存在的问题，针对这些问题，你认为今后渗沥液处理方向是什么，并解释原因。

参考资料

[1] 郑曼英. 垃圾渗液中有机污染物初探 [J]. 重庆环境科学，1996，18（4）.

[2] HJ 564—2010 生活垃圾填埋场渗沥液处理工程技术规范 [S]. 北京：中国环境科学出版社，2010.

[3] 浙江大学：CJJ 176—2012 生活垃圾卫生填埋场岩土工程技术规范 [S]. 北京：中国建筑工业出版社，2012.

[4] Henze，M.，van Loosdrecht，M.C.M.，Ekama，G.A. and D.，Brdjanovic. Bilological Wastewater Treatment: Principles，Modelling and Design[M]. IWA Publishing，London，UK，2008.

[5] GB 16889—2008 生活垃圾填埋场污染控制标准 [S]．北京：中国环境科学出版社，2008.

第5章 填埋气体收集及处理

本章首先介绍了填埋气体的组成、特性及产生原理，常用的填埋气体产量预测模型及加快填埋气体产生速率的方法，同时讨论了填埋气体迁移的类型及影响迁移的因素，然后介绍了填埋气体收集系统的种类和选择要点，以及填埋气体净化和利用的方法，最后详细论述了填埋气体处理过程中的管理要求。

5.1 填埋气体组成与特性

5.1.1 填埋气体的组成

垃圾填埋场可比拟为一个大的生物反应器，其主要输入项为垃圾和水，主要输出项为渗沥液和填埋气体[1]。输出产物是输入物质在填埋场内生物、化学和物理共同作用过程的结果。填埋气体主要是填埋垃圾中可生物降解有机物在微生物作用下的产物。填埋气体主要有两类：一类是主要气体，包括有甲烷、二氧化碳、一氧化碳、硫化氢、氧气、氮气和氢气等；另一类是微量气体，虽然其含量很小，但其中个别成分毒性较大，对公众健康具有危害性。

1. 填埋场主要气体组成

表 5-1 给出了垃圾卫生填埋场中填埋气体的典型组分及含量百分比。

填埋气体典型组成及各组分百分含量 表 5-1

组分	甲烷	二氧化碳	氮	氧	硫化氢	氨	氢	一氧化碳	微量组分
体积百分数	45～50	40～60	0.1～1.0	0.1～1.0	0～1.0	0.1～1.0	0～0.2	0～0.2	0.01～0.6

它的典型特征为：温度达 43～49℃，相对密度约 1.02～1.06，为水蒸气所饱和，高位热值在 15630～19537kJ/m³。

甲烷和二氧化碳是填埋气体中的主要气体。当甲烷在空气中的浓度在 5%～15% 之间时，会发生爆炸。假如填埋气体迁移扩散到场区边缘并与空气混合，则会形成浓度在爆炸范围内的甲烷混合气体。

2. 填埋场微量气体组成

美国从 66 个填埋气体样品中发现了微量有机化合物浓度的总结数据。英国从 3 个不同填埋场采集的气体样品中发现 7116 种有机化合物存在，其中许多化合物是挥发性有机化合物（VOCs），其中包括硫醇、氯乙烯、甲苯、己烷、氯甲烷、二甲苯等。国外所发现的填埋气体中挥发性有机化合物浓度较高的填埋场，往往是接受含有挥发性有机物的工业废物的老填埋场。在一些新填埋场，其填埋气体中的挥发性有机物的浓度均较低。

5.1.2 填埋气体的特性

填埋气体的特有组成决定了其特有的性质。填埋条件不同，其中的生物化学反应程度不同，产生的填埋气体组分也会变化。填埋气体经垃圾堆体、填埋覆盖土和邻近的土壤迁移，进入大气，对环境产生如下影响。

1. 温室效应

全球变暖被普遍认为是在大气中增加温室气体的浓度所致，包括二氧化碳、甲烷、一氧化二氮、臭氧等。大气中甲烷约以每年 1% 的速度增加，二氧化碳约以 0.4% 的速度增加。甲烷由于其内部的辐射特性，每增加一个甲烷分子产生的热效应是增加一个二氧化碳分子产生热效应的 25 倍。一般认为甲烷要对地球趋热负 20% 的责任。

2. 引起臭味

填埋气体气味是以微量浓度存在于其中的硫化氢和硫醇等引起，这些化合物可在极低浓度被感官嗅到（分别为 0.005ppm 和 0.001ppm），引起人的不快。

3. 毒害影响和健康问题

填埋气体可以引起窒息和中毒。在狭小空间充满填埋气体将取代此处的氧气，引起空气中氧气不足。健康影响一般与填埋气体中的微量气体有关，例如氯乙烯、硫化氢等。一些微量化合物达到足够的浓度时是有毒的，与之长期接触可以致癌。

4. 爆炸

当空气中的甲烷浓度超过它的最低爆炸极限时，就存在爆炸危险。最低爆炸极限是甲烷浓度占空气体积的 5%。爆炸危险与小空间的通风有关，与甲烷的迁移和积累有关。

5. 植被影响

当填埋气体迁移通过土壤时，可使植物根部的氧被其取代，造成植被恶化，在植被覆盖的地方发生植被的减少和侵蚀。

6. 潜在的好处

填埋气体中甲烷含量一般在 50% 以上。甲烷的可燃烧性决定了填埋气体的潜在价值。填埋气体的利用可代替相当数量的燃料消耗；与其他燃料相比，甲烷是相对清洁的燃料。填埋气体的利用将产生收益，抵消部分或全部的填埋场环境控制成本。

5.1.3 填埋气体产生原理

填埋气体产生是非常复杂的过程，其生物化学原理至今尚未完全阐明。综合国内外研究，填埋气体的产生过程分为下述五个阶段。

1. 第一阶段——初始调整阶段：废物中的可降解有机组分在被放置到填埋场后很快就会发生微生物分解反应。此阶段是在生化分解好氧条件下发生的，原因是有一定数量的空气随废物夹带进入填埋场内。使废物分解的好氧和厌氧微生物主要来源于日覆盖层和最终覆盖层土壤、填埋场接纳的废水处理消化污泥，以及再循环的渗沥液等。

2. 第二阶段——过程转移阶段：此阶段的特点是氧气逐渐被消耗，而厌氧条件开始形成并发展，当填埋场变为厌氧环境时，可作为电子接受体的硝酸盐和硫酸盐常被还原为氮气和硫化氢气体。

3. 第三阶段——酸性阶段：在此阶段，起源于第三阶段的微生物活动明显加快，产生大量的有机酸和少量氢气。三步法中的第一步涉及高分子量化合物（如类脂物、多糖、蛋白质和核酸）的中间酶转化（水解），为适于微生物用作能源和脱硫源的化合物。第二步涉及第一步产生的化合物被微生物转化为低分子量的中间有机化合物，典型的中间产物有甲酸、富里酸或其他更复杂的有机酸。二氧化碳是在第三阶段产生的主要气体，少量的氢气也会在此阶段产生。在此转化阶段所涉及的微生物总称为非产甲烷菌。

由于本阶段有机酸存在且填埋场内二氧化碳浓度升高，以及有机酸溶解于渗沥液的缘故，所产生的渗沥液的 pH 值常会下降到 5 以下，其生化需氧量（BOD_5）、化学需氧量（COD）和电导在此阶段会显著上升，一些无机组分（主要是重金属）在此阶段将会溶解进入渗沥液。

4. 第四阶段——产甲烷阶段：在此阶段，第二组微生物居主要支配地位，将上一阶段形成的醋酸（乙酸）和氢气转化为甲烷和二氧化碳。负责这种转化的厌氧微生物称为产甲烷菌。在某些情况下，这些微生物在第三阶段开始结束时就会开始繁殖。虽然在此阶段甲烷和有机酸的形成同时进行，但有机酸的形成速率会明显减慢。

由于产酸菌产生的有机酸和氢气被转化为甲烷和二氧化碳，填埋场中的 pH 值将会升高到 6.8 ～ 8 的中性值范围内。因此，如有渗沥液产生，则其 pH 值将上升、而 BOD_5、COD 及其电导将下降。在较高的 pH 值时，很少有无机组分能保持在溶液中，故渗沥液中的重金属浓度也将降低。

5. 第五阶段——稳定化阶段：在废物中的可降解有机物被转化为甲烷和二氧化碳之后，填埋废物进入成熟阶段，或称为稳定化阶段。虽然所剩余的、不可利用的可生化分解有机物在水分不断通过废物层向下迁移时仍将会被转化，但填埋场气体的产生速率将明显下降。原因是大多数可利用的营养物质在前面阶段已从系统中去除。在此阶段所产生的填埋气体是甲烷和二氧化碳。但由于各填埋场的封场措施不同，某些填埋场的填埋气体中也可能会存在少量的氮气和氧气。在此阶段产生的渗沥液常含有腐殖酸和富里酸，很难用生化方法加以进一步处理。

上述五个阶段并不是绝对独立的，它们相互作用互为依托，有时会发生一些交叉。各个阶段的持续时间，则根据不同的废物，填埋场条件而有所不同。因为填埋场中垃圾是在不同时期进行填埋的，所以在填埋场的不同部位，各个阶段的反应都在进行。

5.2　填埋气体产生量的预测

5.2.1　填埋气体产生量计算模型

由于填埋场气体产生过程复杂及影响因素较多，故很难精确计算出填埋气体的产生量。但垃圾的潜在产气量，即理论产气量，是确定填埋场气体实际产生量的重要依据之一。在通常条件下，填埋气体产生速率在前 2 年达到高峰，然后开始缓慢下降，在多数情况下可以延续 25 年或更长的时间。填埋气体的产生量和产率在理论上可采用经验估算法、化学计算法、理论需氧量、统计模型和动力学模型等类型。

1. 经验估算法

经验估算法是依靠经验和参考其他类似填埋场的数据，并结合给定填埋场的场地尺寸、填埋平均深度、垃圾组成、降解速度、垃圾填埋量和场地的最大容量等有关数据进行填埋气体产气量估算的一种方法。

(1) 经验粗估法

经验粗估法是指利用已运行的类似项目中观察到的垃圾量和填埋气体产生量之间的关系，来估计填埋气体产生量的方法。例如，假设每吨垃圾产生 $150m^3$ 的填埋气体，则

填埋场气体产生量 (m^3/a) ＝填埋场处置的垃圾量 (t/a) ×150 (m^3/t)。

(2) 垃圾含水率粗估法

利用垃圾填埋量和填埋垃圾含水率进行填埋气体产生量初步估算是最为常用的方法之一。根据多年的历史资料可知：典型垃圾填埋场（含水率为 25%，填埋以后保持不变）每年的产气量近似为 $0.06m^3/kg$ 或更高；如果是干旱或半干旱的气候条件，又没有添加水分，填埋垃圾含水率低于 25%，则产气量在 $0.03 \sim 0.45m^3/kg$；当垃圾填埋后，温度条件非常合适时，填埋垃圾含水率大于 25%，产气量可达 $0.15m^3/kg$ 或更高。在知道填埋的垃圾数量和含水率后，就可根据上述经验数据（或其他类似数据）来估算给定填埋场的产气量。

(3) 试验井法

利用试验井抽气测量填埋气体的流量和质量，是估计填埋气体产生速率最可行的方法。但只有设置在有代表性位置处的试验井，其测定结果才有实际意义。对于填埋垃圾压实不好的填埋场，由于存在填埋气体迁移问题，可持续回收的填埋体气产量一般是试验井测定值的一半。

经验估算法的优点是简单、快速，但需要设计者具有良好的经验和比较可靠的类似填埋场的历史数据。

2. 化学计量式模型

垃圾的 CH_4 产量也可以采用垃圾中有机物分解的化学计量方程式来确定：

$$C_aH_bO_cN_d + (a-b/4-c/2+3d/4) H_2O = (a/2+b/8-c/4-3d/8) CH_4 + (a/2-b/8+c/4+3d/8) CO_2 + d NH_3$$

根据此式，当城市垃圾的典型化学计量式为 $C_{99}H_{149}O_{59}N$，含水率为 50% 时，则可降解的碳含量占湿垃圾总量的 26%，1kg 湿垃圾具有的 CH_4 产生潜力在常温常压下约为 259L。这说明在填埋场产气期内，大约有 18.5% 的垃圾质量将被转化为 CH_4。

3. COD 估算模型

该模型是建立在质量守恒定律基础上的，假设垃圾中的 COD 值等于产气中甲烷燃烧的耗氧量。此模型同样也是用于计算一定数量垃圾的最终产气总量。该模型的数学形式为：

$$Y_{CH_4} = 0.35 \times （1-\omega） \times V \times COD \tag{5-1}$$

式中　　Y_{CH_4}——1kg 填埋垃圾的理论产 CH_4 量，m^3/kg；

　　　　ω——填埋垃圾的含水率；

　　　　V ——1kg 填埋垃圾的有机物含量，%；

　　　COD——填埋垃圾中 1kg 有机物 COD 值，kg/kg；

　　　0.35——1kg COD 的 CH_4 理论产量，m^3/kg。

4. 统计模型

统计模型的主要功能是根据给定垃圾量计算可能产生的甲烷总量，IPCC 模型属于统计模型，是政府间气候变化专门委员会（IPCC）提出的方法。

《IPCC 国家温室气体清单优良作法指南和不确定性管理》中谈到《1996 年 IPCC 国家温室气体清单指南修订本》（IPCC 指南）概述了两种估算固体废弃物处理场所中甲烷排放的方法：缺省的估算方法（方法 1）和一阶衰减方法（方法 2）。《IPCC 国家温室气体清单优良作法指南和不确定性管理》对两种方法的主要区别进行了概述：一阶衰减方法提出随时间变化的甲烷排放估算，该估算很好地反映了废弃物随时间的降解过程，而缺省的估算方法是基于一个假设，即所有潜在的甲烷均在处理当年就全部排放完。

方法 1　缺省的估算方法

该模型由 IPCC 提出：

$$E_{CH_4} = MSW \times \eta \times DOC \times r \times （16/12） \times 0.5 \tag{5-2}$$

式中　　E_{CH_4}——甲烷产生量，t/a；

　　　MSW ——城市生活垃圾量，t/a；

　　　　η——填埋垃圾占生活垃圾总量的百分比；

　　　DOC ——垃圾中可降解有机碳的含量（%），IPCC 推荐对发展中国家取值 15%，发达国家为 22%；

　　　　r——垃圾中可降解有机碳的分解百分率，IPCC 推荐值为 77%；

　比值 16/12——CH_4 和 C 的转换系数；

　数值 0.5——CH_4 中的碳与总碳的比率。

方法 2　一阶衰减方法

根据 IPCC 指南中提供的固体废弃物处理场所中的甲烷排放决策树描述的选择计算方法的步骤，"在可能的情况下选择一阶衰减方法是优良作法，因为该方法比较准确地反映了实际的排放趋势"。因此，选择一阶衰减方法（方法 2）作为估算 Q_y（给定年份 "y" 产生的甲烷量）的方法，公式如下：

$$Q_y = \Sigma_x [（A \cdot k \cdot MSW_T(x) \cdot MSW_F(x) \cdot L_0(x)） \cdot e^{-k(y-x)}] \tag{5-3}$$

式中　　Q_y——给定年份 "y" 产生的甲烷量；

y——给定的计算年；

x——从初始年到给定的计算年，$x = 1，2，\cdots y$；

A——修正总量的归一化因子，$A = (1-e^{-k})/k$；

k——甲烷产生速率常数，$1/a$；

$MSW_T(x)$——某年（x）的城市固体废弃物 MSW 总量，t/a；

$MSW_F(x)$——某年（x）在固体废弃物处理场处理的废弃物的比例；

$L_0(x)$——甲烷产生潜力（$t_{甲烷}/t_{垃圾}$）。

$$L_0(x) = MCF(x) \cdot DOC(x) \cdot DOC_F \cdot F \cdot 16/12$$

式中　　$MCF(x)$——某年（x）的甲烷修正因子（比例）；

$DOC(x)$——某年（x）的可降解有机碳含量（$t_{碳}/t_{垃圾}$）；

DOC_F——经过异化的可降解有机碳所占的比例；

F——甲烷在垃圾填埋气体中所占的体积比；

$16/12$——碳转化为甲烷的系数。

$$DOC = (0.4 \cdot A) + (0.17 \cdot B) + (0.15 \cdot C) + (0.3 \cdot D)$$

式中　　A——城市固体废弃物中纸张和纺织品所占的比例；

B——城市固体废弃物中庭院垃圾或其他非食品有机易腐物质所占的比例；

C——城市固体废弃物中食品废弃物所占的比例；

D——城市固体废弃物中木材或秸秆所占的比例。

5. 动力学模型

（1）Gardner 动力学模型

N.Gardner 和 S.D.Probert 提出下述公式。

$$P = C_d X \sum_{i=1}^{n} F_i (1-e^{-K_i t}) \tag{5-4}$$

式中　　P——单位质量垃圾在 t 年内产 CH_4 量，kg/kg；

C_d——垃圾中可降解有机碳的比率，kg/kg；

X——填埋场产气中 CH_4 的份额；

n——可降解组分的总数；

F_i——各降解组分中有机碳占总有机碳分数；

K_i——各降解组分的降解系数，a^{-1}；

t——填埋时间，a；

e——2.1718。

（2）Marticorena 动力学模型

该模型是填埋场产 CH_4 的一阶动态方程式，其应用的前提是认为填埋场中的垃圾是按年份分层填埋的。该模型的推导过程为：

$$MP = MP_0 \exp\ (-t/d)$$

$$D\ (t)\ = \frac{\mathrm{d}MP}{\mathrm{d}t} \Longrightarrow\ = D\ (t)\ \frac{MP_0}{d} \exp\ (-\frac{t}{d}\ )$$

$$F\ (t)\ = \sum_{i=1}^{t} T_i \times D\ (t-i) = \sum_{i=1}^{t} T_i \left\{ \frac{MP_0}{d} \times \exp\left[-\frac{(t-i)}{d} \right] \right\} \tag{5-5}$$

式中　　MP——t 时间的垃圾产 CH_4 量，Nm^3/t；

　　　　MP_0——新鲜垃圾的产 CH_4 潜能，Nm^3/t；

　　　　t——时间，a；

　　　　d——垃圾持续产 CH_4 时间，a；

　　$D\ (t)$——第 t 年的垃圾产 CH_4 速率，$Nm^3/\ (t \cdot a)$；

　　$F\ (t)$——第 t 年填埋场的 CH_4 产率，Nm^3/a；

　　　　T_i——第 i 年填埋的垃圾吨数，t。

6.《生活垃圾填埋场填埋气体收集处理及利用工程技术规范》CJJ 133—2009 推荐方法

该规范采用的是本节第 4 点统计模型中方法 2 的一阶衰减方法简化公式，其具体计算如下：

（1）对某一时刻填入填埋场的生活垃圾，其填埋气体产气量宜按下式计算：

$$G = ML_0\ (1-e^{-kt}) \tag{5-6}$$

式中　　G——从垃圾填埋开始到第 t 年的填埋气体产生总量，m^3；

　　　　M——所填埋垃圾的重量，t；

　　　　L_0——单位重量垃圾的最大产气量，m^3/t；

　　　　k——垃圾的产气速率常数，1/a；

　　　　t——从垃圾进入填埋场时算起的时间，a；

（2）对某一时刻填入填埋场的生活垃圾，其填埋气体产气速率宜按下式估算：

$$Q_t = ML_0 k e^{-kt} \tag{5-7}$$

式中　　Q_t——所填垃圾在时间 t 时刻（第 t 年）的产气速率，m^3/a。

（3）垃圾填埋场填埋气体理论产气量宜按下式逐年叠加估算：

$$G_n = \sum_{t=1}^{n-1} M_t L_0 k e^{-k\ (n-t)} \quad (n \leqslant 填埋场封场时的年数\ f)$$

$$= \sum_{t=1}^{f} M_t L_0 k e^{-k\ (n-t)} \quad (n > 填埋场封场时的年数\ f) \tag{5-8}$$

式中　　G_n——填埋场在投运后第 n 年的填埋气体产生量，m^3/a；

　　　　n——自填埋场投运年至计算年的年数，a；

　　　　M_t——填埋场在第 t 年填埋的垃圾量，t；

f——填埋场封场时的填埋年数，a。

（4）填埋场单位重量垃圾的填埋气体最大产气量（L_0）宜根据垃圾中可降解有机碳含量按下式估算：

$$L_0 = 1.867C_0\phi \tag{5-9}$$

式中　　C_0——垃圾中有机碳含量，%；

　　　　ϕ——有机碳降解率。

5.2.2　加快填埋气体产生速率的方法

1. 控制渗沥液量

我国运行中的填埋场基本都存在渗沥液水位过高的问题。渗沥液水位过高既影响垃圾产气，同时渗沥液又会封堵填埋气井的集气花管，从而影响气井的收气范围。因此，我国运行中的填埋场气体收集井需控制垃圾堆体渗沥液水位，一般推荐采用空压降水方式降低渗沥液水位。

填埋场封场后，渗沥液量将迅速衰减，垃圾堆体内后期水分含量过低。此时渗沥液回灌是在设有渗沥液收集系统的填埋场，将收集到的全部或部分渗沥液采取一定方式，重新返回垃圾堆体中的渗沥液处理方式。渗沥液回灌可以将大量渗出的有机物、营养物质、微生物返还填埋场中，并促进物质在填埋场中的运动，提高产气速率。渗沥液回灌还可促进渗沥液蒸发，降低渗沥液处理量和处理负荷等。

2. 加入水处理污泥

将城市垃圾与水处理污泥共同填埋，也是一种有助于产气的填埋方式。污泥中含有大量的微生物，能够加速填埋垃圾的生物降解。但污泥等有机物的混填不应影响填埋作业。

3. 其他促进产气的手段

（1）修建深层的填埋场，其内部保温好，温度较高，并控制空气不易进入，厌氧状况好，有利产气量的提高；

（2）填埋场分区作业，而不是大面积同时作业，当一个区域填埋到预定高度以后，及时覆盖，创造良好的厌氧环境，加速产气速率。

5.3　填埋气体的迁移

5.3.1　填埋气体的迁移类型

填埋气体具有一定的流动性和运动性，这种运动与气体的扩散性能、压力梯度和气体的密度有关。一般情况下，填埋场内部的填埋气体存在如下三种不同类型的迁移运动。

1. 填埋气体向上迁移

填埋气体向上迁移是指填埋气体中的二氧化碳和甲烷通过对流和扩散作用释放到大气圈中。

2. 填埋气体向下迁移

填埋气体向下迁移是指填埋气体中相对密度较大的二氧化碳（二氧化碳的密度是空气的 1.5 倍，甲烷的 2.8 倍）向填埋场底部运动，并最终在填埋场底部聚集的现象。对于未有防渗系统或防渗达不到要求的填埋场，二氧化碳可能通过扩散作用穿过衬垫，从填埋场底部向下运动，并通过下伏地层最终扩散进入并溶于地下水，反应生成碳酸，结果使地下水 pH 值降低，并通过溶解作用增加地下水的硬度和矿化度。

填埋气体向上或向下迁移示意图见图 5-1。

黏土或土工合成材料衬垫（低透水）砂砾封盖（低透水）

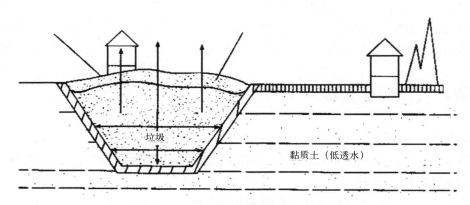

图 5-1　填埋气体向上或向下迁移示意图

3. 填埋气体横向迁移

填埋气体横向迁移有两种情况。一是填埋气体通过周边可渗透介质迁移到远离填埋场的地方后，释放进入大气；二是填埋气体通过树根造成的裂痕、人造或风化或侵蚀造成的洞穴、疏松层、旧通风道和公共线路组成的人造管道、地下公共管道以及地表径流造成的地表裂缝等途径，迁移释放到环境中或进入到填埋场附近的建筑物或封闭空间中。

填埋气体横向迁移示意图见图 5-2。

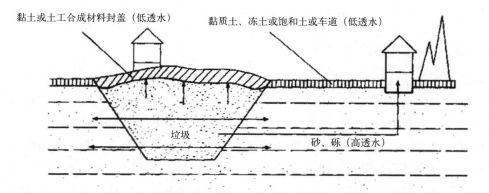

图 5-2　填埋气体横向迁移示意图

5.3.2　影响填埋气体迁移的主要因素

影响填埋气体迁移的主要因素有如下几个方面：

1. 覆盖和垫层材料：当垃圾处于顶面覆盖层和底部防渗层严密的"包裹"中时，上下通道被堵住，填埋气体只能横向迁移；若覆盖层和底部防渗层的潜透性较大，填埋气体就会向大气层中释放或向下迁移。

2. 地质条件：周围的地质条件会影响横向迁移，填埋气体可绕过非渗透性障碍物（如黏土层）进行迁移，也可以通过疏松层或砂砾层进行迁移。

3. 水文条件：地下水水位可以影响填埋气体的迁移和释放。通常春天从地表径流或融雪释放的地下水会使地下水位上升，填埋气体处于水封状态，迫使填埋气体横向迁移。

4. 大气压：大气压的变化影响着填埋气体的迁移和释放。通常情况下，大气压低时，填埋气体的迁移和释放将增加。

5.4　填埋气体收集系统

填埋气体收集系统是针对填埋气体的迁移而引发自爆、危害植物、人类及其他受体等现象所采取的必要控制系统。该系统可减少填埋气体向大气的排放量和在地下的横向迁移，提高甲烷气体回收利用率。

通常填埋气体收集系统按气体收集管网系统布设，可分为垂直竖井系统和水平盲沟系统。垂直竖井系统一般是在填埋场大部分或全部填埋完成以后，再进行钻孔和安装；而水平盲沟系统在填埋过程中进行分层安装。

根据对填埋气体收集的控制方式，又可分为主动收集系统和被动收集系统。主动收集系统是通过泵、风机等设备抽取填埋气体。根据垂直竖井、水平盲沟的影响范围确定系统的布设，保证填埋场内各部分气体尽可能完全地被回收；被动收集系统是靠填埋气体自身产生的压力来控制气体的运动，通过由透气性较好的砾石等材料构筑的气体导排通道，将气体直接导入大气、燃烧装置或气体利用设备。当填埋场顶部、周边、底部防透气性能较好时，被动型气体收集系统也有较高的收集效率。但总的说来，被动型气体收集系统的效率较低，尚不能满足对气体进行充分回收和利用的要求。

5.4.1　填埋气体主动收集系统

填埋气体主动收集系统是在填埋场内铺设一些垂直的导气井或水平的盲沟。用管道将这些导气井和盲沟连接至抽气设备，利用抽气设备对导气井和盲沟抽气，将填埋场内的填埋气体抽出来。垂直井的现场施工和水平盲沟的现场施工见图 5-3 和图 5-4。

填埋气体主动收集系统主要由抽气井、集气管、冷凝水收集井和泵站、真空源、气体处理站（回收或焚烧）以及气体监测设备等组成。主动收集系统示意见图 5-5。

填埋气体主动收集系统分为内部填埋气体主动收集系统和边缘填埋气体主动收集系统两类。

图 5-3　垂直井的现场施工

图 5-4　水平盲沟的现场施工

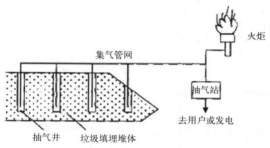

图 5-5　填埋气体主动收集系统示意图

垂直抽气井通常按等边三角形布置，井间距及影响半径通过现场实验确定。对于深度大并有人工薄膜的混合覆盖层的填埋场，常用的井间距为 30 ~ 45m；对于使用黏土和天然土壤作为覆盖层材料的填埋场，井间距可采用 30m，以防将大气中的空气抽入填埋气体回收系统中。

集气管采用 HDPE 管、PVC 管或钢管，集气部分段开孔。由于不同程度沉降、侧壁负荷和填埋场内环境温度升高等因素产生的巨大压力，集气管连接方面需要伸缩连接。

填埋场不均匀沉降可能会导致抽气井受到损坏，把抽气系统接头设计成软接头和应用抗变形的材料，以保持系统的整体完整性。

1. 内部填埋气体主动收集系统

常用的填埋气体收集设施有两种类型，即垂直抽气井和水平抽气管（道）。

（1）垂直抽气井是填埋场最普遍采用的填埋气体收集设施，其典型构造如图 5-6 所示。

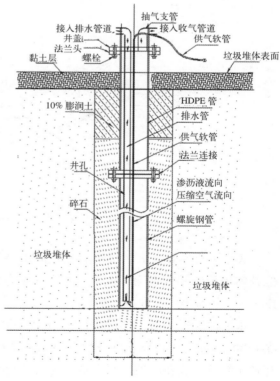

图 5-6　垂直抽气井

　　输送管通常用 15～40cm 直径的塑料管（或者钢管）将抽气井与引风机连接起来。它们埋在填有砂子的管沟中。输送管可选用 PVC 或 HDPE 管，但它们不能穿孔。其典型样图见图 5-7。

　　抽风机型号选择应根据总负压头和要抽的气体体积来设计，大多数功率在 5kW 或以上的电机，需要有三相电源。其连接管的标高要略高于集管末端，便于冷凝液的下滴。

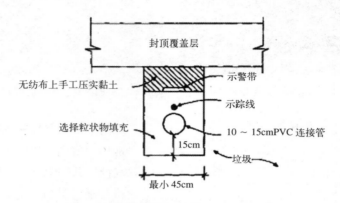

图 5-7　集气 / 输送管和地沟的典型详图

　　（2）填埋气体也可采用水平井抽出，水平沟必须与填埋场的垃圾层一样层层布置。水平抽气管（道）如图 5-8 所示。

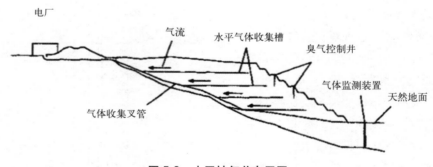

图 5-8　水平抽气井布置图

　　各水平收气管在水平和垂直方向上的间距随着填埋场设计、地形、覆盖层以及现场其他具体因素的不同而变。通常，水平间距范围为 20～60m，垂直间距范围是 10～25m 或 1～2 层垃圾的高度。

　　水平抽气管（道）一般由带孔管道或不同直径的管道相互连接而成，沟宽 0.6～0.9m，深 1.2m。多孔管道公称直径一般为 15cm 和 20cm 或 25cm 和 30cm。沟壁一般要铺设无纺布，有时无纺布只放在沟顶。水平抽气管（道）的长度一般在 50m 以上。水平井抽气管道见图 5-9。

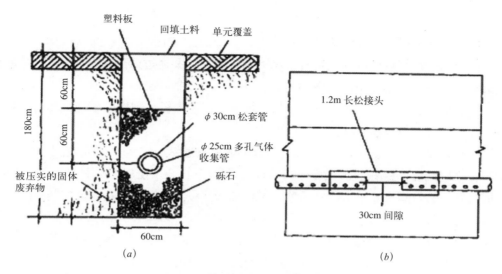

图 5-9　填埋场水平井抽气管道图

(a) 暗沟剖面图；(b) 暗沟侧面图

水平收集方式存在如下问题：①工程量大、材料用量多、投资高，因为气体收集管需要布满垃圾填埋场各分层，管间距只有 20 ~ 60m；②水平多孔管很容易因垃圾不均匀沉陷而遭到破坏；③水平多孔管承受不住各种重型运输机械碾压和垂直静压；④水平多孔管与导气井或输气管接点很难适应场地的沉陷；⑤在垃圾填埋加高过程中，不可避免会吸进空气和漏出气体；⑥填埋场内积水会影响气体的流动。

2. 边缘填埋气体主动收集系统

边缘填埋气体主动收集系统主要是回收并控制填埋气体的横向地表迁移。一般采用三种收集方式，即周边抽气井、周边气体抽排沟渠和周边注气井（空气屏障系统）。边缘填埋场主动收集系统见图 5-10。

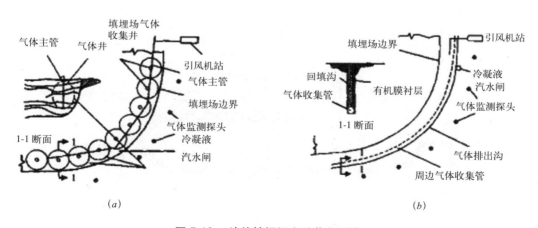

图 5-10　边缘填埋场主动收集系统

(a) 填埋场周边集气井；(b) 填埋场周边气体排汽沟

（1）周边抽气井

周边抽气井常用于垃圾填埋深度大于 8m，与周边开发区相对较近的填埋场。

具体做法是在填埋场内沿周边打一系列的直立井，并通过公用集气 / 输送管将各抽气井连接到一个电力驱动的中心抽吸站，中心抽吸站通过抽真空的方法在公用集气 / 输送管和每个井中形成真空抽力。抽真空后，每个抽气井影响半径范围内的填埋气体将被抽吸到井中，并最终送到中心抽吸站。

周边抽气井的典型设计是：将 10 ~ 15cm 的套管放入 45 ~ 90cm 的钻孔之中，套管下 1/3 或 1/2 打孔，井用砾石回填。套管的其余部分不打孔，使用天然土壤或者垃圾回填。不同抽气井间的间隔取 8 ~ 15m。另外，每个抽气井应安装取样口和流量控制阀门。

（2）周边气体抽排沟渠

如果填埋场周边为天然土壤，则可使用周边抽气沟渠。周边气体抽排沟渠通常用于浅埋填埋场，其深度一般小于 8m。沟中通常使用砾石回填，中间放置打了孔的塑料管，横向连接到集气/输送管和引风机上。沟渠可以挖到填埋垃圾层中，也可以一直挖到地下水面。沟渠通常要做封衬。引风机的抽真空作用是在每一沟渠及周围形成一定范围的真空。抽到沟渠中的填埋气体通过打了孔的管道进入集气 / 输送管和中心抽吸站，并最终在中心抽吸站被处理或烧掉。每个沟渠管道中均应安装流量控制阀门。

（3）周边注气井（空气屏障系统）

周边注气井系统由一系列直立井组成，安装在填埋场边界外与要防止填埋气体入侵的设施之间的土壤中，通过向井内注入空气形成空气屏障来阻止填埋气体进入。常适用于深度大于 6m 的填埋场，同时又有设施需要防护的地方。

5.4.2 填埋气体被动收集系统

被动收集系统适用于小型填埋场和垃圾填埋深度较小的填埋场。填埋场气体被动导排系统见图 5-11[4]。

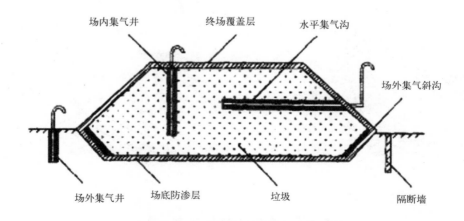

图 5-11　填埋场气体被动导排系统示意图

填埋气体被动收集系统也分为内部填埋气体收集系统和周边填埋气体收集系统两类。

1. 内部填埋气体收集系统

直接安装通向填埋场最终覆盖层并达到垃圾体的填埋气体排气孔,或独立的通气口,跟埋在底层中的穿孔管连接起来。一般每 7500m³ 垃圾设 1 个通气口。如果排出的填埋气体中甲烷浓度较高,可把几个管道连接起来,装上燃气系统。单个排气孔典型构造见图 5-12,穿孔管连接起来的被动排气系统典型构造见图 5-13。

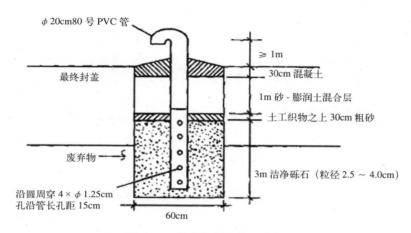

图 5-12　单个排气孔典型构造

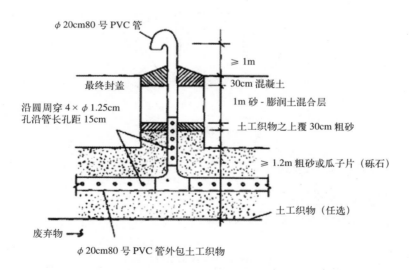

图 5-13　穿孔管连接起来的被动排气系统典型构造图

2. 周边填埋气体收集系统

周边填埋气体收集系统有两种方式:一种是周边拦截沟渠,它由充填砾石的沟渠和埋在砾石中的穿孔塑料管组成,可有效阻截填埋气体的横向迁移运动,并可将填埋气体收集起来排放到大气中。为有效收集填埋气体并防止气体从边墙逸出填埋场外，沟渠外侧要铺设防渗衬垫；另一种是周边拦截沟渠（或称泥墙）内充填有渗透性相对较差的膨润土或黏土，可有效阻截填埋气体的横向迁移。在屏障的内侧用气体抽气井或者砾石沟渠将填埋气体导出，见图 5-14。也可在填埋垃圾体上直接钻孔，安装填埋气体收集竖井，并利用填埋气体自身的压力排气，见图 5-15。

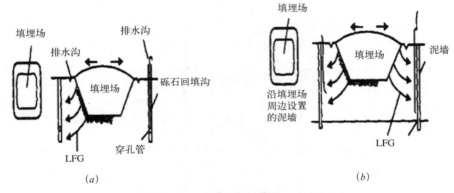

图 5-14　周边填埋气体收集系统

(a) 周边拦截沟渠；(b) 周边拦截泥墙

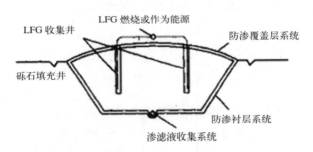

图 5-15　被动收集竖井

5.4.3　填埋气体收集系统的选择

1. 两种气体收集方式的比较

填埋气体主动和被动收集方式的比较如表 5-2 所示。

主动和被动气体收集系统比较表　　　　　　　　表 5-2

收集系统类型		适用对象	优点	缺点
主动收集系统	垂直井收集系统	分区填埋的填埋场	价格比水平沟收集系统便宜或相当	在场内填埋面上进行安装，操作比较困难，易被压实机等重型机构损坏
	水平沟收集系统	分层填埋的填埋场，山谷自然凹陷的填埋场	因不需要钻孔，安装方便，在填埋面上也很容易安装。操作	底部的沟易破坏，难以修复；如填埋场底部地下水位上升，可能被淹没，在整个水平范围内难于保持完全的负压
被动收集系统		顶部、周边、底部防透气性较好的填埋场	安装、保养简便，便宜	收集效率一般低于主动收集系统

2.填埋气体收集系统的选择应考虑以下因素：

（1）填埋场设计的类型：一般情况下，简易填埋场逸出气体的量比从卫生填埋场的量多。

（2）填埋垃圾的类型：有机物含量高的生活垃圾产生的气体量多。

（3）填埋场周围土壤类型：一般气体通过砂土比通过黏土更容易迁移。

（4）填埋场周边环境和将来利用的可能性。

（5）对于有合适条件（填埋垃圾中可降解有机物的含量在 50% 以上、产气量大、产气速率稳定）的填埋场，应该采取主动收集利用填埋气体的方法。

5.4.4　冷凝液收集和排放

通常垃圾填埋场内部填埋气体温度在 16 ~ 52℃，收集管道系统内的填埋气体温度则接近（略高）周边环境温度。在输送过程中，填埋气体会逐渐变凉而产生含有多种有机和无机化学物质及具有腐蚀性的冷凝液，这些冷凝液能引起管道振动，限制气流，增加压力差，阻碍系统运行和控制，因此，冷凝液的收集和排放是填埋气体收集系统设计时考虑的重点。

为排出集气管中的冷凝液，避免填埋气体在输送过程中产生的冷凝液聚积在输送管道的较低位置处，截断通向井的真空，减弱系统运行，除了允许管道直径稍微大一点外，应设置冷凝液收集排放装置，一般冷凝液收集井安装在气体收集管道的最低处，避免增大压差和产生振动。目前使用较普遍的有以下两种冷凝液收集排放装置：

1.国外冷凝液收集装置

国外冷凝液收集井可将气流产生的冷凝液从集气管中分离出来，一般每间隔为 60 ~ 150m 设置一个，每产生 10000m³ 气体，大约产生 70 ~ 800L 冷凝液。在抽气系统的任何地方，饱和填埋气体中冷凝液的产生量与温度有关。在某一点上收集到的冷凝液总量与这段时间内通过该点的填埋气体体积有关，利用网络分析可以确定一段时间内整个抽气系统将会收集到的冷凝液的量。应对夏季和冬季分别进行管网计算，确定分支或井口处气体流量及其冷凝液产生量的极端值和平均值。

当冷凝液已经聚集到水池或气体收集系统的低凹处时，应立即排入水泵站的蓄水池中，然后将冷凝液抽入水箱或处理冷凝液的暗沟内。每个填埋场所需泵站的数量由抽气低凹点和所设置的冷凝液收集井决定。

国外冷凝液收集装置是封闭式收集系统，能普遍适用于各种填埋场，收集冷凝液的效果较好，其结构复杂，造价高，维护成本高，压力损失也较大，见图 5-16。

2.国内冷凝液收集装置

国内常用冷凝液收集装置结构相对较简单，其利用的是 U 形管原理。根据现场管道负压，设计 U 形管深度并确定 U 形管出水口的位置，然后在 U 形管内注水后开始使用。在抽气的过程中，气体流动产生的冷凝液受重力影响从收气管进入 U 形管道，使 U 形管道两端的压力不平衡，多余的水量将通过从出水口挤出，直接排入原垃圾体内。

国内冷凝液收集排放装置在设计时需考虑管道的负压问题，防止倒抽，其结构相对简单，造价及维护方面的费用较低，压力损失小，但是收集冷凝液的效果相对较差，见图 5-17。

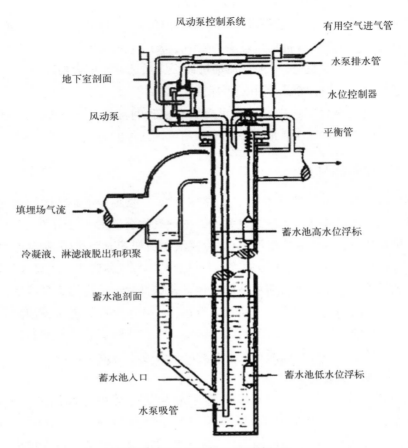

风动泵控制系统

有用空气进气管

水泵排水管

地下室剖面

水位控制器

风动泵

平衡管

填埋场气流

蓄水池高水位浮标

冷凝液、淋滤液脱出和积聚

蓄水池剖面

蓄水池入口

蓄水池低水位浮标

水泵吸管

图 5-16　国外冷凝液收集井结构图

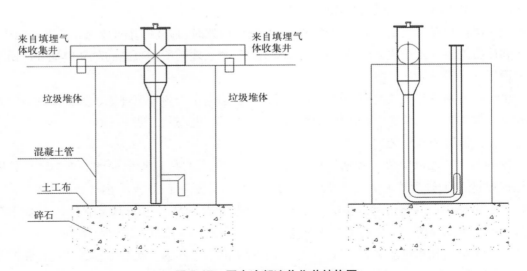

来自填埋气体收集井

来自填埋气体收集井

垃圾堆体

垃圾堆体

混凝土管

土工布

碎石

图 5-17　国内冷凝液收集井结构图

5.5　填埋气体的净化和利用

5.5.1　填埋气体的净化

填埋场气体含有水、二氧化碳、氯气、氧气、硫化氢等成分，这些成分可降低填埋场气体的热值，且在高温高压条件下，对填埋场气体的利用系统具有强烈的腐蚀作用。此外，填埋场气体还含有数百种微量的有毒有害以及致癌的物质，这些微量物质会给回收气体的能量和利用带来众多的问题，尤其是卤代烃危害更大。因此填埋场气体在利用或直接燃烧前，需要进行净化处理。对于填埋场气体，不同的回收利用方式需要不同的净化方法。

现有的填埋气体净化技术都是从天然气净化工艺及传统的化工处理工艺发展而来的，按反应类型和净化剂种类分类，填埋气体的净化技术有以下 6 种方式。

1. 填埋气的预处理

填埋气的产生温度为 27 ~ 66℃，水蒸气近于饱和，压力略高于大气压。当气体被抽吸到收集站时，水蒸气会在管道内冷凝，引起气流堵塞、管道腐蚀和气压波动等问题。杂质颗粒和水的脱除是填埋气利用的第一步，常用的吸收溶剂有聚乙二醇、氯化钙溶液、甘醇类化合物；固体吸附剂有活性氧化铝、硅胶、分子筛等；所用的物理单元有筛网、预过滤器、气液聚结器、冷凝器、重力沉降器、旋风分离器和过滤分离器等。近来，膜分离和低温相变分离在颗粒和水的脱除研究上也有了新的进展。

2. 深冷处理

国内外正在开发的脱氮技术，有深冷脱氮、膜渗透、溶剂吸收和变压吸附等工艺。其中，深冷脱氮工艺具有处理量大、脱除效率高、技术成熟可靠等优点，应成为我国优先发展的填埋气脱氮技术。深冷脱氮工艺是将具有一定压力的填埋气经多次节流降温后部分液化或全部液化，再根据氮气与甲烷相对挥发度不同，用精馏的方法脱除氮气。深度冷冻处理还可除去 LFG 作为燃料燃烧时会引起发动机严重腐蚀的杂质组分。它先将气体压缩至一台加压罐，通过等焓膨胀冷凝其中的水蒸气；然后向气体中注入甲醇，使其深度制冷；在甲醇冷凝液中，即包含有从深度制冷的填埋气中脱除的杂质组分，经杂质分离脱除后的气体，则可作进一步处理。

美国最近研制出一套深冷去除 LFG 中硅氧烷的设备，该设备经济实用、无污染、无须经常更换过滤材料，其工艺原理是：首先将预过滤后的气体冷却到 −23℃，使硅氧烷蒸汽发生深度冷凝，经干燥和净化分离后，LFG 即能除去可引起内燃机严重磨损的杂质组分。

3. 溶剂吸收

（1）活化热钾碱法

活化热钾碱法是在热碳酸钾溶液中添加一定量的活化剂，如硼酸、二乙醇胺、氨基乙酸等，加快碳酸钾与 CO_2 的反应速度，并降低碱液面上 CO_2 平衡分压，从而提高 CO_2 与 H_2S 的吸收速度和气体净化度。

近年来，为适应填埋气的净化需要，国外在活化热钾碱法的基础上，通过对活化剂的改进，推出了无腐蚀、低能耗的新工艺，如 G2V 法、Benfield 法、Cat2acarb 法、Flexsorb 法等。

（2）烷基醇胺法

烷基醇胺是碱性有机胺化合物，其分子结构中至少有一个羟基和一个胺基，羟基的作用是降低分压和增大水溶性，胺基的作用是使水溶液呈碱性，因而能够吸收酸性气体。自1930 年烷基醇胺法脱硫脱 CO_2 在工业上应用以来，曾使用的烷基醇胺有：MEA、DEA、TEA、DIPA、MDEA 等。

近年来，MDEA（甲基二乙醇胺）法因其设备成本低、操作简便、净化效果好而引起了广泛关注。据报道，常压多胺法可以有效去除 CO_2，解吸气中的甲烷含量低于 0.12%，其回收率大于 96%。美国的 Freshkiese 垃圾场已用这一工艺成功地脱除垃圾填埋气中的 CO_2，并入天然气管网进行发电。

（3）物理 - 化学吸收法

物理吸收法不消耗热量，能耗低于化学吸收法，适用于 CO_2 分压较高的填埋气净化，但由于 CO_2 和 H_2S 在水中的溶解度太低，需要添加一些有机溶剂，以求更好的净化效果。

（4）碳酸丙烯酯法（Fluor 法）

该法最早由美国 Fluor 公司开发，并用于天然气的净化，净化后气体中 CO_2 和 H_2S 的含量分别小于 $12mg/m^3$ 和 $4mg/m^3$。

（5）聚乙二醇二甲醚法（NHD 法）

该法首先由美国 Allied 公司开发，也称为 Se2lexol 法，它是使用多组分的聚乙二醇二甲醚的混合溶剂，在我国与之类似的商品名为 NHD 溶剂。它对 H_2S、COS（氧硫化碳）、CO_2 等气体有良好的吸收能力，对脱水脱油也有一定功效，同时其解吸条件简单。NHD 吸收 CO_2 后，仅需进行两级闪蒸及一次惰性气气提，即可彻底解吸。该法具有工艺流程简单、操作弹性大、一次性净化度高和总能耗低等优点。

（6）低温甲醇洗法（Rectisol 法）

该法由德国的林德和鲁奇两家公司共同开发。由于酸性气体在低于 0℃、加压的纯甲醇溶剂中溶解度较大，较易脱除，因而能得到净化度较高的气体，同时溶剂甲醇的损失也可减至最小。采用 Rectisol 法可将原料气中的酸性气体脱除至（0.11 ~ 1）$\times 10^{-6}$，同时还可脱除水分和烃类，其综合净化效果显著，气体净化度高。

（7）N- 甲基吡咯烷酮法（Purisol 法）

该法是由德国鲁奇公司开发成功的一种气体净化技术，它采用 N- 甲基吡咯烷酮作为物理吸收溶剂，在常温、加压的条件下脱除原料气中的酸性气体，如 H_2S、COS、CO_2 等，一般的吸收压力在 4.13 ~ 7.17MPa 范围之内，净化后的气体可满足氨、甲醇加氢裂化等生产的原料和管道输送气的要求。

（8）环丁砜法（Sulfinol 法）

该法由美国 Shell 公司开发成功，其先进的工艺和高效率的净化水平已引起人们广泛关注。该溶剂在低温高压下吸收酸性气体，在低压高温下可通过解吸而得以再生。环丁砜溶剂很稳定，Sulfinol2D 和 Sulfinol2M 溶剂对 COS 和硫醇等有机硫有较强的脱除能力，据报道可以脱除 96% 的甲基硫醇。

4. 生物净化

针对填埋气成分复杂、气量大、杂质组分浓度低的特点，可使用生物过滤床脱除其中的微量组分。当填埋气流经滤床时，通过扩散作用，将污染成分传递到生物膜上，并与膜内的微生物相接触而发生生化反应，从而使填埋气中的污染物得到降解[2]。澳大利亚和美国等的实验结果表明，该法具有操作简单、适用范围广、经济、不产生二次污染等许多优点，是很有前途的净化工艺。国外开发了一种生物洗涤塔，用以处理填埋气中的硫化物。在实际规模的填埋气处理过程中，H_2S 的去除效率很高。

5. 膜分离

膜分离技术具有分离效率高、能耗低、设备简单、工艺适应性强等特点，近年来，性能优异的新型膜材料不断涌现，使得气体膜分离技术在填埋气净化上获得了广泛应用。膜分离技术利用填埋气中各种气体组分对渗透膜选择透过速率的不同而将 CH_4 与其他杂质气体分离。由于气体分离效率受膜材料、气体组成、压差、分离系数以及温度等多种因素的影响，且对原料气的清洁度有一定要求，膜组件价格昂贵，因此气体膜分离法一般不单独使用，常和溶剂吸收、变压吸附、深冷分离、渗透蒸发等工艺联合使用。

6. 吸附分离

吸附分离是通过吸附剂对气体组分的选择性吸附来实现的。可净化填埋气的吸附剂有活性炭、硅胶、分子筛等，其中活性炭因其较大的表面积、良好的微孔结构、多样的吸附效果、较高的吸附容量和高度的表面反应性等特征，应用最为广泛。近年来，变压吸附已发展成为一种新型高效的气体分离技术，其特点是通过改变被吸附组分的分压，使吸附剂得到再生，而分压的快速变化又是靠改变系统总压或使用吹扫气体来实现的。在填埋气的净化操作中，CO_2 及杂质气体在加压下的吸附单元中被选择性吸附，使其与 CH_4 分离，随后于再生单元中减压后解吸，使其排出系统，吸附剂得到再生。美国对填埋气中 CO_2 和 CH_4 分离有成熟经验。据介绍 CO_2 脱除率大于 95%。但该工艺操作程序复杂，设备易损坏，投资费用和维护费用高。

5.5.2　填埋气体的处理

填埋气体不具备回收利用条件时，首先考虑把填埋气体燃烧处理，将甲烷和其他气体转化为二氧化碳、二氧化硫、氮氧化物和其他气体。当将填埋气体作为能源回收利用时，也需建设燃烧系统，以便在回收利用系统停止运行或出现故障时，将填埋气体燃烧处理，防止填埋气体无控排放。

填埋气体燃烧系统火炬种类有：①气井火炬（太阳能火炬）；②开放式火炬：低成本，低燃烧效率（~50%）；③封闭式火炬：高成本，高燃烧效率（99%+）。典型的填埋气体燃烧系统（采用上述后 2 种火炬）主要包括进气除雾器、流量计、风机、自动调节阀、火炬（燃烧器）、点火装置、冷凝水收集器、储存罐和冷凝水处理设备等组成部分。

5.5.3 填埋气体的利用

填埋气体的释放会对环境和人类造成严重的危害。同时填埋气体中甲烷约占其体积的50%，而甲烷气体又是一种宝贵的清洁能源，具有很高的热值。表5-3为填埋气与其他燃料发热量比较。可以看出，填埋场气体的热值与城市煤气的热值接近[3]。

填埋气与其他燃料发热量比较 表5-3

燃料种类	纯甲烷	填埋气体	煤气	汽油	柴油
发热量（kJ/m³）	35916	9395	6744	30557	39276

常见填埋气体利用框架见图5-18。常用的填埋气体利用方式有以下几种。

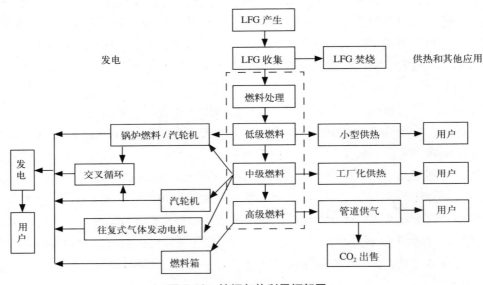

图5-18 填埋气体利用框架图

1. 用于锅炉燃料

这种利用方式是用填埋气体作为锅炉燃料，用于采暖和热水供应。这是一种比较简单的利用方式，这种利用方式不需对填埋气体进行净化处理，设备简单，投资少，适合于垃圾填埋场附近有热用户的地方。

2. 用于民用或工业燃气

该种方式是将填埋气体净化处理后，用管道输送到居民用户或工厂，作为生活或生产燃料。此种利用方式需要对填埋气体进行较深度的后处理，包括去除二氧化碳、少量有害气体、水蒸气以及颗粒物等。此种方式投资大，技术要求高，适合于规模大的填埋场气体利用工程。

3. 用作汽车燃料

对填埋气体进行膜分析净化处理，将二氧化碳含量降至 3% 以下并去除有害成分后作为汽车用天然气。美国洛杉矶的 PUENTHILL 填埋场已有应用实例。天然气的用途一方面将垃圾运输车改烧天然气燃料，每年可节省汽柴油 450 ~ 800t；另一方面，可在填埋场附近的国道和省道上建立天然气加气站，为过往汽车加气。填埋气体用做车辆燃料具有热值高、抗暴性好等优点，其资源化不失为解决环境污染，缓解能源危机的一种途径，在我国有广阔的发展前景。填埋气体作为汽车动力时，通常是将已提纯的填埋气体高压装入氧气瓶，一车数瓶备用，大约 $1m^3$ 填埋气体可代替 0.7kg 的汽油。由于热值较汽油低，故启动较慢，但尾气无黑烟，对空气的污染小。由于改烧填埋气体，车辆内燃机需进行改装。汽车用天然气车间及加气站见图 5-19 和图 5-20。

图 5-19　汽车用天然气车间

图 5-20　汽车用天然气加气站

4. 用于发电

填埋气体用作内燃发动机的燃料，通过燃烧膨胀做功产生原动力使发动机带动发电机进行发电。每发一度电约消耗 0.6 ~ 0.7m^3 沼气，热效率约为 25% ~ 30%。填埋气体发电的成本略高于火电，但比油料发电便宜得多，它将是一个很好的能源利用方式。填埋气体发电的简要流程为：

填埋气体→净化装置→贮气罐→内燃发动机→发电机→供电。

根据发电设备不同可分为燃气内燃机发电、燃气轮机发电和蒸汽轮机发电三种。

（1）燃气内燃机发电。这种方法是利用填埋气体作为燃气内燃机的燃料，带动内燃机和发电机发电。这种利用方式设备简单，投资少，不需对填埋气体进行净化脱水，适合于发电量为 1 ~ 4MW 的小型填埋气体利用工程。见图 5-21 内燃机发电机和图 5-22 填埋气体发电厂。

（2）燃气轮机发电。这种方法是利用填埋气燃烧产生的热烟气直接推动涡轮机，涡轮机带动发电机发电。这种利用方式与燃气内燃机发电方式相比，设备比较复杂，投资较大，需要对填埋气进行深度冷却脱水处理，适合于发电量为 3 ~ 10MW 的填埋气体利用工程。

（3）蒸汽轮机发电。该种方法是利用填埋气体作为锅炉燃料，产生蒸汽，蒸汽再带动蒸汽轮机发电。在规模较大、填埋气体产生量大的垃圾填埋场宜采用这种方式，一般发电量在 5MW 以上。由于填埋气体中含有硫化氢，对金属设备有较大的腐蚀作用，因此要求设备要耐腐蚀。在沼气进入内燃机之前，可先将填埋气体进行简单净化，主要去除水分和硫化氢，以防损坏柱头和产生腐蚀。

图 5-21　内燃机发电机

图 5-22　填埋气体发电厂

填埋气体发电的最大优点是系统独立性强，不受外部环境制约，易于实施，国内外均有应用实例，如杭州天子岭、香港新界、深圳下坪等填埋场。图 5-23 为深圳下坪填埋场对填埋气体的处理与利用工艺流程。

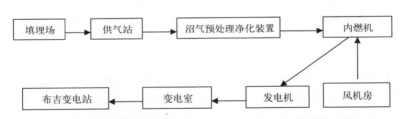

图 5-23　深圳下坪填埋场对填埋气的处理与利用工艺流程

5. 用做化工原料

填埋气体经过净化，可得到很纯净的甲烷，甲烷是一种重要的化工原料，在高温、高压或有催化剂的作用下，能进行很多反应。甲烷在光照条件下，甲烷分子中的氢原子能逐步被卤素原子（氯原子）所取代，生成一氯甲烷、二氯甲烷、三氯甲烷和四氯化碳的混合物。这四种产物都是重要的有机化工原料。一氯甲烷是制取有机硅的原料；二氯甲烷是塑料和醋酸纤维的溶剂；三氯甲烷是合成氟化物的原料；四氯化碳是溶剂又是灭火剂，也是制造尼龙的原料。在特殊条件下，甲烷还可以转变成甲醇、甲醛和甲酸等。甲烷在隔绝空气加强热（1000 ～ 1200℃）的条件下，可裂解生成炭黑和氢气。甲烷在1600℃高温下（电燃处理）裂解生成乙炔和氢气。乙炔可以用来制取醋酸、化学纤维和合成橡胶。甲烷在 800 ～ 850℃高温，并有催化剂存在的情况下，能与水蒸气反应生成氢气、一氧化碳,是制取氨、尿素、甲醇的原料。用甲烷代替煤为原料制取氨,是今后氮肥工业发展的方向。

填埋气体的另一种主要成分二氧化碳也是重要的化工原料。填埋气体在利用之前,如将二氧化碳分离出来,可以提高沼气的燃烧性能,还能用二氧化碳制造一种叫"干冰"的冷凝剂,可制取碳酸氢氨肥料。

6. 用于渗沥液蒸发

渗沥液蒸发工艺是利用填埋气体燃烧产生的热来蒸发渗沥液,实现了填埋场的填埋气体、渗沥液的综合处理,降低了二者的处理成本。作为渗沥液预处理工艺,利用填埋气体将渗沥液加热,可以脱去渗沥液中氨及挥发性有机化合物,减少渗沥液处理厂的负荷,提高处理能力。目前填埋气体蒸发处理渗沥液得到了较快速的推广。截至 2010 年,美国已有 20 个填埋气体蒸发处理渗沥液项目,我国首个该类项目在北京安定填埋场。

7. 其他利用方式

最近国外对填埋气体又开发了一些新的用途,主要有用填埋气制造燃料电池、甲醛产品以及轻柴油等。这些利用方式均在研究和开发中,离实际应用尚有一定距离。

8. 填埋场气体主要利用方式的比较见下表 5-4。

填埋气体主要利用方式比较

表 5-4

利用方式	使用最小垃圾填埋量 (×10⁶t)	最低甲烷浓度要求 (%)	要求
直接燃烧		20	适用于任何填埋场
作为燃气本地使用	10	35	填埋场外用户应在3km以内;场内使用适用于有较大能源需要的填埋场,特别是已经使用天然气的填埋场
发电 内燃机发电 燃气轮机发电	1.5 2.0	40 40	场内适用于有高耗电设备的填埋场;输入电网需要有接受方
输入燃气管道 中等质量燃气管道 高质量燃气管道	1.0 1.0	30~50 95	燃气管道距填埋场较近且有接受气体能力需要严格的气体净化处理过程,燃气管道距填埋场较近且有接受气体能力

5.5.4　填埋气体 CDM 项目

1. 项目背景

鉴于全球温室效应不断加剧,1992年联合国在巴西里约热内卢召开了环境与发展大会,达成了《气候变化框架公约》(以下简称《公约》)。《公约》制定了"共同但有区别的责任"原则,确认发达国家对全球气候变化负主要责任。

1997 年,在《公约》基础上,在日本京都召开的第三次"缔约方大会(COP)"上,通过了《京都议定书》(以下简称《议定书》)。《议定书》第三条规定附件 I 国家(指发达国家和经济转型国家）在 2008 ～ 2012 年第一承诺期间，他们的温室气体排放量比 1990 年排放水平平均削减 5%。

为减少全球温室气体排放量，《议定书》规定了三种机制：清洁发展机制（CDM）、联合履约（JI）、排放贸易（ET）。

CDM 是可以有发展中国家参与的一种新型国际合作机制，即由发达国家提供资金和技术援助，在发展中国家境内实施温室气体减排项目，目的是协助发展中国家实现可持续发展，同时也协助发达国家实现减少温室气体排放的承诺。

中国于 1992 年 6 月 11 日签署《公约》，1993 年 1 月 5 日批准，公约自生效之日起对中国生效。中国政府于 1998 年 5 月 29 日签署《议定书》，2002 年 8 月 30 日核准议定书。2004 年 6 月中国又颁布了《清洁发展机制项目运行管理暂行办法》，为中国如何开展 CDM 项目提供了具体可依据的法规。

2. 目前我国填埋气体 CDM 项目状况

截止 2012 年底，我国已在联合国注册的填埋气体 CDM 项目有 38 个，均为填埋气体发电利用项目。但是由于繁琐和复杂的运作方式严重影响了 CDM 项目的推广，在联合国注册的国内填埋场碳减排总签发量与总提交量见图 5-24。可见除个别项目如深圳下坪填埋气体 CDM 项目外，我国填埋气体 CDM 项目大都存在实际 ERs 提交量远低于项目预计量的情况。造成这种情况的原因很多，包括前期填埋气量预测过高、填埋气体收集效果不理想、CDM 项目运行监测不准确、核证量偏低等等。

5.6 填埋气体处理的管理要点

5.6.1 填埋气体收集的管理

1. 收集气井的建设管理

（1）填埋场填埋气体收集井集气管开孔大样见图 5-25。

（2）钻井施工方式的选择问题

目前填埋气井的钻井方式主要有承压式和旋挖式两种。前者的原理是靠钻头挤压形成井孔；后者是通过旋转挖掘出垃圾后形成井孔。之前国内常用前者成井，但事实证明前者成井效果不如后者。首先，承压式成井在施工时如遇到垃圾中的轮胎或淤泥（国内不少填埋场因为种种原因也同时填有污泥）时，无法突破成孔。而旋挖式成井可将轮胎等挖出成井。其次，承压式成井的井孔周围垃圾由于挤压而密度加大，孔隙度降低，不利于填埋气体通过井进入气井。所以目前多推荐用旋挖式钻井方式成井。

（3）抽气 PE 管道的放置

保证管道居中安放最直接的方法可采用将整条管道在井口竖直吊起，然后直接放入井孔。放入后保持吊住管道，在管道四周同时均匀放入碎石，待碎石、膨润土、黏土等全部施工完毕，才将气管从吊拉装置上卸开。但此方法需要有 20m 以上的吊装机械，往往施工无法满足，且此种吊装方式费用较高，施工中有另一种简便有效的安装方式：即将 PE

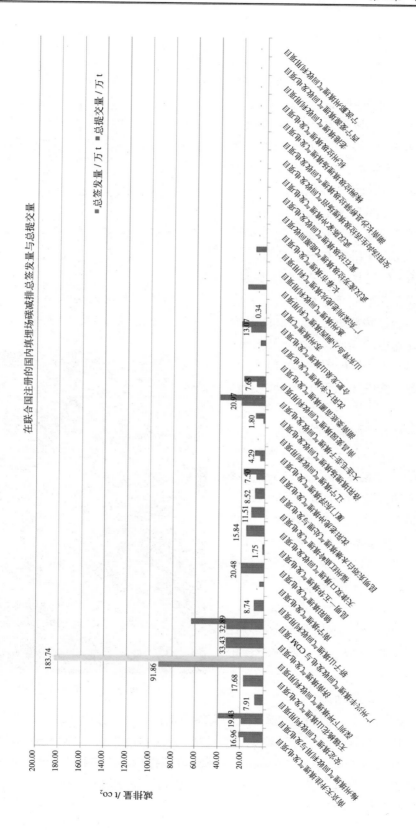

图 5-24　在联合国注册的国内填埋场碳减排总签发量与总提交量

管焊好后，每隔 10m 左右加装扶正器，如图 5-26 所示。利用钻井机将 PE 管部分吊起，扶正器对正井孔，将管道逐步放入井内，将 PE 管一直放至底部触到井底后，从周围填入部分碎石将管道再向上拔起 30cm。再将碎石填完。这样做即能保证 PE 管在井中部又能基本保证管道竖直不弯曲。

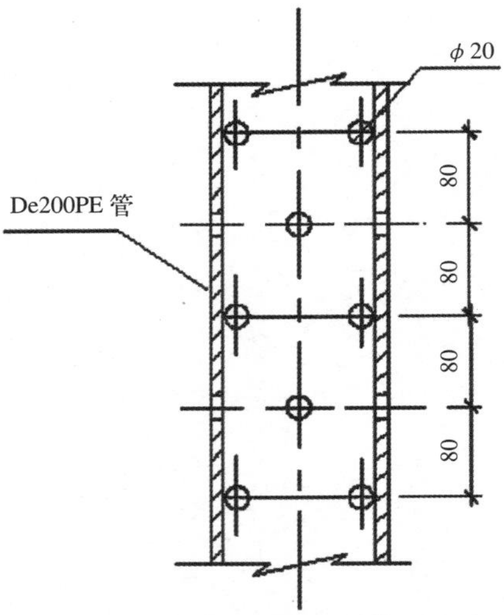

（4）PE 管的开孔位置控制问题

气井中 PE 管下部为多空花管，在接近地面才为无孔管。施工中一定要注意多孔管的位置必须低于膨润土最少 0.5m。原因一是多孔管高于膨润土位置并不能增加收气效果，属浪费；二是若多孔管高于膨润土层，在施工膨润土时往往会造成膨润土从多空位置挤入 PE 管，反而造成 PE 管堵塞，影响收气效果。同时考虑到垃圾体的沉降，故要求 PE 管多孔管部分必须低于膨润土层至少 0.5m。一般在地面 1 ~ 2m 以下位置。

（5）气井内碎石的质量控制问题

填埋气井结构里很大一部分为井内碎石，在施工中碎石的质量也对气井最终的采气量及气井寿命产生极大影响作用。具体来说，应对碎石质量进行要求。一般要求碎石应为坚硬、清洁砾石，渗透系数大于 1×10^{-1} cm/s，不得采用泥结石、灰石和页岩或其他含有可溶成分的碎石，碎石中不得含有木块、淤泥、有机质等杂质。碎石粒径 25 ~ 40mm，细粒（粒径小于 0.075mm）含量不超过 5%。否则，碎石内杂质等将溶解板结，最终造成碎石孔淤堵，气井无法采气。

（6）膨润土的施工问题

在管道的每一个断面，等距设四个圆孔，将圆周四等分，每排孔之间角度相错 45°

图 5-25　多孔 PE 管大样图

图 5-26　PE 管护正器

在填埋气井的施工中，膨润土的施工经常有施工单位将干燥膨润土倒入井中，然后再加入水，在井中进行搅拌，压紧。这样施工会造成：①膨润土搅拌不匀；②加水时部分膨润土被冲走。正确的方法是先将干燥膨润土加水充分搅拌后再均匀投入井中，然后压实。另外要注意的是膨润土下应放置土工布或油粘布，以防施工时压挤时或地面水分下渗时膨润土冲入下面的碎石层，堵塞碎石层。

（7）井口表面及周围的密封问题

填埋气井井口表面及周围的密封至关重要，密封不好抽气时会将空气抽入收集系统及垃圾体中。不仅影响收集效果，同时空气进入垃圾体也破坏了厌氧产气环境。垃圾体表面应用黏土覆盖、压实。气井口要用黏土回填并充分压实。由于气井往往会比周围更容易下沉，井口周围填的黏土要高出周围地面 50～90cm 为好。收集气井区在覆盖黏土上可加覆盖 PE 膜则密封收气效果将更加理想。

2. 填埋气体收集系统维护管理

（1）气井维护

抽气井使用一两年后，因为气井内淤堵结垢等原因，有些气井产气量会有明显的下降，参考地质勘探的洗井方法，可用高压水或者二氧化碳等惰性气体反冲洗。气井反冲洗后，产气提升效果不明显，如该区域气量还是很足，可考虑重新补打气井。

气井日常维护中，需要巡查气井的阀门、取样孔和气井支管的软管等方面，因为阀门和取样孔会有生锈、不能开闭等损坏情况，需要及时维修或者更换。由于填埋沉降和热胀冷缩等原因，气井软管不够长导致支管脱落甚至气井拉断等严重问题，需更换更长的软管，但也不能为防止此情况出现而一次性预留很长的软管，因为较长的软管会形成 U 形管导致冷凝液堵塞。

除了巡查井头情况，井头地表也需巡查，因为垃圾堆体沉降，很容易在井头地表形成裂缝，抽气过程中会有大量空气进入气井内并抽到气体收集管网中，不但破坏该气井的厌氧环境，严重时会影响整体管道气质，影响发电等利用系统的运行。另外也需观察收集井周围地表是否冒气或者冒水，如有，则说明该气井填埋气没有充分的抽出，需要采取措施增加抽气负压。

（2）管网的维护

管网维护包括填埋气收集管网维护、压缩空气管网维护和排水管网维护。其中填埋气收集管网的维护尤为重要。

定期沿着抽气管道进行巡查，检查管道是否有积水，周边是否有损坏管道的隐患，对积水管道及时顺坡，以减少管道水堵阻力，让负压能到达气井井头。检查冷凝水井是否顺畅排水，并把凝水井排出的冷凝液及时抽走，以防过高水位回流管网内，雨季时需加密巡查次数。定期测量各主管道的压力，分析管道阻力损失情况，如果出现水堵情况，则顺坡处理，如果处理后阻力损失仍比较大，则可考虑更换较大管径的管道。

定期巡查气井排水状况，严禁压缩空气进入气井，不排水的时候要关掉压缩空气。定期巡查井外排水管网，防止管道脱落，使渗沥液流回到垃圾堆体，也要检查管道坡度，尽量让渗沥液依靠自身重力顺利排出。

（3）监测维护

每天需对收集系统进行监测维护，其中包括常规监测和专项监测。常规监测内容有气质、压力、水位等，根据气质和压力等数据进行气井平衡调节，尽可能多地收集填埋气。在总管气质变差、管道阻力过大等情况出现时，需进行专项监测，以分析判断出现故障的气井或者管道，并及时处理。

（4）气井的提升

以深圳下坪场为例，由于填埋场尚未封场，因此会有收集气体和填埋同时进行的情况，在垃圾不断填埋时会覆盖前阶段所打的气井，这样给气体收集带来了一定的影响。为了不使气体收气工作受影响，收集更多填埋气以得到更高的环境效益和经济效益。通过不断的改进，总结出了最佳的填埋场边填埋边收集气体的提井方式。

最初为了考虑不影响前期所打的气井气体收集，没有对单井收集支管管道处理，在刚开始填埋气井时，对气体收集的影响不是很大，但随着填埋垃圾的高度增加，垃圾体内的渗沥液会淹没气井，另外垃圾填埋时所产生的压力使管道变形或压扁堵塞收气支管和主管，使气体收集不出来。

其次采用铁管作护筒提升气井方式。在气井未填埋时使用钢管作护筒把气井井管围住，在护筒内加装碎石，并把井管和护筒立正，防止气井倾斜而导致折断井管。根据实际情况观察，在填埋时气井被垃圾围住时，出现了几个问题：一是垃圾填埋以 5m 高的填埋方式向前推进，垃圾推进时把气井及护筒一起推倒并埋住；二是部分没被埋住的气井及护筒，使用挖机把护筒拔出来时拔不出，造成很大的浪费和成本提高。提升出的气井数量少，给收气工作加大了难度，垃圾填埋和提升气井之间的配合工作是造成了提井工作失败的主要原因。

后来根据之前经验，对气井提升进行完善，采用了钢丝笼作护筒提升方式。使用钢丝编织网和钢筋加工一个直径为 1000mm 的圆筒代替钢管，并安排专人在现场看守气井防止垃圾填埋推倒气井。在垃圾填埋推进到气井前使用钢丝网编制笼绑扎在井管上，再把碎石装填在钢丝笼内。由于 HDPE 管壁厚很薄和钢丝笼软的原因，钢丝笼装填石子后，气井井管偏向一边，在垃圾填埋时推土机很容易就把气井推偏。出现此种情况后再次做了调整，使用挖机先把垃圾堆填至井周围，把井扶正稳住抵挡垃圾推填时的力，还是没有达到提井的目的（由于气井周围所堆填的垃圾面积小和未经压实，没有多少抵抗力）。

最后根据前两次提井工艺，做出了一个总结，最后采取了垃圾先填埋后提气井的办法。在垃圾填埋前，锯掉井头，井管露出表面 500mm 使用编织袋绑住井管口。采用先在气井周围填垃圾在超过井管高度压实后（井管周围垃圾填埋半径为 > 5m）再大面积推填，垃圾推填高度控制在 2 ~ 3m 一层并使用压实机压实后，再使用挖机把井挖露出来，使用热熔焊机焊接井管，用钢管护筒围住井管使井管保持在护筒中间并装填碎石，然后挖机填埋垃圾在钢管护筒外围压实，再使用压实机进行压实，最后用挖机把钢管护筒提出，该层井管露出表面 500mm 编织袋绑住井管口，逐层加高气井。井管提升根据垃圾最终填埋面确定井管钻孔在何种高度，土方覆盖面下 3.5m 左右在井管上钻孔，井管上使用多排和错开钻孔的方式。根据该方法实际情况看，收气效果比较明显，只是现场实施有一定技术难度。

3. 填埋气体收集管理的安全防范措施

（1）防填埋气体危害措施

填埋气体的主要成分为甲烷，属于易燃易爆气体，其含量可达 50% ~ 60%，如接触未熄灭的火柴棍、烟蒂等火种会立即引起燃烧甚至爆炸而造成危害。因此，风机房日常需做好管道的防漏防护工作，定期进行管道及仪器仪表的测漏工作，特别是在日常巡察过程中，如发现部分区域的填埋气味加重、仪器仪表运行不通畅、管道压力损失不正常等状况时，需及时采取相应的处理措施。

（2）安全用电措施

风机房经常要操作电气设备，如风机、火炬、空压机及其他有关设备，几乎都是用电驱动的，因此用电安全知识是风机房值班人员必须掌握的。

对电气设备要经常进行安全检查，包括电气设备绝缘有无破损、绝缘电阻是否合格、设备裸露带电部分是否有防护，保护接零或接地是否正确、可靠，保护装置是否符合要求，手提式灯和局部照明灯电压是否为安全电压，安全用具和电器灭火器材是否齐全，电气连接部位是否完好等。

（3）防火防爆措施

在总平面布置中，各生产区域、装置及建筑物的布置均留有足够的防火安全间距，道路设计需满足消防车对通道的要求。

在存在爆炸和火灾危险的场地严格按环境的危害类别选用相应的电气设备和灯具；并按有关防雷规范的要求对建筑物采取相应的避雷措施。

（4）安全操作要求

1）进入填埋区人员须戴头盔和穿反光背心（条状），穿工作服、工作鞋；

2）进入现场人员严禁抽烟；

3）严格无证操作机械及车辆；

4）特种设备的操作手须持有特种设备上岗证；

5）风机房区域内禁止明火，严禁吸烟；

6）风机房区域配置的电器设备多，要注意安全用电，避免出现触电事故；

7）处理收集管道或其他仪器仪表过程中，会产生大量填埋气体，须采取预防措施，防止引起爆炸事故；

8）按操作规定和设备检修程序而进行巡查、设备检修；

9）设施设备的运转，会产生大量的噪声污染，应采取防噪减震措施，尽可能降低对人体的危害；

10）控制室、配电室及电气设施设备集中的区域等要配备相当数量的二氧化碳（干冰）灭火器，以免发生电气设备燃烧、冒火花等现象时造成设备的损失。

5.6.2　填埋气体净化与利用的管理

1. 填埋气体预处理的管理

（1）填埋气体预处理的作用与要求

填埋气体预处理装置是填埋气利用工程中的一个重要设备，该设备不仅用于实现对填埋气体的脱水、稳压、去除杂质、安全保护等功能，同时还是填埋气体收集系统与发电、提纯等利用设备的燃气输送桥梁。

由于填埋气体属于易燃易爆的气体，安全应该作为设计的第一原则。同时兼顾系统的可靠性、经济性。填埋气体预处理系统需具有以下流量可控、压力稳定，温度适宜，因此预处理系统具备以下功能：

1）降低填埋气体的露点温度，减少水蒸气含量、自动排水；

2）降低粉尘等固体杂质的含量；

3）自动增压和超压保护功能，稳定系统气体的出口压力、温度和流量；

4）在线监测、报警功能，保证系统安全可靠的长期运行；

5）全自动运行，具备自身数据采集、显示和远程通信的功能。

（2）填埋气体预处理系统的运行管理

针对填埋气预处理的系统特点，需注意以下事项：

1）阻火器：每半年将阻火器拆下检查是否有异物堵塞；

2）压力表：每年拆下检查是否有锈蚀或堵塞；

3）过滤器滤芯：每半年拆下检修一次，用清水冲洗；

4）罗茨风机在运行时，不得满载时突然停机；

5）运转期间不要注油；

6）罗茨风机不可以长期超压运行；

7）罗茨风机不可以长期超负荷运行；

8）冷干机停止后再次启动之间至少要等待 3min；

9）若罗茨风机长时间不用，应每两天盘车一次；

10）甲烷仪前端硅胶要每隔一周左右进行更换；

11）罗茨风机应该交替使用，在每次启用罗茨风机前，应先打开罗茨风机后端放水阀进行放水，然后对风机进行盘车，然后再运行风机，以保证罗茨风机正常运行。

2. 填埋气体利用管理

填埋气体是燃气的一种，其利用与管理均与其特性相关。无论是用于烧锅炉还是内燃机发电或者净化增热值，在管理过程中均需加强安全管理和监测，因此其管理特点有如下几点：

（1）填埋气体气质监测与管理

为保证填埋气体利用的安全和稳定，需安装在线的甲烷和氧含量分析仪，对甲烷和氧含量进行在线监测，保证利用设施的安全运行。填埋气体用于烧锅炉时，甲烷含量不得低于40%，氧不得高于3%；如用于发电时，甲烷含量不得低于45%，氧不得高于2%。如用于提纯增值时，甲烷含量不得低于50%，氧不得高于1%。含量监测应设置多级报警，当含量超限时，必须停止抽气。

（2）填埋气体压力监测与管理

利用设施的入口必须保证一定的压力才能确保设施稳定运行，因此需对入口进行压力监测，并采用变频稳压控制。过滤罐等设施需安装压差表，监测压力损失，当压差达到一定限值时需及时保养维护。

（3）填埋气体脱水与管理

填埋气体一般含饱和的水蒸气，高含水率在含硫气体中会腐蚀利用设施，冷凝水会堵塞输送管路，因此需对填埋气体进行脱水处理，并监测填埋气体的水露点。

（4）填埋气体管路与阀门的管理

需要经常检查输气管道的通畅情况，各手动、气动阀门是否能正常操作。在设施开启过程中，需注意各手动、气动阀门是否动作到位，监测仪表是否数据采集正常。在设施运行过程中，需留意整个管道压力损失，特别是要查看阻火器前后的压差是否过大，如果出现过大情况，必须进行相关的管道清理工作。

当出现火炬故障不能点燃时，应检查是否有气、管道阀门是否开启、过滤罐是否堵水、风机是否故障、高压包是否烧坏等。找出原因后立即进行处理，及时对损坏的配件进行更换，保证火炬尽快开启。

3. 填埋气体碳减排监测计量管理

监测的参数和每个参数的监测周期都要与项目所选取的方法学和项目设计文件中描述的监测计划相符。

（1）监测仪表

1）选型要求

为确保数据能准确计量，必须要选择恰当的监测仪表。监测仪表的选择要满足方法学和 PDD 的要求，并能适应填埋场恶劣的使用环境，具体要求如下：

①填埋场环境恶劣，空气含尘量很高，监测仪表大多数又都安置在户外，仪表的防护等级需要在 IP65 以上；

②填埋气体具有腐蚀性，仪表就要良好的防腐性；

③方法学 ACM0001 对仪表精度没有具体的要求，建议选择仪表时精度不宜过高。因为仪表使用过程中存在漂移，如果精度过高，容易偏离仪表精度而不符合使用要求。若要更换其他品牌或型号的该类型仪表，精度不得低于已选精度，如果已使用仪表的精度过高，将给更换仪表造成障碍；

④为了便于核查，仪表要配有铭牌，铭牌上要标有设备的基本参数和唯一号；

⑤由于 CDM 对仪表的稳定性要求非常高，考虑到设备的维护问题，除了考察仪表的质量，供应商的售后服务水平也是考量的重点；

⑥监测设备的数据是通过仪表与数据采集系统通信，连续监测采集，因此根据各仪表情况，监测设备必须有相应的通信能力，瞬时量仪表（如温度计、压力计和填埋气分析仪等）需具备 4 ~ 20mA 的通信类型，累积量仪表（如电能表、流量计等）需具备 RS485 的通信类型。

2）仪表的状态

确保数据的准确性，必须确保使用中的仪表状态正常。CDM 项目业主都必须按照 PDD 要求对固定仪表进行定期检定。除此以外，可以通过监测数据之间的比对，判断仪表是否正常。例如总管流量和分管流量之和进行比对，上网电量和上网电量发票比对等。

还可以配备一些便携式的仪表，对部分参数进行定时监测与固定式仪表的数据进行比对用以检测仪表是否正常。

3）通信干扰

填埋场现场条件恶劣，监测仪表都安装在各管道上，需要一定长度的通信线与数据采集系统连接，因此需要防止监测仪表的通信干扰。如通信线不能相互缠绕、不能与强电一起铺设、做好防雷接地。

（2）记录与管理

数据的记录与管理是一个非常重要的工作重点环节，因为整个项目工作的目标是取得最高量的经核证的减排量（CER），CER 的数量直接影响 CDM 项目的收入。而 CER 的计算就是以系统所记录的数据为基础，如果在记录与管理数据上出现问题，则将直接导致前端工作无效。

CDM 项目基础数据的记录宜采用电脑与人工相结合的方式。

1）自动记录系统

为补救由于电脑故障造成的数据丢失，建议数据采集系统配备一主一备两台电脑系统，如果一台电脑出现故障，可以使用另一台电脑的数据进行计算。

2）人工记录

为保证电脑自动记录系统故障时数据仍能被有效记录下来，应设立人工记录系统。当一主一备两台电脑系统都出现故障时，立即采取人工数据记录系统，每小时抄录一次各个仪表显示的数据，此数据作为 PLC 记录系统的补救数据。

（3）其他提高 ER 量的经验

1）提高系统的运行率

对于没有封场的填埋场，气体收集系统在不断地建设，随着气量的增加，其他配套设施如风机、火炬、发电机组也要增加。另外气体输送管道和管道上的凝水井、阀门等也要进行改造维修等。项目业主要合理安排时间，提前准备、加工材料，把系统停机的时间控制在最小范围。

2）仪表更换

仪表有效期截止日之前或仪表发生故障时要进行仪表更换。为确保仪表检定和维修期间，不造成数据丢失，需要做好相应的更换计划和为每一类型仪表做好备用准备。备用仪表要在有效期内。为方便 DOE 核证，在仪表更换时最好填写更换记录，记载更换的仪表编号和仪表状态、参数等。

本章执笔人：李智勤；校审：黄中林

思考题

（1）填埋气体的主要气体有哪些？

（2）填埋气体对环境有哪些影响？

（3）填埋气体收集系统通常分为哪两种？填埋气体控制系统设计中采用何种控制系统一般需考虑哪几个方面？

（4）目前填埋气体的常见利用方式有哪些？（最少说出四种）

（5）什么是 CDM 项目？

参考资料

[1] George Tchobanoglous 等. Integrated Solid Waste Management Engineering Principles and Management Issues[M]. 清华大学出版社，McGraw-Hill，2000.

[2] 石磊，赵有才等. 垃圾填埋沼气的收集、净化与利用综述 [J]. 中国沼气，2004，22（1）.

[3] 赵有才等. 生活垃圾卫生填埋场技术 [M]. 北京：化学工业出版社，2004.

[4] 李颖等. 城市生活垃圾卫生填埋场设计指南 [M]. 北京：中国环境科学出版社，2005.

第6章 填埋场的维护

本章重点介绍了垃圾填埋场维护的主要内容，要求掌握各种设备设施维护的要点，以及维护工作的组织、检查和管理。

6.1 填埋机械设备维护

6.1.1 意义

垃圾卫生填埋都必须采用机械化作业方式，因此对机械设备进行科学地维护管理，才能保证整个填埋场高效运行。

6.1.2 标准

垃圾填埋设备的维护必须按照设备厂家的设计要求及标准进行。及时做好维护计划和维护记录，发现问题及时处理。

6.1.3 措施

1. 在设备投入使用之前，一般由设备供应商组织对设备操作与维护人员进行专项培训。设备操作人员及维修人员要了解设备的基本结构、性能、操作注意事项，熟悉设备安全操作手册，维修人员还要了解设备的各种设计参数和构造图。

2. 在设备投入使用后，要做好设备各类保养计划清单，以便按清单对应完成各项保养内容。

3. 按时完成每次定期维护保养[1]，检查、调整、更换要到位，做好记录，发现问题及异常情况要仔细分析，找出原因，及时处理。遇到疑难情况（如果找不出原因的或者设备本身设计缺陷及质量等问题），要及时联系设备厂家解决问题。

4. 由于填埋设备一般都是连续使用的，没到保养时间一般不会停下来，所以开机前的例行检查非常重要（见图6-1），开机前操作机手和专业维护人员要对设备进行全面的检查（包括发动机、变速器、底盘、行走、液压、电器等），检查过程中发现问题要及时处理，否则会使设备严重损坏。要把设备故障排除在萌芽状态，不仅降低了维修成本和维修工作量，也提高了设备使用率和使用寿命。

您在找什么???

图 6-1　机手启动操作设备前，必须环绕设备一周全面检查（引自卡特培训资料）

5. 垃圾填埋场环境恶劣，腐蚀极为严重（见图 6-2），在新设备在使用之前，有必要做双重防腐（尤其车辆的底盘）。现场实际使用经验告诉我们：如果不做双层防腐，底盘、大梁、罐体会很快腐蚀，使用寿命不到土石方施工使用寿命的三分之一。

图 6-2　垃圾填埋场机械设备工作环境恶劣（引自卡特培训资料）

6. 填埋场垃圾倾卸平台扬尘较大，现场设备的空气滤芯保养更换周期要比普通环境下使用寿命大约缩短一半。

7. 大功率推土机和装载机按 250h——500h——250h——1000h——250h——500h——250h——2000h 为保养周期进行定期保养。

8. 挖掘机和其他小功率设备按 500h——1000h——500h——2000h 为保养周期进行定期保养。

9. 车辆按每 5000km 或每 2 个月进行定期保养。

6.2 基础设施的维护

6.2.1 填埋区防渗系统

生活垃圾卫生填埋场填埋区应分区建设[2]，以节约投资并减少已完成填埋区防渗系统的暴露时间。对已完成又尚未投入使用的填埋区防渗系统，要加强保护，严禁车辆、机械设备、人员直接在其上面作业，严禁尖锐物品与防渗膜接触，以免损坏防渗系统。对于防渗系统表面为复合土工格网或无纺土工布的，当需要较长时间暴露时，建议采用较薄的土工膜临时覆盖，以减少这些材料的老化（见图6-3）。

图6-3 填埋区边坡复合土工格网上铺设无纺布保护
（杨一清摄）

6.2.2 渗沥液调节池

渗沥液调节池周边应设置围栏，避免无关人员及动物进入；禁止尖锐物品直接接触调节池防渗膜。对于未加盖的调节池，应设置安全液位警示线，为降雨及台风季节预留足够的空间。对于已加浮盖的调节池，要及时抽走浮盖上的积水，以避免浮盖下气体聚集而形成鼓包损坏浮盖（见图6-4）。渗沥液调节池及周边区域应禁止明火。

调节池淤泥应该每年清理一次，可采用高功率吸污车抽吸淤泥。长时间不清理池底淤泥会板结，最终不容易清理。大量淤泥沉积占用调节池部分容量（见图6-5）。

图6-4 调节池浮盖上面积水形成水封，
气体不能顺利排出（杨一清摄）

图6-5 调节池常年没有清理，导致
池底积存大量淤泥（杨一清摄）

6.2.3 地表水沉淀池

应根据实际情况清理地表水沉淀池中的泥沙，因为当沉淀池中的泥沙超过其挡坝后，沉淀池的功能就会消失，泥沙就会随雨水排出场外，对外围环境造成影响。

6.2.4　渗沥液收集系统

渗沥液收集及输送管道容易结垢而淤堵，因此要定期对这些管道疏通清理[3]。一般在渗沥液收集系统施工时预先设置渗沥液收集系统反冲洗管道，在填埋区运营过程中定期使用高压水冲洗或者更换淤堵的渗沥液导滤层（见图6-6）。

图 6-6　现场工人更换使用六年的渗沥液收集盲沟的碎石层（杨一清摄）

6.2.5　渗沥液处理系统

以下以兴丰渗沥液处理二厂为例，阐述渗沥液处理厂各段工艺特点及维护要点。

兴丰渗沥液处理二厂渗滤液处理采用预处理＋外置式 MBR（包含生化和超滤系统）＋单级 RO 处理工艺[4]；RO 浓缩液采用 NF ＋高压 RO ＋蒸发工艺（见图6-7）。

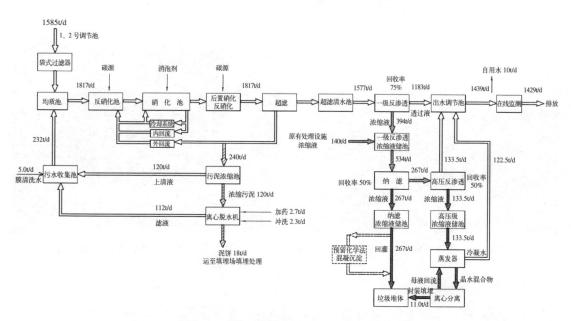

图 6-7　兴丰渗沥液处理二厂工艺流程图

1. 预处理系统

1 号调节池和 2 号调节池的渗沥液通过提升先进入均质调节池上方设置的袋式过滤器，袋式过滤器可以拦截 0.5mm 以上的颗粒性物质，过滤器压力损失达到一定值时需更换滤袋，滤袋与其他废弃物一同外运填埋处置。

2. 生化系统

经过滤后的渗沥液重力流入均质调节池，池内设搅拌机对不同来源及不同时段的渗沥液搅拌混合，实现均质的目的，使后续处理设施进水稳定。

生化系统主要由反硝化池、硝化池、后置反硝化池、后置硝化池、消泡系统和冷却系统组成，其他系统的辅助设备也列入生化系统（见图6-8）。其中反硝化池两组、硝化池四组，后置反硝化池两组、后置硝化池两组，形成两条相互独立的生产线，均质调节池出水分别进入两条生化系统生产线，生化系统为AOAO型生化反应器，反应器内的好氧微生物对水中的有机物进行分解利用，合成细胞组织，放出水和二氧化碳。水中的氨氮一部分用于除碳反应中细胞合成，一部分被硝化细菌利用，生成硝酸盐、亚硝酸盐。硝酸盐、亚硝酸盐随硝化液回流至反硝化池，在缺氧环境下发生反硝化，硝酸盐和亚硝酸盐被还原，生成氮气逸出，实现脱氮。由于渗沥液中总氮浓度高、碳源缺乏，同时内回流的回流比有限，造成总氮脱除不彻底，故系统中在AO工艺后端又设置了后置AO段，一级AO段的出水完全经过后置反硝化段，进行反硝化脱氮，同时可以根据水质情况在后置反硝化段投加碳源，提高总氮的脱除率，反硝化出水再进入后置硝化池，目的是降解因过量投加碳源产生的多余COD。

生化系统的各设备应定期进行维护和保养。

图6-8　生化系统（杨光兴摄）

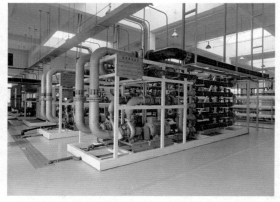

图6-9　超滤（UF）系统（杨光兴摄）

3. 超滤（UF）系统

本超滤系统（见图6-9）采用外置管式超滤膜，超滤系统从后置硝化池进水，通过循环泵将泥水混合液泵入管式膜组件，在膜两侧压差的作用下液相透过膜形成透过液，实现泥水分离，污泥回流到生化池以提高池中污泥浓度，同时实现硝化液的内回流，部分污泥作为剩余污泥排入污泥浓缩池。透过液排入超滤清水池，进入下一处理流程。超滤系统分为八条生产线，可以相对独立运行，生化和超滤生产线之间进行切换检修可以做到互不影响，可以根据实际运行中的水质水量来灵活运行。

由于夏季广州气温较高，生化系统通常在35℃左右运行，甚至更高，故生化产水也在 35℃ 左右，为了避免持续高温对后续的膜系统造成损害，同时保证后续膜系统的截留率，超滤出水在进入 RO 系统之前要通过热交换器降低水温至 30℃，最高出水温度要求低于 32℃。

UF 系统的清洗要点：

（1）超滤应视膜污染情况每月进行 1 ～ 2 次的化学清洗；

（2）超滤清洗前，必须确认超滤环路已经经过冲洗，即环路中无剩余污泥；

（3）超滤清洗前应确认仪表空气气源处于正常状态，即 5.5 ～ 6bar；

（4）超滤清洗前应确认超滤环路上手动阀门处于开启状态；

（5）超滤清洗前应确认自控画面上所有自动阀门处于自动状态，且处于自动开启状态；

（6）运行超滤清洗程序前，应确认超滤清洗槽的液位必须达到预设值的 55%，严禁超滤清洗槽的液位小于预设值时强行启动超滤清洗程序；

（7）在自控组态画面上启动超滤化学清洗程序，超滤环路设备、阀门等均按照设置的自动启闭顺序进行启闭；

（8）超滤化学清洗温度为 38 ～ 41℃，严禁超过 42℃；

（9）化学清洗时应达到相应的 pH 值，酸性清洗 pH 值应为 1.5 ～ 2；碱性清洗 pH 值应为 10.5 ～ 11，清洗过程中清洗液 pH 值会有较大幅度的变化，应每 5min 对清洗液采样测清洗液的 pH 值，如未达设定值，则应适当投加酸或碱调节清洗液的 pH 值至设定值；

（10）化学药剂清洗后必须将清洗槽中的清洗药剂液排空，并采用清水清洗，清洗水也应排空，严禁清洗液进入后续的纳滤和反渗透单元；

（11）超滤清洗启动程序未执行完毕前，严禁对该超滤环路执行其他任何操作；

（12）超滤清洗执行过程中，严禁在电柜上对该环路上的单机设备进行操作；

（13）超滤膜清洗剂为强腐蚀性液体，操作人员在投加膜清洗剂或对膜清洗剂投加管路和设备进行维护、检修时应佩戴防护面罩、防腐蚀橡胶手套以及防护服；

（14）应使用合格的膜清洗药剂。

4. 反渗透（RO）系统

MBR 出水中有机物及氮类污染物已大部分去除，但距排放标准仍然相去甚远，同时水中仍含有大量有机物、结垢离子等污染物，是后续的膜分离设备稳定运行的重要隐患，由于排放标准较高，同时新标准中还有总氮指标的要求，要求膜系统对硝酸盐等有较高的截留率（见图 6-10）。

渗沥液成分复杂，存在各种钙、镁、钡、硅等种难溶盐，这些难溶无机盐进入反渗透系统后被高倍浓缩，当其浓度

图 6-10 反渗透（RO）系统（杨光兴摄）

超过该条件下的溶解度时将会在膜表面产生结垢现象。而调节原水 pH 值能有效防止碳酸盐类无机盐的结垢，故在进入反渗透前须对原水进行 pH 值调节。

经过 RO 系统处理，出水水质能稳定达到 GB16889—2008 表 2 标准。

RO 系统清洗要点：

（1）反渗透应视膜污染情况每月进行 1 ~ 2 次的化学清洗；

（2）反渗透清洗前，必须确认反渗透已经经过冲洗；

（3）反渗透清洗前应确认仪表空气气源处于正常状态，即 5.5 ~ 6bar；

（4）反渗透清洗前应确认流程上手动阀门处于相应的启闭位置；

（5）反渗透清洗前应确认自控画面上所有自动阀门处于自动状态；

（6）运行反渗透清洗程序前，应确认反渗透清洗槽的液位必须达到预设值 55%，严禁反渗透清洗槽的液位小于预设值时强行启动反渗透清洗程序；

（7）在自控组态画面上启动反渗透化学清洗程序，反渗透各设备、阀门等均按照设置的自动启闭顺序进行启闭；

（8）反渗透化学清洗温度为 38 ~ 41℃，严禁超过 42℃；

（9）化学清洗时应达到相应的 pH 值，酸性清洗 pH 值应为 1.5 ~ 2；碱性清洗 pH 值应为 10.5 ~ 11，清洗过程中清洗液 pH 值会有较大幅度的变化，应每 5min 对清洗液采样测清洗液的 pH 值，如未达设定值，则应适当投加酸或碱调节清洗液的 pH 值至设定值；

（10）反渗透清洗启动程序未执行完毕前，严禁对该反渗透执行其他任何操作；

（11）反渗透清洗执行过程中，严禁在电柜上对反渗透上的单机设备进行操作；

（12）反渗透膜清洗剂为强腐蚀性液体，操作人员在投加膜清洗剂或对膜清洗剂投加管路和设备进行维护、检修时应佩戴防护面罩、防腐蚀橡胶手套以及防护服；

（13）应使用合格的膜清洗药剂；

（14）反渗透清洗过程中，严禁投加含有如次氯酸钠、氯气等强氧化剂。

5. 纳滤（NF）系统

纳滤系统用于处理 RO 的浓缩液。由于 RO 经浓缩后其浓缩液中有机物、重金属及二价盐浓度大幅提高，采用纳滤进一步处理目的是去除浓缩液中的有机物、重金属及二价盐。经纳滤处理后其清液去除了大部分结垢离子及有机物，主要溶解物质为高浓度单价盐，进入蒸发器能避免无机盐结垢、有机物粘壁或晶体不能析出等现象；纳滤浓缩液主要为各种重金属、钙镁等多价盐及有机物，其浓度很高，但通过回灌，绝大部分离子可以以结垢、螯合、结晶等形式析出，其中的有机物可以被垃圾堆体吸附、降解，不会造成污染物的积累。

6. 高压反渗透系统

高压 RO 用于处理纳滤的透过液。纳滤透过液主要为单价盐，水中氨氮及总氮不达标，但盐的浓度高，须采用高压反渗透进行处理。高压反渗透出水水量小，COD 浓度已达排放要求，总氮浓度稍高，高压反渗透出水排入出水调节池与一级 RO 清水混合后完全能达到排放要求。高压反渗透浓缩液中污染物主要为单价盐，其浓度很高，排入高压 RO 浓缩液储池，准备进入蒸发器处理。

由于高压级膜通量较小，同时高压级运行压力较高，一级 RO 浓缩液流量不足以满足高压级的进料流量要求，故高压级采用批次式运行，以加大膜表面的流速防止浓缩极化和结垢现象。由于前面采用了纳滤去除有机物、重金属及结垢离子，膜的负荷大大降低，运行稳定可靠。

高压级 RO 设两台，两台相互独立，一台设备的检修清洗不影响另一台设备的正常运行。高压级 RO 系统设计回收率为 50%。

7. 蒸发浓缩系统

高压系统浓缩液含有大量一价盐，如果采取回灌处理极易形成一价盐积累，导致电导率升高，影响系统的产水率，本项目设置了蒸发系统，目的是提取渗沥液中的一价盐，同时提高系统的产水率。

由于经过纳滤处理，高压系统的浓缩液呈无色透明状，有机污染物含量较低，其中主要以一价盐为主，成分相对单一，不会在蒸发系统内形成结垢、物料黏度过大等影响，对于这种类型的盐溶液，目前国产蒸发器可以很好地解决这个问题，具有工艺成熟、造价低等优势。

本项目选择蒸发器为国产三效蒸发系统，主要由Ⅰ效加热室、Ⅰ效结晶器、Ⅱ效加热室、Ⅱ效分离器、Ⅲ效加热室、Ⅲ效分离器以及相应的泵及控制系统组成。

首先，浓缩液被蒸发器进水泵泵入预热器，经预热器加热后进入第Ⅱ效分离器，原料液在第Ⅱ效分离器中经第Ⅱ加热室均匀地在加热管内壁从下向上流动，同时被加热至物料沸点，使之达到沸腾状态，加热后部分水分蒸发，进入第Ⅱ效分离室完成汽、液分离，完成在第Ⅱ效内的初次循环、经过数次自然循环后，完成初步浓缩的料液进入第Ⅲ效分离器，按照与第Ⅱ效内相同的过程在第Ⅲ效内循环并完成蒸发浓缩，物料在第Ⅲ效内达到设定浓度后，经逆流泵进入第Ⅰ效，以同样的原理进行蒸发浓缩，由于物料在第Ⅰ效结晶器内将被浓缩至过饱和并产生结晶，为防止物料中的结晶堵塞加热列管影响物料循环，本装置在第Ⅰ效结晶器专设置强制循环泵对第Ⅰ效内物料进行强制循环，使物料在加热器列管中的流速达到 ≥ 2.0m/s，当料液中的晶浆比最终达到所需浓度后，结晶的结晶体和饱和母液由第Ⅰ效结晶器下出料口的出料泵析出，至离心机固液分离，分离后的母液落入母液储罐，再用母液回流泵抽回蒸发系统，继续蒸发结晶，整个过程是形成一个循环作业。离心出来的结晶物呈固态，含水率约为 5% ~ 7%，装袋外运填埋处理。

8. 生化辅助系统

辅助系统主要包括曝气系统、消泡系统和冷却系统。

曝气系统（见图 6-11）由射流曝气器、射流泵和鼓风机组成，射流泵提供大流量压力水，鼓风机提供压缩空气，二者通过射流器的文丘里管进行混合、释放，形成均匀的微小气泡，均匀地扩散于水中，溶氧效率高于 25%，高于同时实现整个水体的搅拌作用。

生化池为完全混合式反应器，高浓度的渗沥液进入系统后马上被稀释、扩散，不会对水中微生物造成损害。由于渗沥液的特殊性，生化培养阶段和运行期间有时会产生大量的泡沫，本系统设置了药剂消泡和水力消泡两套系统。药剂消泡是通过投加消泡剂，抑制泡沫的产生，水力消泡则是在人孔、安装孔等重点位置通过水力喷洒消除泡沫。

生化过程中会产生大量的热使反应器温度升高，不利于生化系统的运行，故设置了冷却系统，由冷却塔提供冷却水，通过热交换器冷却生化池水体，冷却系统为四套，分别对四个硝化池进行冷却。生化系统自控主要由多种传感器、输入输出模块和PLC组成，生化系统进水主要监测流量、电导率、pH值，生化池主要监测pH值、溶解氧、温度、液位等指标，通过对这些指标的分析控制供气量、排泥量和超滤运行时间，创造微生物适宜的生存环境。

9. 脱水系统

本工程中产生的污泥为硝化池和反硝化池内排出的剩余污泥。采用污泥离心进水泵、机械离心脱水机、离心加药台、加药螺杆泵，干泥螺旋输送机等工艺设备配套系统（见图6-12）。

图 6-11　曝气系统（杨光兴摄）　　　　图 6-12　污泥脱水系统（杨光兴摄）

生化系统每日排出污泥约为240t，设计含水率为98.5%，由于污泥浓度较低，本系统设置了污泥浓缩池，对排泥进行重力浓缩，浓缩后的污泥泵送至离心式脱水机，通过离心机进行离心脱水滤液泵送回生化系统继续处理，泥饼含水率低于80%，送至填埋场填埋处理。

脱水系统维护要点：

（1）应根据生化进水负荷和生化池污泥浓度计算确定排泥量，进行定期排泥。

（2）离心脱水系统停止运行时应将离心脱水机中的污泥冲出，防止污泥在离心脱水机内黏结硬化，影响离心脱水机的正常使用。

（3）每周检查皮带的松紧、断裂情况，如果较松，应用扳手紧固，如果仍有皮带松弛，应将皮带全部更换。

（4）每天检查皮带松紧情况，记录离心脱水机进泥量以及出泥量。

10. 除臭系统

因垃圾渗沥液有较强的臭气产生，产生的主要场所是污泥脱水车间、均质池、MBR反应池、调节池等。臭气能使人食欲不振、头昏脑胀、恶心、呕吐和精神上受到干扰，因此对处理厂内的构筑物进行加盖除臭处理，可以创造良好的工作环境，减轻污水处理厂对周围环境的影响。

除臭方法经历了一个发展过程，从最初采用的水洗法，逐步发展到离子除臭、植物提取液除臭、微生物除臭法。本工程选用生物除臭法，具有处理效果好、运行成本低、缓冲容量大、维护管理简单等优点，在污水处理领域得到了广泛应用。

11. 阀门与电气设备

（1）阀门维护要点

1）闸阀是重要的控制设备，启动频繁，若失灵将导致系统的自动控制失败，因此需严格按照厂家说明书的要求进行保养。

2）电动头的维修保养

①定期检查橡胶密封，若有必要，进行更换。更换时电动头盖子的 O 形密封圈必须被正确放置，电线密封处也必须紧固，以避免灰尘和水进入。

②如果不经常操作，最好大约每六个月进行性能测试。这样可确保电动装置总是处于待机状态。

③首次运行六个月，以后每年检查电动头和齿轮箱之间的螺栓，以确保牢固。如有必要，根据说明书上给定的扭矩重新紧固。

④齿轮箱在出厂时已加够润滑油，更换需根据以下的时间间隔：

较少使用时，每 10～12 年更换一次润滑油；经常使用时，每 6～8 年更换一次润滑油。

（2）电气设备维护要点

1）严格遵守安全用电操作规程，严格遵守电气设备运行、操作、维护规章制度。

2）严格按照设计要求、厂家产品说明书要求，制定电气设备操作规程。

3）按照说明书，定期对各种电气设备性能进行测试，对电气测量仪表精度进行校准。

4）及时采购补充易损件及常用备件。

5）编写供配电设备及工艺设备的操作规程，并严格按操作规程操作。

6）制定详细的电气设备维护保养制度，严格执行安全巡检制度，按照《电气设备维护保养表》执行维护保养，并做好记录。

7）每月由电气工程师对全厂电气设备进行安全检查，检查内容按照《电气设备维护保养表》（附表）执行，及时发现事故隐患，防患于未然。

8）每年按《电气设备维护保养表》（附表）内容对电气设备进行维护和保养，并做好记录。

9）定期巡检无功功率补偿装置运行情况。

10）分析论证后，逐步对效率较低的电气设备进行节能技术改造。

11）按照《电气设备维护保养表》要求，对主要电气设备进行的大修，现场机电技术人员在 36h 内完成，中修要求在 24h 内完成，小修在 2h 内完成。

12）各种设备维修时必须断电，并应在开关处悬挂维修标牌后，方可操作。

12. 供配电系统

兴丰填埋场的用电负荷为二级负荷，采用 10kV 单电源、一回路供电。备用电源采用

0.4/0.23kV 柴油发电机组。低压为单母线分段运行方式，手动转换两低压主进开关与发电机备用电源柜开关，两主进开关与发电机备用电源柜开关之间设机械与电气联锁。

13. 自控系统、仪器仪表

根据污水处理厂的特点，兴丰渗沥液处理二厂选用目前国内外广泛使用的 PLC 集散控制系统，分为二层，即现场测控层、生产管理层。二层网络是完全开放的、成熟的、先进的通信技术。能够与企业级网络和信息系统完全集成。在任何一级网络上，都应能够在同一介质上实现系统透明浏览、编程组态、实时控制、数据采集和系统诊断。网络上一般性的信息访问不应影响系统实时控制性能。其中，现场测控层与生产管理层之间通过 100M 工业以太网进行数据传输和信息交换。本系统为一分布式集散型（即集中管理，分散控制）计算机测控管理系统。

现场站与中央控制站之间连接通过交换机进行，连接介质选用光纤；中控室以太网设备采用五类双绞线接入交换机。

维护要点：

（1）每月由自控工程师对全厂自控仪表设备进行安全检查，检查内容按照《自控仪表设备维护保养表》执行，及时发现事故隐患，防患于未然，并做好记录。

（2）对 PLC、pH 计、溶氧仪、污泥浓度计、超声波液位计、流量计等自控仪表设备的主要技术参数进行测试和记录。

（3）按《自控仪表设备维护保养表》内容对自控仪表设备进行维护和保养，并做好记录。

（4）渗沥液处理厂设备和仪表故障需要检修，须通报中控室，便于中控室操作员把相关设备控制退出运行进行闭锁，包括软件闭锁，避免误操作和 PLC 自动运行，造成事故发生。现场检修严格按照检修规程进行。

（5）检测仪表出现故障，不得随意拆卸变送器和转换器，检修现场仪表需要专人进行，采取必要的防护措施，注意用电安全，跨越栏杆、池边操作、爬高注意防护，在进入封闭环境前注意通风，对有异味的地方要戴防毒面具。

（6）长期不用或因使用不当被水淹泡的各种仪表，起用前应进行干燥处理。

在阴雨天到现场巡视检测仪表时，操作人员应注意防止触电。

6.2.6　填埋气体收集系统

填埋气收集井、收集管道、容易沉积杂物而堵塞，应定期检查维护，确保完好。水平填埋气井埋设时应保证必要的坡度，防止填埋气中渗沥液的聚集而影响填埋气体的输送。对填埋气体处理设施要定期维护保养，确保其满足填埋气处理的需要（见图 6-13）。

6.2.7　填埋气体处理系统

气体抽气、燃烧和利用系统应包括抽气设备、气体预处理设备、燃烧设备、气体利用设备以及建构筑物、电气、给水排水、消防、自动化控制等辅助设施（见图 6-14）。其维护要点是：

图 6-13 填埋区水平气体收集井施工（杨一清摄）

图 6-14 填埋气体处理设施（杨一清摄）

（1）气体导排井内水位较高时，应及时进行排水，降低井内水位。

（2）应定期检测导气井和水平排气道的导气流量、气体中的甲烷含量、氧气含量，并适时调节控制阀门开度，保持产气和抽气的基本平衡。

（3）定期检查和评估气体导排设施的完好程度和有效性，对损坏或导气效果差的气体导排设施应及时修复和调整。

（4）在全场气体导排设施运行期间应对全场气体导排设施的作用范围和全场气体收集率进行评估，对于气体未得到收集的区域，应增设气体导排设施。

（5）应定期检查填埋气体导排管路的凝结水排水井，保持排水井的完好和排水通畅。

6.2.8　填埋堆体

对于已完成的填埋堆体，或者填埋区达到设计标高的区域，要尽快完成中期覆盖或者封场覆盖。对已封场覆盖的填埋堆体，要监测堆体的稳定性，对封场植被进行维护保养。对土工膜中期覆盖区域，要定期检查土工膜的完好性，发现破损要及时修补，避免雨水进入垃圾堆体。

6.2.9　雨污分流系统

填埋场雨污分流系统包括位于填埋场底部的渗沥液收集导流层、位于垃圾堆体中及周边的渗沥液盲沟、覆盖在垃圾面上的土工膜及压载沙包、堆体表面的横/纵向排水沟、急流槽等。其中位于填埋场底部的渗沥液收集导流层一旦淤堵很难采取有效的方法清理疏通，位于垃圾堆体周边的渗沥液盲沟发生淤堵时可用干净的碎石换填。覆盖在垃圾面上的土工膜应定期检查其完好性，避免雨水通过破损处进入垃圾体。压载沙包也应定期检查，有破损要及时更换，确保压载系统的有效性。应在覆盖的垃圾堆体表面设置合理的横向、纵向排水沟，并保证其有效性（见图 6-15）。

6.2.10 称重系统

应定期对地磅系统进行维护保养，并保证记录数据的真实、安全性。地磅应按要求定期进行检核校准。

6.2.11 洗车轮装置

填埋场应设置洗车轮装置，对出场垃圾车的车轮及底盘进行清洗，以减少出场垃圾车对周边道路的污染。应对洗车轮装置定期进行维护保养，产生的洗车污水要回抽处理。

6.2.12 场区道路

填埋场内道路应符合场区道路相关规范要求（特别是道路的横坡、纵坡、宽度、道路结构等）。场区道路要定期或不定期根据实际情况进行维护，以满足实际使用需要（见图6-16）。

图6-15 填埋区雨污分流系统（杨一清摄）

图6-16 场内混凝土路面维护（杨一清摄）

6.2.13 作业道路及作业平台

填埋作业道路及作业平台修筑在垃圾堆体上，供垃圾车进入填埋区并在指定位置卸载垃圾。作业道路及平台可用建筑垃圾、石料及钢板路基箱等构建。作业道路及平台要保持一定的平整度和合理的整体坡度，要经常对作业道路及平台进行维护，保持其良好状况，以满足垃圾车的进出及卸载垃圾（见图6-17）。

图6-17 填埋区垃圾车倾卸平台施工（杨一清摄）

6.2.14 场区排洪沟、护坡、挡土墙

要对场区的排洪沟、护坡、挡土墙等进行日常巡视，发现问题要及时修复。特别是下

暴雨时更要对这些设施进行检查，及时发现问题并处理，减少损失。比如发现护坡流出的雨水浑浊时，说明边坡的泥土正在受雨水侵蚀，边坡内部可能已经淘空，需要及时修补（见图 6-18、图 6-19）。

图 6-18　填埋场被洪水冲毁出水口修复（杨一清摄）　　图 6-19　护坡维护（杨一清摄）

6.2.15　垃圾挡坝、调节池挡坝

当填埋场有垃圾挡坝或调节池挡坝时，这些大坝应作为日常检查及防护的重点。应经常对大坝的外观进行巡视，如果发现裂缝、水土流失等现象要分析原因并及时修复。有条件时，应对大坝进行变形监测，当监测数据异常时应分析原因，必要时采取工程措施进行补救。

6.2.16　监测井

要对填埋场监测井进行维护保养，确保监测井能真实反应环境状况。如果监测井受到破坏，应增加新的替代监测井。

6.2.17　场区消防设施

应定期对填埋场的消防设施进行维护保养，并定期组织消防演练。

6.2.18　视频监控设施

应定期对填埋场视频监控设施进行维护保养，确保设施正常可用。

6.2.19　场区供电、供水设施

应定期对场区的供电、供水设施进行检查及维护，确保填埋场生产、办公、生活的用电、用水供给（见图 6-20）。

图 6-20　场内路灯维护（杨一清摄）

6.2.20　交通设施、标识

应定期对场内的交通设施（包括护栏、减速带等）、各种标识牌等进行检查，确保设施齐全、指示明确。

6.2.21　防雷设施

要定期对填埋场的防雷设施进行维修保养，并按相关部门要求进行年检。

本章执笔人：杨一清、渠金虎、陈吉林、杨光兴；校审：卢圣良、杨一清

思考题

（1）作业设备维护的意义、标准及措施是什么？

（2）填埋场基础设施的维护包括哪些内容？

（3）渗沥液处理厂设备维护包括哪些内容？

（4）填埋气体收集和处理设施（设备）维护包括哪些内容？

参考文献

[1] CJJ 17—2004 生活垃圾卫生填埋技术规范 [S]. 北京：中国建筑工业出版社，2004.

[2] CJJ 93—2011 生活垃圾卫生填埋场运行维护技术规程 [S]. 北京：中国建筑工业出版社，2011.

[3] CJJ 113—2007 生活垃圾卫生填埋场防渗系统工程技术规范 [S]. 北京：中国建筑工业出版社，2007.

[4] CJJ 150—2010 生活垃圾渗沥液处理技术规范 [S]. 北京：中国建筑工业出版社，2010.

第7章 填埋场封场

本章通过简要介绍填埋场封场工程相关标准、规范及填埋场的封场目标，再着重介绍填埋场封场技术（垃圾堆体整形工程、渗沥液收集导排工程、覆盖层工程、地表水导排工程、填埋气体收集与导排工程的设计与施工要求），最后对填埋场封场后管理的内容和形式进行说明。

本章的重点、难点：填埋场封场技术（包括垃圾堆体整形工程、渗沥液收集导排工程、覆盖层工程、地表水导排工程、填埋气体收集与导排工程）的设计与施工要求。

7.1 填埋场封场技术

7.1.1 填埋场封场工程概述

填埋场封场是指垃圾填埋至填埋区设计终场标高或填埋场停止使用后，采取工程措施实现垃圾堆体安全稳定，使用不同材料对垃圾堆体进行覆盖，同时对封场后产生的渗沥液、填埋气体等污染物进行有效的收集、处理，并提出封场后的管理、维护及跟踪监测的要求。

7.1.2 相关标准与规范的要求

1.《生活垃圾填埋场封场工程项目建设标准》建标 140—2010 的要求

该标准为建设部标准，是封场工程项目决策审批和控制封场工程项目建设水平的依据，制定该标准的主要目的：提高填埋场封场工程项目决策和建设的科学管理水平，控制工程建设标准，充分发挥投资效益[1]。

该标准的适用范围：适用于确定生活垃圾卫生填埋场、简易垃圾填埋场封场工程的建设水平，具体包括确定封场工程的建设规模、建设内容，同时规定了封场工程的技术要求、建筑标准、技术经济指标[1]。

该标准的主要内容包括：垃圾填埋场封场工程的一般规定、建设规模划分与项目构成、主体工程（包括垃圾堆体整治、封场覆盖与防渗系统、填埋气体导排与处理系统、渗沥液导排与处理系统、雨洪水导排系统、绿化与植被恢复）的实施要求、配套工程的实施要求、封场工程实施的环境保护与安全要求、建筑标准要求、封场工程主要技术经济指标要求[1]。

2.《生活垃圾卫生填埋场封场技术规程》CJJ 112—2007 的要求

该标准为行业标准，该标准制定目的：规范生活垃圾卫生填埋场封场工程的设计、施工、验收、运行维护，实现科学管理，达到封场工程及封场后的填埋场安全稳定、生态恢复、土地利用、保护环境的目标，做到技术可靠、经济合理[2]。

该标准的适用范围：适用于生活垃圾卫生填埋场封场工程的规划、设计、施工、管理，简易垃圾填埋场可参照执行[2]。

该标准的主要内容包括：垃圾填埋场封场工程的一般规定、垃圾堆体整形与处理的要求、填埋气体收集与处理要求、封场覆盖系统要求、地表水控制要求、渗沥液收集处理要求、封场工程施工及验收要求、封场工程后续管理要求[2]。

3.《生活垃圾卫生填埋技术规范》GB 50869—2013 的相关要求

该标准第 10 章对填埋场封场工程的设计、施工要求进行了阐述，具体内容包括封场工程设计应考虑的因素、封场覆盖层结构要求、封场工程实施后堆体表面坡度要求、填埋场封场后的填埋场管理要求、封场后的土地利用要求等[3]。

4.《生活垃圾填埋场污染控制标准》GB 16889—2008 的相关要求

该标准第 8 条规定了填埋场封场工程的要求、封场后填埋场的维护与管理要求，具体内容包括封场覆盖系统的组成要求、封场工程实施后堆体表面坡度要求、封场后填埋场的维护与管理要求等[4]。

具体内容详见附录 A6 节。

7.1.3 填埋场封场的目标

根据相关标准、规范的要求，并结合已经完成相关封场工程实践经验，填埋场封场需要达到的目标可归结为：安全稳定、生态恢复、土地利用、保护环境。

1. 安全稳定

封场后安全稳定的目标可分解为垃圾堆体的安全稳定、垃圾堆体表面覆盖层的安全稳定、填埋气体收集与处理过程的安全稳定、垃圾坝等围蔽垃圾堆体的设施的安全稳定。

（1）垃圾堆体的安全稳定

垃圾堆体的安全稳定应达到以下要求：

1）垃圾堆体中不存在陡坡，边坡坡度一般不应超过 1：3（垂直高度：水平长度）；

2）垃圾堆体中不存在沟壑、裂隙和空洞；

3）垃圾堆体表面无积水。

（2）覆盖层的安全稳定

封场覆盖层由不同材料组成，并位于垃圾堆体表面上，覆盖层安全稳定主要取决于垃圾堆体的稳定以及构成覆盖层材料之间的结合情况。

（3）填埋气体收集与处理过程的安全稳定

1）填埋气体收集设施能有效地收集填埋气体，避免气体积聚在垃圾堆体内或覆盖层底部导致垃圾堆体失稳或覆盖层被气体顶托而破坏；

2）填埋气体收集过程应能避免空气进入收集管道而引起火灾、爆炸等安全事故的发生；

3）填埋气体处理设施应能安全稳定运行。

2. 生态恢复

填埋场封场覆盖层表面植被得到恢复，形成草本植物为主的生态系统。

3. 土地利用

在满足安全、环保、卫生要求的前提下，为充分利用土地资源，在封场后的不同时间段，填埋区可用作草场、苗圃、球场、公园等用地。

4. 保护环境

（1）通过将垃圾堆体封闭在覆盖层以下，阻止了填埋区臭气散发和蚊蝇滋生，杜绝了雨水进入垃圾堆体，减少了垃圾渗沥液的产生；

（2）对垃圾渗沥液进行收集处理，减少水污染物排放；

（3）对填埋气体进行收集处理，减少大气污染物排放。

7.1.4　封场技术

封场主要技术内容包括垃圾堆体整形、垃圾堆体的掩蔽、渗沥液收集、渗沥液处理、覆盖、地表水收集和导排、填埋气收集和导排。封场施工流程见图 7-1。

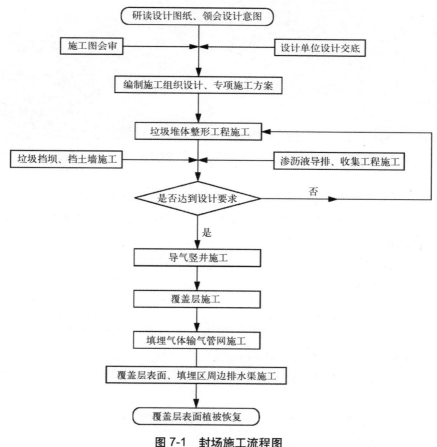

图 7-1　封场施工流程图

1. 垃圾堆体整形

（1）设计要求

1）设计整形后的垃圾堆体边坡坡度不应大于1:3（垂直高度:水平长度），边坡高度不宜超过5m，超过5m宜设中间台阶，台阶宽度不小于2m；垃圾堆体顶面坡度不应小于5%[2]。

2）设计整形后垃圾堆体占地范围应不大于整形之前，做到节省用地，设计的垃圾堆体整形坡度、形状应能在保证安全稳定的前提下，尽可能减少垃圾的挖填量。

（2）施工要求

1）垃圾堆体整形施工前，应现场踏勘分析场内发生垃圾堆体崩塌、火灾、爆炸等事故的可能性，并制定安全施工专项方案[2]；

2）应制定消除陡坡、裂隙、沟缝等缺陷（见图7-2）的施工方案；

3）垃圾挖方作业时应采用斜面分层作业法（见图7-3），防止垃圾堆体发生滑坡、垮塌；

图 7-2　垃圾悬崖和陡坡

图 7-3　垃圾挖、填斜面分层作业

4）垃圾填方作业应分层压实垃圾，压实密度应大于0.8t/m³；

5）垃圾堆体整形过程中，应采取覆盖材料覆盖垃圾堆体以及其他减少雨水或地表水侵入垃圾堆体的措施，以减少渗沥液的产生；

6）垃圾堆体整形过程中，应对臭气采取控制措施。

2. 垃圾堆体的围蔽

（1）设计要求

1）宜设计垃圾坝、挡土墙等设施使得填埋区成为周边封闭的区域，将垃圾堆体围蔽在填埋区内，避免垃圾渗沥液的漫流或溢出（见图7-4）；

2）合理确定垃圾坝、挡土墙的位置、高度，减少垃圾堆体的占地面积，减少垃圾堆体的挖填工程量；

3）垃圾坝、挡土墙等围蔽设施的结构形式的设计应在满足安全、使用功能的前提下，做到方便施工、节省投资；

4）垃圾坝、挡土墙内侧应设计防渗层，防止渗沥液通过坝体、墙体泄露。垃圾堆体一侧的坝脚、墙脚低洼处应设计渗沥液导排盲沟收集渗沥液；渗沥液导排盲沟应与填埋区原有的渗沥液导排设施连接，如不能连接或这样做成本过高，则应将渗沥液导排至渗沥液调节池。

（2）施工要求

施工时根据基础开挖情况核对勘察资料，确保垃圾坝、挡土墙基础落在设计所要求的持力层上。

3. 渗沥液收集工程

（1）设计要求

根据垃圾堆体整形设计情况，在垃圾堆体坡脚设计渗沥液导排盲沟，盲沟宜采用防腐蚀性的过滤材料包裹，盲沟内应设置内径不小于 200mm 的穿孔管（见图 7-5）。穿孔管的材质应具备足够的强度、刚度，并能防止渗沥液的腐蚀。

图 7-4　围蔽设施——挡土墙

图 7-5　HDPE 穿孔管

渗沥液导排盲沟应与填埋区原有的渗沥液导排设施连接，如不能连接或这样做成本过高，则应将渗沥液导排至渗沥液调节池。

（2）施工要求

应结合垃圾堆体整形工程的施工同步进行，先"地下"后"地上"。

4. 渗沥液处理工程

对于有的填埋场封场前原有渗沥液处理设施不能满足环保要求的，应对原有的渗沥液处理设施进行改造。

5. 覆盖工程

（1）设计要求

覆盖层由垃圾堆体顶面至覆盖层表面的各结构层依次为排气层、防渗层、排水层、植被层，如图 7-6 所示[2]。

1）排气层

应采用粒径为 25 ～ 50mm、导排性能好、抗腐蚀的粗粒多孔材料，渗透系数应大于

1×10^{-2}cm/s，厚度不应小于 30cm。

推荐采用 30cm 级配碎石层作为排气层，在排气层下宜设置土工布隔离垃圾堆体与排气层。

2）防渗层

①防渗层可由土工膜和压实黏性土或土工聚合黏土衬垫（GCL）组成复合防渗层，也可单独使用压实黏性土层[2]（见图 7-7）。

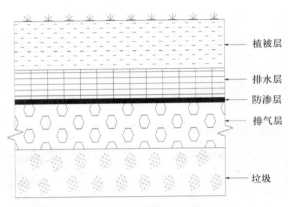

图 7-6　封场覆盖层结构示意图

图 7-7　垃圾堆体表面黏性土覆盖

②复合防渗层的压实黏性土层厚度应为 20 ～ 30cm，渗透系数应小于 1×10^{-5}cm/s。单独使用压实黏性土作为防渗层，厚度应大于 30cm，渗透系数应小于 1×10^{-7}cm/s。复合防渗层的土工膜选择厚度不应小于 1mm 的高密度聚乙烯（HDPE）或线性低密度聚乙烯土工膜（LLDPE），渗透系数应小于 1×10^{-7}cm/s。土工膜上下表面应设置土工布保护层。土工聚合黏土衬垫（GCL）厚度应大于 5mm，渗透系数应小于 1×10^{-7}cm/s[2]。

单独采用压实黏性土作为防渗层，存在施工要求高、且容易受到垃圾堆体沉降的影响，实际渗透系数难以达到规范要求。推荐采用从下往上依次为 30cm 厚黏土层 + 土工膜 + 土工布的复合防渗层，若排气层采用碎石层或其他多孔材料，黏土层与排气层之间宜设置土工布隔离黏土层与排气层。

3）排水层

堆体顶面较平缓区域应采用粗粒或土工排水材料，边坡应采用土工复合排水网，粗粒材料厚度不应小于 30cm，渗透系数应大于 1×10^{-2}m/s。材料应有足够的导水性能，保证施加于下层衬垫的水头小于排水层厚度[2]。

排水层应与填埋库区四周的排水沟相连。推荐排水层采用土工复合排水网格。

4）植被层[2]

应由营养植被层和覆盖支持土层组成。营养植被层的土质材料应利于植被生长，厚度应大于 15cm。营养植被层应压实。覆盖支持土层由压实土层构成，渗透系数应大于 1×10^{-4}cm/s，厚度应大于 450cm。

对于垂直高差较大的垃圾堆体边坡，若在覆盖层中设计有土工膜、土工复合排水网、土工布等材料时，应设计锚固沟，对这些材料进行锚固。

覆盖层设计时应按各结构层的材料构成进行抗滑稳定性分析，确保安全。

（2）施工要求[2]

1）采用黏土作为防渗材料时，黏土层在投入使用前应进行平整压实。黏土层压实度不得小于90%。黏土层基础处理平整度应达到每平方米黏土层误差不得大于2cm。

2）采用土工膜作为防渗材料时，土工膜应符合现行国家标准的相关规定。土工膜膜下黏土层，基础处理平整度应达到每平方米黏土层误差不得大于2cm。

3）铺设土工膜应焊接牢固，达到规定的强度和防渗漏要求，符合相应的质量验收规范。

4）土工膜分段施工时，铺设后应及时完成上层覆盖，裸露在空气中的时间不应超过30d。

5）在垂直高差较大的边坡铺设土工膜时，应设置锚固平台，平台高差不宜大于10m。

6）在同一平面的防渗层应使用同一种防渗材料，并应保证焊接技术的统一性。

6. 地表水收集与导排

（1）设计之前应明确地表水排放点；

（2）应在填埋区周边设置排水渠，排水渠应能防止填埋区外的地表水进入填埋区，且能安全、迅速将填埋区内的地表水导排至指定排放点；

（3）对于填埋区面积较大、表面坡度较大的填埋场，应在植被层表面设计表面排水渠，以及时将地表水导排出填埋区，减少地表水在植被层表面的流动时间和距离，减小地表水对植被层的冲刷和扰动[2]；

（4）植被层表面排水渠宜采用不受或少受垃圾堆体沉降影响的结构形式，如采用混凝土预制块梯形排水渠等（见图7-8）。表面排水渠收集的地表水宜通过填埋区周边排水渠排出填埋区。

图 7-8　混凝土预制块排水渠

7. 填埋气体收集与处理

（1）设计要求

1）对于垃圾填埋量大、处于产气高峰期的填埋场应设计由抽气管网、与抽气管网连接的主动导气竖井、填埋气体燃烧或利用设施组成的填埋气体收集与处理系统。

2）封场时设计的填埋气体收集设施应与原填埋场已经建成的填埋气体收集设施连接。

3）导气竖井直径不小于 600mm，井中心设穿孔管，管与井壁之间填充粒径为 10～50mm 的碎石。

4）导气竖井井口应封闭，覆盖层中的排气层宜与导气竖井碎石区连接。

5）导气竖井间距不宜大于 50m。

6）为避免空气从覆盖层中的排气层进入填埋气体收集系统，应将覆盖层中的防渗层与原填埋区防渗层密封连接。

7）对原有的导气竖井宜尽量保留，并结合垃圾堆体整形工程设计进行加高、加固。

8）抽气管网中的输气管道应有 1% 的坡度，局部低点应设有冷凝水排水装置。

9）填埋气体处理或利用设施应配备有除湿、除尘等预处理装置，抽气设备应选用耐腐蚀和防爆型设备。

10）填埋气体的收集导排管道穿过覆盖系统防渗层处应进行密封。

11）其他设计要求应按《生活垃圾填埋场填埋气体收集处理及利用工程技术规范》CJJ 133—2009 执行。

（2）施工要求

导气竖井应采用钻孔法施工，导气竖井、抽气管网施工过程中应采取防爆措施。

7.2 封场后的管理内容和形式

7.2.1 管理的形式

对于生活垃圾卫生填埋场，宜延用原有的管理组织机构、生产管理与生活服务设施，可适当缩减管理人员编制，建议保留渗沥液处理职能部门、维护维修的职能部门、保卫管理职能部门，保留的部门可适当缩减人员编制。

7.2.2 管理制度

填埋场封场后的管理应建立以下制度：

1. 场区安全保卫制度；

2. 渗沥液收集处理设施运行、检查、维护制度；

3. 填埋气体收集处理设施运行、检查、维护制度；

4. 填埋气体流量、压力、氧气含量及附近建构筑物（如有）甲烷气体浓度监测制度；

5. 覆盖层、地表水导排设施及其他设施定期检查、维护制度；

6. 地下水、渗沥液、填埋气体、大气、垃圾堆体沉降的定期监测制度；

7. 文件资料记录、管理、归档制度。

7.2.3 管理的内容

1. 监测渗沥液水质、水量，调整渗沥液处理设施工艺参数，维持其良好运行；

2. 监测填埋气体的流量、压力、氧气含量，及时调整抽风机运行参数，保持填埋气体收集处理设施的良好运行；

3. 绿化带和覆盖层植被养护；

4. 定期进行附近建构筑物（如果有）甲烷气体浓度监测；

5. 覆盖层、地表水导排设施及其他设施定期检查、维护；

6. 地下水、渗沥液、填埋气体、大气、垃圾堆体沉降的检测和定期监测；

7. 文件资料编制和归档。

7.3　封场后的生态恢复

封场后的生态恢复主要指覆盖层表层（植被土层）上的植被种植（见图 7-9）。

7.3.1　设计要求

绿化植物的种类应根据土层厚度、土壤性质、气候条件、景观要求等进行植物配置。

广东地区宜采用喜光、耐高温、耐旱、根系发达、扎根不深、易生长、生长速度快的草本植物、灌木等。

灌木根系不宜超过 50cm，且不应使用根系穿透力强的种类。

图 7-9　生态恢复——表面植草

7.3.2　施工方法

为减少覆盖层的扰动，推荐采用机械喷播草种、灌木种的方式进行植被恢复。

草种用量 $\geqslant 30g/m^2$，灌木种用量 $\geqslant 20g/m^2$。

平坦及缓坡地进行清除杂物和局部整平、压实作业，超过 20°的坡地，进行清除杂物和表土整理后直接进行喷播作业。

喷播时先加水至罐的 1/4 处，开动水泵，使之旋转，再加水，然后依次加入种子、肥料、保水剂、纸纤维黏合剂等。搅拌 5～10min 使浆液充分混合后，方可喷播。

利用离心泵把混合液导入消防软管，经喷枪喷播在欲建边坡裸地，形成均匀覆盖层保护下的植物种子层，再铺设无纺布防护。

施工次序：边坡检验→边坡休整→喷播草灌种子→覆盖无纺布→养护管理→绿化成坪。

7.3.3 生态恢复推荐植物

广东地区草本植物推荐选用香根草、狗牙根、台湾草、大叶油草，见表7-1。灌木推荐选用桂花、黄榕、矮脚美人蕉及蜘蛛兰。

封场生态恢复推荐草本植物特性一览表 表7-1

名称	特性	图片
香根草	香根草能适应各种土壤环境，强酸强碱、重金属和干旱、渍水、贫瘠等条件下都能生长。香根草属低补偿植物，光合作用强，日温达10 ℃时就萌发生长。极少感染或传播病虫害，多数能生活几十年甚至数百年	
狗牙根	狗牙根性喜温暖湿润气候，耐阴性和耐寒性较差，最适宜生长温度为20～32℃，在6～9℃时几乎停止生长，喜排水良好的肥沃土壤。狗牙根耐践踏，侵占能力强。该草坪在华南绿期为270d	
台湾草	喜温暖气候和湿润的土壤环境，也具有较强的抗旱性，但耐寒性和耐荫性较差，不及结缕草。对土壤要求不严，以肥沃、pH值在6～7.8的土壤最为适宜。该草形成的草坪低矮平整，茎叶纤细美观，又具一定的弹性，加上侵占力极强，易形成草皮，耐践踏性强	
大叶油草	该草适于热带和亚热带气候，喜光，也较耐阴，再生力强，亦耐践踏。对土壤要求不严，能适应低肥砂性和酸性土壤，在冲积土和肥沃的砂质壤土壤上生长最好，但在干燥的高丘上生长欠佳。由于匍匐茎蔓延迅速，每节均能产生不定根和分蘖新枝，因此侵占力强	

本章执笔人：王岩松；校审：沈建兵

思考题

(1) 生活垃圾卫生填埋场封场工程的主要内容包括哪些?

(2) 垃圾堆体整形的要求有哪些? 在垃圾堆体整形过程中, 为防止火灾、爆炸等事故的发生, 需要采取哪些安全防护措施?

(3) 垃圾填埋场的封场过程中, 如何做好渗沥液的收集导排?

(4) 封场后填埋场的管理主要内容包括哪些?

(5) 填埋场生态恢复的工程措施包括哪些? 填埋场生态恢复后可作为什么用途?

参考文献

[1] 建标 140—2010 生活垃圾填埋场封场工程项目建设标准 [S]. 北京: 中国计划出版社, 2011.

[2] CJJ 112—2007 生活垃圾卫生填埋场封场技术规程 [S]. 北京: 中国建筑工业出版社, 2007.

[3] GB 50869—2013 生活垃圾卫生填埋技术规范 [S]. 北京: 中国建筑工业出版社, 2014.

[4] GB 16889—2008 生活垃圾填埋场污染控制标准 [S]. 北京: 中国环境科学出版社, 2008.

第8章 填埋场职业健康安全与环境管理

本章介绍了填埋场影响职业健康安全的因素和环境管理的主要内容，要求掌握职业安全保护和环境管理的手段。

8.1 职业健康安全与环境管理概述

8.1.1 概述

填埋场职业健康安全与环境管理是涉及两方面安全的管理，一是人的安全；二是环境的安全。前者主要是指填埋场工作人员的安全，后者还涉及填埋场外围居住人群的安全。

在生活垃圾填埋场中存在或产生各种化学的、物理的等有害因素，这些因素统称为职业病危害因素。在一定条件下，这些因素可对劳动者的身体健康产生不良影响，轻者可能影响健康，重者可能罹患职业病，甚至导致伤残或死亡。因此，填埋场劳动安全与职业卫生工作应坚持预防为主的方针和防治结合的原则，应采取有效措施，消除或减少危害工作人员安全和健康的因素，创造良好的劳动条件。

由于填埋垃圾的特性，即使按无害化建设标准建设的填埋场对周围环境依然存在着产生二次污染的潜在危险，这些污染来自填埋场的填埋物——生活垃圾，以及填埋过程的大气污染物、填埋气和渗沥液等方面。当填埋场封场后，在自然状态下这种潜在危险是长期的。填埋场的环境管理就是要从作业入手，对生产过程进行全程的质量管理和污染控制管理。

因此对于一个填埋场运营经理来说，应建立健全填埋场职业健康安全和环境管理制度，并贯穿于整个填埋场运营的各个环节中。同时，对国际上广泛应用的相应管理体系应有所了解。

8.1.2 管理体系标准的介绍

1. ISO 9001 的建立与实施 [1]

ISO 9001 质量管理体系是"在质量方面指挥和控制组织的管理体系"，是以实现质量为目标而建立的管理体系，适合希望改进运营和管理方式的任何组织。填埋场是一个系统，其作业质量涉及人员、财务、市场、安全等诸多因素，可以通过建立健全的管理体系来实现其质量目标，从而保证社会、经济与环境效益。当然，建立健全质量管理体系后，就要认真地实施，在实施过程中，对体系的完善性、有效性进行审视和补充。

ISO 9001 还可以与其他管理系统标准和规范（如 OHSAS 18001 职业健康安全管理体系和 ISO 14001 环境管理体系）兼容。它们可以通过"整合管理"进行无缝对接。

2. ISO 14001 的建立与实施

ISO 14001 环境管理体系是针对减少环境污染、节约资源、改善环境质量，促进可持续发展的管理系统。它的运作模式遵循了传统的 PDCA 管理模式：规划（PLAN）、实施（DO）、检查（CHECK）和改进（ACTION），即规划出管理活动要达到的目的和遵循的原则；在实施阶段实现目标并在实施过程中体现以上工作原则；检查和发现问题，及时采取纠正措施，以保证实施过程不会偏离原有目标与原则，实现过程与结果的改进提高。

填埋场每天处置生活垃圾，会给环境带来一定的影响，建立环境管理体系，可规范环境管理手段，以标准化工作强化污染控制，约束作业行为，达到污染预防、保护环境的目的。

3. OHSAS 18001 的建立与实施

OHSAS 18001 职业安全健康管理体系，是指以职业安全健康为目标以及实现这些目标所建立的一系列管理程序。这个管理体系运行模式的核心就是建立一个动态循环的管理过程，以持续改进的思想指导系统地实现既定的目标。填埋场建立职业健康安全管理体系有利于各类职业健康安全相关法律、法规、规范和制度的贯彻执行，使单位对职业健康安全管理由被动行为变成主动行为，自觉对员工进行系列安全培训，使每个员工都参与企业的职业健康安全工作。

4. 管理体系建立实例

杭州市天子岭废弃物处理总场从 2002 年开始导入 ISO 9001、ISO 14001、OHSAS 18001 三个管理体系，通过建立和保持一套系统化、程序化，并具有高度自我约束、自我完善的科学管理体系，对填埋场运行进行规范化的管理。他们制定了填埋场的方针、目标及安全、环境管理方案。其中，涉及 ISO 9001 的，主要有填埋场的设计和填埋作业工艺规范；涉及 ISO 14001 的，主要是填埋场重要环境因素的管理措施；涉及 OHSAS 18001 的，是填埋场危险源的识别、评价，对重大危险源的控制措施和管理手段。经过对三个管理体系的整合，制定了《垃圾填埋管理程序》、《甲烷气体（沼气）控制程序》、《油品、化学品和危险品管理程序》等 30 多个程序文件和《推土机工操作规范》、《库区沼气管连接作业指导书》、《重特大事故处置应急预案》等 40 多个作业指导书及一系列的记录、表格，为垃圾填埋场的安全运行提供了有力的保证。

8.2　职业健康安全管理

8.2.1　填埋场职业健康安全危害因素与存在环节

1. 粉尘 [2]

填埋场粉尘主要来源：运输车辆在带土的干路面上行驶；垃圾的倾倒、压实；干土的挖掘、运输、倾倒、压实；干燥天气较大风力时路面和填埋作业表面的粉尘。

2. 化学毒物类

（1）填埋气体

填埋气体主要通过微生物分解垃圾中的有机物而产生，产气量及其组成与被分解物的量及微生物种类等有关。好氧分解一般产生 CO_2 和 NH_3 等气体，厌氧条件下的分解产物是 CH_4、CO_2、H_2S 等气体。由于 CH_4 是易燃易爆气体，当聚集在填埋场内引起燃烧时，会点燃垃圾中的可燃物而造成污染。NH_3 和 H_2S 不仅是恶臭物质，而且对人体健康有害。

（2）臭气

臭气是由某些物质刺激人的嗅觉器官后，引起厌恶或不愉快的气体。有些还会引起呕吐，影响人体健康。城市生活垃圾是一个重要的臭气源，垃圾中散发出多种臭味物质，如硫化氢、吲哚类、硫醚类、脂肪酸类及氨气等。

3. 物理因素

（1）噪声

噪声源主要由作业机械（推土机、碾压机、挖掘机等）产生，此外还有交通噪声源，即日夜往返运输垃圾的车辆。噪声对场内作业人员会产生一定的侵害。

（2）高温

填埋场填埋机械操作人员在夏季高温下填埋作业，会对作业人员产生一定的危害。

4. 病原微生物污染

来自生活垃圾中的病原体（细菌、真菌及病毒）在填埋过程中有可能污染工作环境，给工作人员带来危害。

5. 其他

由于填埋场的劳动组织实行倒班制，工作环境较恶劣，易引起工人生活节律紊乱和职业性精神（心理）紧张等。

8.2.2　职业安全的防护措施

为了有效保障填埋场职工的职业健康安全，必须坚持预防为主的方针和防治结合的原则 [3]，重视生产安全，把安全工作和员工健康纳入填埋场管理主要议程，通过定期、不定期的例会，及时研究解决生产中主要的不安全因素，落实防范职业病、确保职工身体健康的措施。

填埋场应建立健全劳动安全与职业卫生管理面机制，其中包括：

1. 确定专（兼）职管理人员，管理填埋场的劳动安全卫生工作；

2. 对新招收的人员进行健康检查，凡患有职业禁忌症的，不得从事与该禁忌症相关的有害作业；

3. 加强职业病防治宣传教育，增强职工自我防护意识；

4. 坚持每年一次职工身体检查，建立健康档案；

5. 对于劳保用品实行统一管理和配备。根据各岗位作业的特点和需要，为作业人员配备工作服装与个人劳动防护用品、设备；

6. 改善填埋场工作条件和作业环境，定期组织全场安全隐患的排查工作；

7. 对填埋场的危害因素进行数据监控，实行填埋场安全和卫生的报告制度。

8.3　环境管理

环境管理是在环境保护实践中产生，并在实践中不断发展起来的一门学科[4]。环境管理广义地讲，是以环境科学理论为基础，运用行政、法律、经济、技术和教育手段，对人类的社会经济活动进行管理；狭义地说，是指一个具体的项目管理者为了实现预期的环境目标，对项目实施和发展过程中施加给环境的污染和破坏性影响进行调节和控制，以实现经济、社会和环境效益的统一。

8.3.1　填埋场环境管理的目标

填埋场的环境管理不是单一的填埋场环境保护，而是涉及填埋场各部门、各环节整体运营的管理。

填埋场环境管理的目标就是要实现生活垃圾的无害化处置。因此填埋场的运行不应对周围环境产生二次污染，必须控制对周边环境的影响不超出国家有关法律法规和现行标准允许的范围，符合当地环保行政主管部门对填埋场环境影响评价批复的要求，与当地的大气防护、水资源保护、环境生态保护及生态平衡要求相一致，确保不危害公共卫生。

按照《生活垃圾填埋场污染控制标准》GB 16889 和《生活垃圾卫生填埋技术规范》GB 50869 等规范标准的要求，填埋场运行的重点环节一般包括：垃圾进场卸载、填埋作业、雨污分流、渗沥液处理、填埋气收集利用、恶臭控制和病媒生物防治等，这也是填埋场环境管理的重要节点。

填埋场运营经理应根据填埋场环境管理目标，通过分析填埋场的现状、环境管理的差距和潜力，识别填埋场生产过程中的环境因素，确定环境管理的重点环节，把填埋场环境管理目标分解到各重点环节，提出具体目标，明确采取的控制措施，编制环境管理方案，明确各部门责任，并落实措施。

8.3.2　填埋场污染控制措施

污染控制是填埋场环境管理的重要组成部分，应从垃圾进场开始，包括了垃圾准入控制、填埋作业控制（包括作业区雨污分流措施）、渗沥液收集处理、填埋气体收集处理等等。

1. 垃圾准入控制

根据《生活垃圾填埋场污染控制标准》GB 16889 的规定，以下固体废物能进入生活垃圾填埋场进行填埋处置[5]。

（1）由环境卫生机构收集或者自行收集的混合生活垃圾，以及企事业单位产生的办公废物；

（2）生活垃圾焚烧炉渣（不包括焚烧飞灰）；

（3）生活垃圾堆肥处理产生的固态残余物；

（4）服装加工、食品加工以及其他城市生活服务行业产生的性质与生活垃圾相近的一般工业固体废物。

除此以外的其他固体废物，根据其特征在排除其属于危险废物或严控废物后，必须达到《生活垃圾填埋场污染控制标准》GB 16889 规定的条件，并得到当地环保部门的书面批准，填埋场行政主管部门的书面指示后，经填埋场检查复核后，方可进入填埋场进行填埋。

2. 填埋作业控制

填埋作业控制是指垃圾从进填埋场门口开始，到填埋完成的全过程控制。做好填埋场分区、分单元作业计划是控制填埋过程污染的一个重要手段。因为它考虑了垃圾进场的量和速率，卸料平台的位置和大小，运输车辆和进出路线，填埋面的宽度和堆体高度，堆体的雨污分流和边坡排水等因素。严格按计划作业是落实污染控制的重要措施。

在每天作业结束后，应对作业面进行覆盖，这是控制填埋场恶臭扩散、垃圾飞扬、病媒生物滋生的重要步骤。

3. 渗沥液收集处理

渗沥液是填埋场产生的最主要的污染物，也是填埋场对所在地区最重要的污染源。因此控制渗沥液污染的第一步是保证填埋堆体渗沥液的正常导排，可通过定期检测，掌握渗沥液导排系统的有效性。当防渗衬层上渗沥液的深度大于 30cm 时，应及时采取疏导措施，排除积存在堆体内的渗沥液。第二步是必须保证渗沥液处理设施正常运转，达标排放。

填埋场运营期间，还应定期对防渗层膜下水进行检测。当发现地下水水质有被污染的迹象时，应及时查找原因，采取补救措施，防止污染扩散。

4. 填埋气体收集处理

填埋气体主要由二氧化碳和甲烷组成，并含有恶臭气体成分，它不但具有危险性，同时也造成场区周边大气污染的重要因素之一。对填埋气的收集处理是控制填埋场污染的重要手段之一，也是填埋场实现节能减排的重要措施。应通过对填埋气导排管排放口的常规检测，掌握填埋气体的质量和数量，避免填埋作业面过量聚集填埋气。对于已设置填埋气体回收利用设施的，应通过各工作系统检测仪表监控，防止填埋气体的泄漏，并保证处理设施正常运行。

5. 场容场貌

由于填埋场特殊的工作对象和作业环境，尤其要注重整个场区场容场貌建设和环境卫生管理 [6]。

（1）填埋场大门应设置单位名称牌匾；入口处应设置进场须知公示牌和场区平面分布图。

（2）填埋场场界应设置完整的围墙或围网。

（3）填埋场应根据场内功能区域及道路、设施的分布，设置各类明显的指示标志和安全警示标志，包括道路指引、限速、禁火、禁烟等标志。

场区内道路应按规范设置交通标志和路灯，并保证设施完好，无污迹、无乱张贴；停车场应设有标志，并划有标准的停车线和行车走向。

（4）场区内的建、构筑物外墙应干净整洁、无污迹、无破损；生活、办公区等公共场所室内墙、地面整洁、无污迹、无臭味；道路路面应平整、无坑洼、无积水、无杂物。

（5）场区范围尽可能扩大绿化覆盖率，绿地植物栽培科学合理；除堆土区、正在开挖的施工区域以及垃圾面覆盖区外，应无黄土裸露。

（6）场区景观宜优美有特色，绿篱、草皮修剪整齐，路树种植整齐无缺株。

（7）场区范围（不包括垃圾作业面）无乱堆放垃圾，无乱搭建、乱开挖，无卫生死角，无鼠洞鼠迹，无蚊蝇滋生地。

（8）场内办公区应设置单位简介和宣传栏等。

（9）场区应设置车辆冲洗设施，垃圾运输车辆离场时必须冲洗干净，以保持车辆容貌整洁，避免造成二次污染。洗车水必须进入污水系统处理。

（10）场区道路每天应定时清扫和冲洗，保持路面清洁。

6. 病媒生物防治

填埋场的病媒生物防治主要是苍蝇、老鼠的灭杀[7]。

（1）灭蝇

填埋场填埋区的生活垃圾是苍蝇的主要滋生源，垃圾运输车运卸生活垃圾的过程，也将场外的苍蝇源源不断地带到填埋场。因此，垃圾卸下后应及时压实并正确进行覆盖，阻止苍蝇的滋生。目前很多填埋场采用 0.5mmHDPE 膜进行日覆盖，有效地控制了苍蝇滋生，是今后非药物灭蝇的一个方向。填埋区出现苍蝇滋生繁殖，就需要对垃圾面进行喷洒杀虫剂。

1）填埋场的苍蝇主要是家蝇，家蝇的生长繁殖受温度、湿度、光照及养分等因素的影响。灭蝇时应根据苍蝇的习性，选择合适的药物灭蝇时间。

2）灭蝇药物选择应尽量选用低毒高效药剂。杀虫剂各具特点，为增加药效，预防抗药性，减少毒性，降低成本，有时会将杀虫剂混合使用。在混合使用杀虫剂时，应选用有加成和增效作用的配方，避免有拮抗作用的配方。杀虫剂的使用在包装上都有标注，使用时要小心核对。

3）药物灭蝇的器械品种很多，有喷雾式消杀车、背负式喷雾消杀机、便携式烟雾消杀机等等，可根据填埋场的情况进行选择。

4）灭蝇作业应注意安全防护：①药物灭蝇的消杀作业必须避开填埋运行高峰期，不能在上风向喷洒杀虫剂，减少员工接触杀虫剂的机会；②消杀工作应由经过培训的专业人员进行，并应穿戴合适的防护服装和防毒面具；③作业期间不得饮食、抽烟，必须在工作结束后，清洗双手干净后方可进行。

（2）灭鼠

一般来说，老鼠会以外露的垃圾作为食物来源，每日覆盖和中期覆盖有助于减少鼠害。由于鼠害对填埋场的安全会产生潜在的影响，一旦发现应采取毒鼠灭鼠方法进行及时控制。也可委托专业消杀公司进行灭鼠。但应注意不可采用可能与填埋防渗层、渗沥液处理系统、填埋气体处理系统和覆盖层发生反应或对这些系统的性能有妨害的药剂或方法。

捕杀灭鼠可利用特制的捕鼠器械，如鼠夹、鼠笼进行捕杀。其优点是效果确实、简便易行、费用较省，缺点是同种捕鼠器械不宜在同一地区连续使用，工效较低。

毒饵灭鼠是将毒物加入食物、水、粉、糊中，使老鼠食入致死。这类毒物统称为毒饵灭鼠剂，主要是在鼠的胃肠道被吸收引起中毒，也称为胃毒剂或肠毒剂。

毒饵灭鼠的优点是效率较高，毒饵可同时大量使用，使鼠密度在短期内大幅下降。毒饵可成批配剂，投放方便，较经济。缺点是可能发生误食中毒，同时灭鼠剂存在的选择性，可能会使鼠产生耐药性。

8.4 填埋场环境监测与检测

填埋场环境监测与检测是填埋场进行环境污染控制的一个重要组成部分。填埋场环境监测是指根据国家环保部门污染控制相关规定，由获得国家认可委或省质监局认可的有检测资质的第三方检测机构定期进行的填埋场周边环境水、气、声和填埋场排放水的监督性检测。

填埋场检测指的是根据填埋场各生产单元的需要对各项工艺指标、生产安全指标以及填埋场污染控制指标进行的常规性化验分析，属于自控性检测。就技术层面来说，填埋场污染控制指标的自控性检测内容（指标）与环境监测大体上是一致的[7]，采用的方法、标准及仪器设备应是相同的。生产检测包括了垃圾特性、渗沥液处理过程工艺参数、填埋场排放水、填埋气体、堆体渗沥液水位、堆体沉降、苍蝇密度等等。

8.4.1 填埋场环境监测

填埋场建设完成，投入使用前应进行水、气、声、蝇类滋生等的本底测定，投入使用后应定期进行环境监测[3]。填埋场环境监测包括了大气污染物监测、填埋气体监测、渗沥液监测、填埋场外排水监测、地下水监测、噪声监测等[8]。

填埋场运营经理应根据当地环境保护主管部门对填埋场建设环境影响评价报告的批复，以及国家相关污染控制法规和标准的要求，制定填埋场年度的环境监测计划，并委托有资质的当地环境监测机构或第三方检测机构对填埋场进行环境监测。在委托监测时，应要求受托方检测机构提供国家认可或省质监局颁发的计量认证资质证（含附表）的复印件，用于存档备查。索要资质证附表的目的是为了了解受委托检测机构是否具备检测相关监测项目的能力。环境监测费用应纳入年度运营成本预算中。

环境监测报告在阅览后，应做好以下工作：①对监测报告中反映的不达标问题进行分析，提出处理意见和解决措施；②及时将监测报告归档，以备各类检查。

1. 大气污染物监测

（1）采样点设置应按 GB 16297—1996 标准要求布设，采样方法应按 HJ/T 194—2005 执行。

（2）采样频次每年监测 4 次，每季度 1 次。

（3）监测项目及分析方法见表 8-1。

大气污染物监测项目及分析方法　　　　　　表 8-1

序号	监测项目	分析方法	标准编号
1	臭气浓度	三点比较式奥袋法	GB/T 14675
2	硫化氢	气相色谱法	GB/T 14678
3	甲硫醇	气相色谱法	GB/T 14678
4	甲硫醚	气相色谱法	GB/T 14678
5	二甲二硫	气相色谱法	GB/T 14678
6	氨	次氯酸钠 - 水杨酸分光光度法	GB/T 14679
7	甲烷	气相色谱分析法	HJ/T 38
8	总悬浮颗粒物	重量法	GB/T 15432
9	氮氧化物	Saltzman 法	GB/T 15436

2. 填埋气体监测

（1）采样点应设置在填埋区和气体收集导排系统的排气口。采样方法按 HJ/T 194—2005 执行。

（2）采样频次应每 3 个月监测 1 次。

（3）监测项目：甲烷体积分数。

3. 渗沥液监测

（1）采样点应设在进入渗沥液处理设施入口和渗沥液处理设施的排放口。

（2）采样频次每月应监测 1 次。采样方法应按 HJ/T 91—2002 执行。

（3）监测项目及分析方法见表 8-2 。

渗沥液监测项目及分析方法　　　　　　表 8-2

序号	监测项目	分析方法	标准编号
1	悬浮物	重量法	GB/T 11901
2	化学需氧量	重铬酸盐法	GB/T 11914
3	五日生化需氧量	稀释与接种法	GB/T 7488
4	氨氮	纳氏试剂比色法	GB/T 7479
		蒸馏和滴定法	GB/T 7478
5	大肠菌值	多管发酵法	GB/T 7959

注：采用《水和废水监测分析方法》(第四版)，中国环境科学出版社，2002 年。

4. 填埋场外排水监测

（1）填埋场的场界总排放口须按照《排污口规范化整治技术要求（试行）》建设，设置符合 GB 15562.1—1995 要求的污水排放口标志。同时应按照《污染源自动监控管理办法》的规定，安装污染物排放自动监控设备，与环保部门的监控中心联网，并保证设备正常运行。

（2）外排水的定期采样监测，其监测采样点应设在填埋场场界总排放口。

（3）监测项目及分析方法见表 8-3 。

填埋场外排水监测项目及分析方法

表 8-3

序号	污染物项目	方法名称	标准编号
1	色度（稀释倍数）	水质 色度的测定	GB/T 11903
2	化学需氧量（COD_{Cr}）	水质 化学需氧量的测定 快速消解分光光度法	HJ/T 399
3	生化需氧量（BOD_5）	水质 生化需氧量的测定 微生物传感器快速测定法	HJ/T86
4	悬浮物	水质 悬浮物的测定 重量法	GB/T 19901
5	总氮	水质 总氮的测定 气相分子吸收光谱法	HJ/T 199
6	氨氮	水质 氨氮的测定 气相分子吸收光谱法	HJ/T 195
7	总磷	水质 总磷的测定 钼酸铵分子吸收光谱法	GB/T 11893
8	粪大肠菌群数	水质 粪大肠菌群数的测定 多管发酵法和滤膜法（试行）	HJ/T 347
9	总汞	水质 总汞的测定 冷原子吸收分光光度法	GB/T 7468
10	总镉	水质 总镉的测定 双硫腙分光光度法	GB/T 7471
11	总铬	水质 总铬的测定	GB/T 7466
12	六价铬	水质 六价铬的测定 二苯碳酰二肼分光光度法	GB/T 7467
13	总砷	水质 总砷的测定 二乙基二硫代氨基酸银分光光度法	GB/T 7485
14	总铅	水质 总铅的测定 双硫腙分光光度法	GB/T 7470

（4）采样频次：色度、化学需氧量、生化需氧量、悬浮物、总氮、氨氮、粪大肠菌群数每季度一次，其他指标每年一次。采样方法应按 HJ/T 91—2002 执行。

5. 地下水监测

（1）填埋场地下水监测采样点应至少布设 6 点：

本底井一眼：设在填埋场地下水流向上游 30 ～ 50m 处。

排水井一眼：设在填埋场地下水主管出口处。

污染扩散井二眼：设在地面水流向两侧各 30 ～ 50m 处。

污染监视井二眼：各设在填埋场地下水流向下游 30m 处、50m 处。

（2）采样频次

1）在填埋场投入运行前必须监测地下水本底水平。

2）运行期间每 3 个月监测一次。

（3）监测项目及分析方法

1）本底水平监测项目，应按照 GB/T 14848 的 4.2 表 1 中规定的项目。

2）运行期间地下水的监测项目及分析方法按表 8-4 执行。

地下水监测项目及分析方法　　　　　　　　　　　　　　　　表 8-4

序号	监测项目	分析方法	标准编号
1	pH 值	玻璃电极法	GB/T 6920
2	浊度	—	GB/T 13200
3	肉眼可见物	—	a
4	嗅、味	—	a
5	色度	—	GB/T 11903
6	高锰酸盐指数	酸性或碱性高锰酸钾氧化法	GB/T 11892
7	硫酸盐	重量法	GB/T 11899
		火焰原子吸收分光光度法	GB/T 13196
8	溶解性总固体	—	a
9	氯化物	硝酸银滴定法	GB/T 11896
10	钙和镁总量	EOTA 滴定法	GB/T 7477
11	挥发酚	蒸馏后 4- 氨基安替比林分光光度法	GB/T 7490
12	氨氮	纳氏试剂比色法	GB/T 7479
		蒸馏和滴定法	GB/T 7478
13	硝酸盐氮	酚二磺酸分光光度法	GB/T 7480
		麝香草酚分光光度法	GB/T5750.5
14	亚硝酸盐氮	分光光度法	GB/T 7493
15	总大肠菌群	多管发酵法	GB/T 5750.12
16	细菌总数	平皿计数法	GB/T 5750.12
17	铅	原子吸收分光光度法	GB/T 7475
		双硫腙分光光度法	GB/T 7470
18	铬（六价）	二苯碳酰二肼分光光度法	GB/T 7467
19	镉	原子吸收分光光度法	GB/T 7475
		双硫腙分光光度法	GB/T 7471
20	总汞	冷原子吸收分光光度法	GB/T 7468
21	总砷	二乙氨基二硫代甲酸银光度法	GB/T 7485

注：a 采用《水和废水监测分析方法》（第四版），中国环境科学出版社，2002 年

6. 噪声监测

填埋场噪声监测主要指厂界噪声的监测，应按 GB 12348—2008 规定执行。

8.4.2 填埋场检测

填埋场检测包括两大类，一类是可由填埋场化验室承担的项目，除上述自控监测项目外，还有气象条件（降雨量、风向）、垃圾特性、填埋区甲烷、渗沥液处理工艺参数、排放水质、膜下水、苍蝇密度等；另一类是涉及工程测量，如堆体内渗沥液水位、堆体沉降、边坡稳定性检测等，属填埋场岩土工程安全监测。

1. 化验室检测

（1）化验室基本要求

1）化验室必须建立健全质量管理体系，采用的采样、测试方法仪器设备、试剂、标准物质等应符合国家现行相关标准的规定。

2）化验室内各种仪器、设备、试剂和样品应分门别类摆放整齐，设置明显标志，并应按规定进行日常维护，定期校验。

3）化验员必须持证上岗。化验分析报告应有化验员签名确认，并按年、月、日逐一分类整理归档。

（2）垃圾特性检测

1）采样方法：应采集当日收运到垃圾处理场垃圾车中的垃圾，在间隔的每辆车内或在其卸下的垃圾堆中采用立体对角线法在四个等距点采等量垃圾共20kg以上，最少采5车，总共 100 ～ 200kg。

2）采样频次：每季度应检测 1 次，每次连续 3 天。

3）垃圾容重的测定（在采样现场进行）：上述 100 ～ 200kg 样品重复 2 ～ 4 次放满标准容器（容积 100L 的硬质塑料圆桶），稍加振动但不得压实。分别称量各次样品重量，结果的表示按照 CJ/T 313—2009 规定执行。

4）垃圾物理成分分析按照 CJ/T 313—2009 规定执行。垃圾成分测定见表 8-5。

垃圾成分测定 表 8-5

类别	有机类					无机类				有毒有害类	其他类
	厨余	草木竹	纸类	塑料橡胶	纺织物	玻璃	金属	砖瓦陶瓷	灰土	纽扣电池、灯管等	

注：将粗分拣后剩余的样品充分过筛（孔径为 10mm 的网目），筛上物细分拣各成分，筛下物按其主要成分分类，确实分类困难的为其他类

5）含水率的测定，按照 CJ/T 313—2009 规定的测定方法执行。

（3）渗沥液处理工艺参数检测

1）渗沥液从进入调节池至处理后外排，应进行流量、色度、pH 值、化学需氧量、生化需氧量、悬浮物、氨氮、总氮、大肠菌值等的检测。

2）检测方法按现行国家相关标准进行。

3）处理工艺参数检测的频率可根据生产工艺的要求而定，但每月应不少于 1 次。连续外排放水应每天不少于 1 次。

（4）甲烷气体检测

1）填埋场应每天进行一次填埋区、填埋区构筑物、填埋气体排放口的甲烷浓度检测。

2）甲烷的每日检测可采用符合现行国家标准《便携式热催化甲烷检测报警仪》GB 13486—2000 要求或具有相同效果的便携式甲烷测定器进行测定。

（5）膜下水检测

膜下水指的是填埋库区防渗层底下导出的地下水，膜下水检测的目的是检查填埋库区防渗层是否出现破损。

1）膜下水采样点设在库区防渗层地下水导排管出口处。

2）采样频次宜每周一次。

3）检测项目主要包括 pH 值、高锰酸盐指数、氯化物、氨氮等，可参照地下水监测项目和分析方法。

（6）噪声检测

噪声检测主要是针对填埋场内可能对职工健康产生影响的噪声进行检测。其检测方法参照 GB 12348—2008。

（7）苍蝇密度检测

1）检测点根据填埋作业区面积及特征确定，填埋区位置应设在作业面、临时覆土面等，数量一般不少于 10 点，宜每隔 30 ～ 50m 设一点。每个监测点上放置诱蝇笼诱取苍蝇。

2）根据气候特征，在苍蝇活跃季节每月应监测 2 次。

3）苍蝇密度检测应在晴天时进行。采样方法是日出时将装好诱饵的诱蝇笼放在采样点上诱蝇，日落时收笼，用杀虫剂杀灭活蝇，一并计数。

4）苍蝇密度计算：将采集的苍蝇以每笼计数，单位：只 /（笼·d）。

2. 填埋场岩土工程安全监测

堆体内渗沥液水位、堆体位移、堆体沉降等属于填埋场岩土工程安全监测的范围，根据这些测试数据可进行堆体稳定的定性分析和边坡稳定性的测算[9]。

（1）堆体内渗沥液水位监测

堆体内渗沥液水位主要包括渗沥液导排层水头、垃圾堆体主水位。

1）渗沥液水位监测方法：

①渗沥液导排层水头监测宜在导排层埋设水平水位管，采用剖面沉降仪与水位计联合测定的测试方法；

②当堆体内无滞水位时，宜埋设竖向水位管采用水位计测量垃圾堆体主水位；当垃圾堆体内存在滞水位时，宜埋设分层竖向水位管，应采用水位计测量主水位。

2）监测点布设

①渗沥液导排层水头监测点在每个排水单元应至少布设两个，宜布设在每个排水单元

最大坡度方向的中间位置；

②渗沥液主水位应沿垃圾堆体边坡走向布置监测点，平面间距 30 ～ 60m，应保证管底离衬垫系统不应小于 5m，总数不宜少于 3 个；分层竖向水位管底部宜埋至隔水层上方，各支管之间应密闭隔绝。

可通过水位观察井预设水位计测量。

3）监测频率

渗沥液水位监测应每月 1 次。

当垃圾堆体水位接近警戒水位时应提高监测频率，并采取相关应急措施。

（2）堆体水平位移监测

垃圾堆体位移监测包括表面水平位移和深层水平位移的监测。一般常规主要测量表面水平位移，当渗沥液水位超过警戒水位或垃圾堆体出现失稳征兆时，宜增加深层水平位移监测。

1）监测方法

①表面水平位移应设置标志点，采用测量平面坐标的方法监测。

②垃圾堆体深层水平位移通过在堆体中埋设测斜管，采用测斜仪测量。测斜管地下埋设深度应足够深，且应保证管底离衬垫系统不应小于 5m。

2）监测点布设

①表面水平位移工作基点宜设在边坡附近、边坡变形影响的范围之外，且不受外界干扰、交通方便的部位。

监测点宜结合作业分区呈网格状布置，随垃圾堆体填埋高度发展逐步设置，平面间距为 30 ～ 60m，在不稳定区域应适当加密。

②深层水平位移监测点可沿垃圾堆体边坡倾向布置，间距为 30 ～ 60m，总监测点数不宜少于 2 个。

3）监测频率

堆体水平位移监测应每月 1 次。

4）注意事项

①表面水平位移监测的警戒值为连续两天的位移速率超过 10mm/d。

②当垃圾堆体出现失稳征兆时，应在失稳区域设置监测点，点数可根据边坡具体情况确定。

（3）垃圾堆体沉降监测

垃圾堆体沉降包括堆体表面沉降、软弱地基沉降、中间衬垫系统沉降等，其监测可参考《建筑变形测量规程》JCJ 8—2007。

1）监测方法要求

①垃圾堆体表面沉降应设置标志点，通过测量标志点的高程监测。

②软弱地基沉降和中间衬垫系统沉降应埋设沉降管或沉降板，通过测量沉降管沿线或沉降板的高程监测。

2）监测点布设要求

①地表沉降监测点宜布置成网格状，平面间距宜为 30～60m，不均匀沉降大的区域宜适当加密。

②软弱地基沉降和中间衬垫系统监测的沉降管可沿垃圾堆体主剖面方向布置，长度不宜小于 100m；若采用沉降板，间距宜为 50～80m。

本章执笔人：郑曼英、刘瑞雯；校审：郑曼英

思考题

（1）填埋场职业健康危害因素有哪些？

（2）填埋场职工的劳动保护措施有哪些？（答出三点即可）

（3）什么是环境管理？填埋场环境管理的目标是什么？

（4）填埋场环境监测与填埋场检测有什么区别？

（5）为什么填埋场要定期检测膜下水？

（6）填埋场岩土工程安全监测主要有几项？

参考文献

[1] 上海老港废弃物处置有限公司 . 城市生活垃圾卫生填埋实务 [M]. 北京：中国劳动社会保障出版社，2005.

[2] 吉崇喆 . 垃圾卫生填埋场职业病危害因素识别与防护措施 [J]. 环境卫生工程，2009，S1.

[3] CJJ 93—2011 生活垃圾卫生填埋场运行维护技术规程 [S]. 北京：中国建筑工业出版社，2011.

[4] 曲向荣 . 环境保护与可持续发展 [M]. 北京：清华大学出版社，2010.

[5] GB 16889—2008 生活垃圾填埋场污染控制标准 [S]. 北京：中国环境科学出版社.

[6] 广东省建设厅 . 广东省生活垃圾填埋场运营管理指引 [M]. 广东：广东省建设厅，2006.

[7] 建设部人事教育司，建设部科学技术司，建设部科技发展促进中心 . 城市生活垃圾卫生填埋处理技术 [M]. 北京：中国建筑工业出版社，2004.

[8] GB/T 18772—2008 生活垃圾卫生填埋场环境监测技术要求 [S]. 北京：中国标准出版社，2008.

[9] CJJ 176—2012 生活垃圾卫生填埋场岩土工程技术规范 [S]. 北京：中国建筑工业出版社，2012.

第9章 填埋场运营成本控制

本章主要阐述了垃圾填埋场运营成本的基本理论和基本知识，垃圾填埋场的成本构成和成本核算方法，以及成本控制的内容、方法、措施。通过学习要求了解垃圾填埋场成本费用的内容和作用，明确降低成本费用的基本途径和管理的基本要求，掌握垃圾填埋场成本计划、成本控制的基本方法。

一般的成本构成包括产品投产前的成本、生产过程中的成本和流通过程中的成本。垃圾填埋场的运营具有其特殊性，它不包含产品流通过程中产生的成本，因此本章在介绍运营成本及成本控制 的各种要点时，仅针对成本管理中与垃圾填埋场运营过程中有关成本控制的内容进行讨论。

9.1 运营成本控制概述

9.1.1 运营成本的基本概念

运营成本是企业为生产产品或提供劳务而发生的各项生产费用，包括各项直接支出和制造费用[1]。直接支出包括直接材料、直接工资、其他直接支出；制造费用是指企业内的分厂、车间为组织和管理生产所发生的各项费用，包括分厂、车间管理人员工资、折旧费、维修费、修理费及其他制造费用。

生活垃圾填埋处理成本是指生活垃圾填埋场在实现垃圾无害化处理过程中产生的费用[2]。包括直接材料费、能耗费、渗滤液处理费、沼气利用处理费、检修维护费、检测费、临时工程、大修费、财务费用、工资福利、管理费、折旧费等。

9.1.2 成本控制的基本概念

成本控制，是企业根据一定时期预先建立的成本管理目标，由成本控制主体在其职权范围内，在生产耗费发生以前和成本控制过程中，对各种影响成本的因素和条件采取的一系列预防和调节措施，以保证成本管理目标实现的管理行为。

成本控制的过程是运用系统工程的原理对企业在生产经营过程中发生的各种耗费进行计算、调节和监督的过程，同时也是一个发现薄弱环节、挖掘内部潜力、寻找一切可能降低成本途径的过程。科学地组织实施成本控制，可以促进企业改善经营管理，转变经营机制，全面提高企业素质。

成本控制是成本管理的一部分,致力于满足成本要求(CCA2101:2005 第 2.5.10 条)[①]。满足成本要求主要是指满足顾客、最高管理者、相关方以及法律法规等对组织的成本要求。生产过程成本控制的对象是成本发生的过程,包括:设计过程、采购过程、生产管理过程、后勤保障过程等所发生的成本控制。成本控制的结果应能使被控制的成本达到规定的要求。为使成本控制达到规定的、预期的成本要求,就必须采取适宜的和有效的措施,包括:作业、成本工程和成本管理技术和方法。如 VE 价值工程、IE 工业工程、ABC 作业成本法、ABM 作业成本管理、SC 标准成本法、目标成本法、CD 降低成本法、CVP 本 - 量 - 利分析、SCM 战略成本管理、质量成本管理、环境成本管理、存货管理、成本预警、动量工程、成本控制方案等等。

生活垃圾填埋场的成本控制除对各项材料成本、部门成本、环境成本、管理成本、处理成本等采用以上科学成本控制外,还应不断提高填埋场作业的环境控制水平,采取填埋作业方式的优化、雨污分流、垃圾填埋规划、量化指标控制、环境达标控制等有效措施控制成本。

9.1.3 成本控制的目的

开展成本控制活动的目的就是防止资源的浪费,使成本降到尽可能低的水平,并保持已降低的成本水平。垃圾填埋场成本控制的目的是通过成本控制的各种方法,在垃圾填埋作业、渗滤液处理、封场、填埋气体收集和利用、地表水和地下水收集、虫害控制和环境保护等各个环节中使成本降到尽可能低的水平,并保持这个水平。

9.1.4 成本控制的一般做法

成本控制反对"秋后算账"和"死后验尸"的做法,提倡预先控制和过程控制。因此,成本控制必须遵循预先控制和过程方法的原则,并在成本发生之前或在发生的过程中去考虑和研究为什么要发生这项成本? 应不应该发生? 应该发生多少? 应该由谁来发生? 应该在什么地方发生? 是否必要? 决定后应对过程活动进行监视、测量、分析和改进。成本控制应是全面控制的概念,包括全员参与和全过程控制。成本控制和成本保证的某些活动是相互关联的。

生活垃圾填埋场成本控制的一般做法:

1. 制定年度填埋计划和年度经费预算;

2. 制定成本控制管理制度;

3. 制定并审批采购管理制度;

4. 建立运营项目的合格供应商库,并执行合格供应商年审制度;

5. 制定并执行年度物资和服务采购计划。采购的形式有:多家询价比价、邀标、公开招标、单一来源采购、紧急采购等方式,同时需经各相关部门审核后,才能采购;

---

① CCA中国成本协会发布的CCA2101:2005《成本管理体系术语》标准中第2.5.10条成本控制的概念

6. 定期审计采购工作的执行情况。

9.1.5 成本控制的意义

1. 成本控制是成本管理的重要手段

成本管理包括成本的预测、决策、计划、控制、核算和分析等环节，在这些环节中，成本的预测、决策和计划为成本控制提供了依据。而成本控制既要保证成本目标的实现，同时还要渗透到成本预测、决策和计划之中。现代化成本管理中的成本控制，着眼于成本形成的全过程。

2. 成本控制是推动企业不断发展的动力

填埋场的生产经营活动和管理水平对生活垃圾处理成本水平有直接影响。实行成本控制，要求建立相应的控制标准和控制制度，如材料消耗定额和奖罚制度，工时定额、费用定额等都应该及时制定和修订，并加强各项管理工作，以保证成本控制的有效进行。

3. 成本控制是建立健全企业内部经济责任制的重要条件

填埋场内部经济责任制是实行成本控制的重要保证。实行成本控制，首先需要成本指标层层分解落实到填埋场的各个部门和各个环节。要求各部门、各环节对经济指标承担经济责任，以促使职工主动考虑节约消耗、降低成本、以保证成本指标的完成，使成本控制顺利进行，收到实效。

9.2 运营成本的构成与核算

9.2.1 运营成本的构成

运营成本也称经营成本，指企业从事主要业务活动而发生的成本。生活垃圾卫生填埋处理成本指生活垃圾处理场在生活垃圾填埋处理过程中发生的费用 [3]。不同规模的生活垃圾填埋场，其生活垃圾填埋处理成本（不含收运成本）构成有着一定的区别，但其主要成本包括以下几项：

1. 直接材料费：在生活垃圾填埋处理过程中耗用的各种材料、药品、低值易耗品费用。包括：覆盖用土（膜）、沙包、护坡用土、沼气导排井及渗沥液收集管线、填埋区临时道路用石料、建筑渣土、防飞散网、消杀除臭药剂、化验药剂等。

2. 能耗费：在生活垃圾填埋处理过程中耗用的水、电、油料费用。

3. 渗滤液处理费：指对垃圾渗滤液进行外运处理或进行深度处理达标排放所发生的费用。

4. 沼气利用及处理费用：生活垃圾填埋处理过程产生的沼气，经收集后加以利用过程中产生的费用。

5. 检修维护费：指对建（构）筑物、设备、设施等日常检修维护实际发生的费用。

6. 大修费：指为设备大修预提的费用。

参考计算方法：修理费 = 设备费合计 × 修理费提存率

修理费提存率的确定：设备基本国产的按规定取 2.4%，适量进口的按 2.2% 计取。

7. 财务费用：指生活垃圾填埋场长、短期贷款发生的利息支出。

8. 工资福利：生活垃圾填埋场生产工人、管理人员的工资及福利费。

9. 管理费用：职工培训费、办公费等。

10. 折旧费：指企业提取的固定资产折旧额；折旧率按相关财务规定分类计取（对于政府投资，事业单位运营的填埋场不计此项费用）。

11. 临时工程：指在垃圾填埋作业过程为使填埋作业顺利进行及环境控制所开展的外包零星工程。包括：沼气井及管道、临时道路、中间覆盖、绿化及其他等。

12. 检测费：是指垃圾填埋过程产生的水、气、声的外检监测费用和生产自控检测费用。

案例一：下面以一个 600t/d 生活垃圾填埋处理场为例，计算垃圾填埋处理的单吨处理成本。具体计算方法按照生产成本、管理费用、税费、利润四大类计算（不含渗滤液处理成本），见表 9-1。

某 600t/d 生活垃圾填埋处理场运行成本费用　　表 9-1

序号	项目明细	测算金额（年）	单价（元/t）	比重（%）	说明
一	生产成本	4,472,064.40	18.85	80.26%	含外购原材料、人工、设备维修、车辆购置、潜污泵、空调等，不含渗滤液处理成本
二	管理费用	350,000.00	1.48	6.28%	含劳动保护费、办公费、差旅费、业务招待费、消防治安费、环境监测费、车辆使用费、租赁费、保险费等
三	税费	192,716.34	0.81	3.46%	印花税、防洪税、所得税
四	净利润	557,197.86	2.35	10.00%	按 10% 计提
	合计	5,571,978.60	23.49	100.00%	

案例二：下面以一个 1300t/d 生活垃圾填埋处理场为例，本项目接手前政府已投入资金改造 HDPE 膜覆盖，渗滤液处理采用双级 DTRO 工艺，填埋气采用燃烧处理。计算垃圾填埋处理的每吨处理成本。具体方法按照直接材料费、能耗费、渗滤液处理费、填埋气体利用及处理费、检修维护费、机械租用费、财务费、工资福利、折旧费、其他费用 10 类计算，见表 9-2。

某 1300t/d 生活垃圾填埋处理场运行成本费用　　　　表 9-2

成本项目	耗用项目	价格（以元计）	成本费用（元/t）
直接材料费	进场道路和倾卸平台用土	40272	0.8
	编织袋 +PE 袋	40000	0.08
	护坡用土		
	沼气导排井	170000	0.34
	填埋区临时道路用毛石、废混凝土块（含运费）	280000	0.56
	消杀除臭药剂	45000	0.09
	化验试剂（包在渗滤液处理费）		
能耗费	水电费	246813	0.49
	燃料费	820800	1.51
	辅助油费		
渗滤液处理费		4223050	8.38
填埋气体利用及处理费用		50000	
检修维护费（包括大修）		480000	0.95
机械租用费		720000	1.43
财务费用		1325839	2.63
工资福利		2480000	4.92
其他费用		190000	
折旧费		200000	0.4
单位总成本		11311774	22.46
单位经营成本			

9.2.2　运营成本的核算

运营成本核算是指生产、运营和提供劳务活动的运营单位，对其发生的运营费用进行审核和控制，并运用一定的方法，最终计算出该成本计算对象（运营单位）运营成本的核算过程。

1. 成本核算的意义

进行成本核算，是生活垃圾填埋场成本管理的基础。正确运用成本核算方法，对于加强成本管理，全面促进生活垃圾填埋场实行经济核算制，不断改进生产经营管理，争取最优的经济效果，具有重要意义。

通过成本核算，可以为正确评价成本计划执行实际成果，分析成本升降原因，挖掘节约劳动耗费，降低成本潜力，提供重要的参考依据；可以为及时、有效地监督和控制生活垃圾处理过程中的各项费用支出，争取达到或超过预期成本目标，提供重要的数据资料；可以为进行成本预测，规划下期成本水平和成本目标，提供重要的理论依据。

2. 运营成本核算的要求

（1）正确划分应计入和不应计入生产经营成本界限；

（2）正确划分各期产品成本和期间费用的界限；

（3）正确划分各会计期成本的界限；

（4）正确划分不同成本计算对象的界限；

（5）正确划分完工产品和未完工产品成本界限。

除上述原则外，还应当严格遵守国家规定的成本开支范围，加强成本核算的基础工作，严格遵守成本核算程序，适当合理地选择成本计算方法和费用的分配方法，系统地制定成本核算制度，统一管理成本核算工作。只有这样，才能真实、正确、及时地计算成本，为提高企业运营管理水平做出应有的贡献。

3. 经营成本核算的程序

成本核算程序是指经营单位结合本企业特点和管理要求，运用一定的成本计算方法，制定本单位成本核算的步骤和方法而形成的成本核算过程。

（1）垃圾填埋场的核算程序

1）建立仓库材料进、出、存明细表；

2）合理归集材料成本、人工成本、管理费用。

（2）垃圾填埋场各项运营成本的核算方法

按照权责发生制，按月归集发生运营成本。

9.3　运营成本控制的内容、方法、措施

9.3.1　运营成本控制的内容

成本控制的内容非常广泛，但是，这并不意味着事无巨细地平均使用力量，成本控制应该有计划有重点地区别对待。各行各业不同企业有不同的控制重点。控制内容一般可以从成本形成过程和成本费用分类两个角度加以考虑，垃圾填埋场运营成本控制一般从成本费用构成进行分解，包括：

1. 原材料成本控制

原料成本占总成本的比重在各行业中均不相同，如在制造业中原材料费用占了总成本的很大比重，一般在 60% 以上，高的可达 90%，是成本控制的主要对象。在垃圾填埋场填埋处理中也占了 25% 左右。影响原材料成本的因素有采购、库存费用、生产消耗、回收利用等，所以控制活动可从采购、库存管理和消耗三个环节着手。

2. 工资费用控制

工资在填埋场运营成本中占有较大的比重，达总成本的12%，增加工资又被认为是不可逆转的。控制工资与效益同步增长，减少工资的比重，对于降低成本有重要意义。控制工资成本的关键在于提高劳动生产率，它与劳动定额、工时消耗、工时利用率、工作效率、工人出勤率等因素有关。

3. 处理过程费用控制

处理费用开支专项很多，主要包括折旧费、修理费、辅助生产费用、车间管理人员工资等，在垃圾填埋场作业中，处理过程费用主要控制的项目在修理费和辅助生产费用。虽然它在成本中所占比重不大，但因不引人注意，浪费现象十分普遍，是不可忽视的一项内容。

4. 管理费控制

管理费是指为管理和组织生产所发生的各项费用，开支专案非常多，也是成本控制中不可忽视的内容。

上述这些都是绝对量的控制，即在产量固定的假设条件下使各种成本开支得到控制。在现实系统中还要达到控制单位成品成本的目标。

通过运营成本核算进行成本控制，就是以成本费用构成划分成本的。本章的垃圾填埋场运营成本控制主要也是按照这种划分方式确定各项成本，从而进行控制的。

9.3.2 运营成本控制的方法

成本控制方法是指完成成本控制任务和达到成本控制目的的手段。对于成本控制方法，是多种多样的，不同的阶段，不同的问题，所采用的方法就不一样，即使同一个阶段，对于不同的控制对象，或出于不同的管理要求，其控制方法也不尽相同。因此，对于一个企业来说，具体选用什么方法，应视本单位的实际情况而定，必要时还可以设计出一个适合自己需要的特殊方法。

1. 成本控制方法的选择

选择成本控制方法首先需要了解成本的特性与分类，通常可从以下三个方面考虑：

（1）成本发生的变动性与固定性

变动成本随产量的变动而变化，固定成本则不受产量因素的影响。

（2）成本对产品的直接性和间接性

直接生产成本与产品生产直接相关，间接生产成本则相关性并不明显。

（3）成本的可控性和不可控性

可控成本与不可控成本随时间、条件的变化而发生相互转化。

2. 成本控制方法

根据成本的特性与分类确定了各项成本的归属后，可以采用以下的方法进行成本控制。对于变动成本如直接材料、直接人工，可采取按消耗定额和工时定额进行控制的方法。对于固定成本如固定制造费用，则可采取按计划或预算进行控制的方法。

成本控制的方法有：

（1）绝对成本控制：绝对成本控制是把成本支出控制在一个绝对金额中的一种成本控制方法。标准成本和预算控制是绝对成本控制的主要方法。

（2）相对成本控制：相对成本控制是指企业为了增加利润，要从产量、成本和收入三者的关系来控制成本的方法。实行这种成本控制，一方面可以了解企业在多大的销量下收入与成本的平衡；另一方面可以知道当企业的销量达到多少时，企业的利润最高。所以相对成本控制是一种更行之有效的方法，它不仅是基于实时实地的管理思想，更是从前瞻性的角度，服务于企业战略发展的管理来实现成本控制。

（3）全面成本控制：全面成本控制是指对企业生产经营所有过程中发生的全部成本、成本形成中的全过程、企业内所有员工参与的成本控制。企业应围绕财富最大化这一目标，根据自身的具体实际和特点，建立管理信息系统和成本控制模式，确定以成本控制方法、管理重点、组织结构、管理风格、奖惩办法等相结合的全面成本控制体系，实施目标管理与科学管理结合的全面成本控制制度。

（4）定额法：定额法是以事先制定的产品定额成本为标准，在生产费用发生时，就及时提供实际发生的费用脱离定额耗费的差异额，让管理者及时采取措施，控制生产费用的发生额，并且根据定额和差异额计算产品实际成本的一种成本计算和控制的方法。

（5）成本控制即时化：成本控制即时化，就是通过现场施工管理人员每天下班前记录当天发生的人工、材料、机械使用数量与工程完成数量，经过项目经理或者交接班人员的抽检合格，经过计算机软件的比较分析得出成本指标是否实现及其原因的成本管理方法。

（6）标准成本法：标准成本法是西方管理会计的重要组成部分，是指以预先制定的标准成本为基础，用标准成本与实际成本进行比较，核算和分析成本差异的一种产品成本计算方法，也是加强成本控制、评价经济业绩的一种成本控制制度。

（7）经济采购批量：经济采购批量，它是指在一定时期内进货总量不变的条件下，使采购费用和储存费用总和最小的采购批量。

（8）本、量、利分析法：本、量、利分析法是在成本性态分析和变动成本法的基础上发展起来的，主要研究成本、销售数量、价格和利润之间数量关系的方法。它是企业进行预测、决策、计划和控制等经营活动的重要工具，也是管理会计的一项基础内容。

（9）线性规划法：线性规划法是在第二次世界大战中发展起来的一种重要的数量方法，线性规划方法是企业进行总产量计划时常用的一种定量方法。线性规划是运筹学的一个最重要的分支，理论上最完善，实际应用得最广泛。主要用于研究有限资源的最佳分配问题，即如何对有限的资源做出最佳方式调配和最有利使用，以便最充分地发挥资源的效能去获取最佳的经济效益。

（10）价值工程法：指的是通过集体智慧和有组织的活动对产品或服务进行功能分析，使目标以最低的总成本（寿命周期成本），可靠地实现产品或服务的必要功能，从而提高产品或服务的价值。

（11）成本企划：成本企划是流行于日本企业的一种成本管理模式，其实质是成本的前馈控制，它不同于传统的成本反馈控制，即先确定一定的方法和步骤，根据实际结果偏离目标值的情况和外部环境变化采取相应的对策，调整先前的方法和步骤，而是针对未来的必达目标，据此对目前的方法与步骤进行弹性调整，因而是一种先导性和预防性的控制方式。

（12）目标成本法："目标成本法"是日本制造业创立的成本管理方法，目标成本法以给定的竞争价格为基础决定产品的成本，以保证实现预期的利润。即首先确定客户会为产品／服务付多少钱，然后再回过头来设计能够产生期望利润水平的产品／服务和运营流程。

3. 垃圾填埋场常用的运营成本控制方法

通过上面的介绍，不同规模的生活垃圾填埋场，其生活垃圾填埋处理成本（不含收运成本）构成有着一定的区别，但主要成本只包括直接材料费、能耗费、渗滤液处理费、沼气利用及处理费用、检修维护费、大修费、财务费用、工资福利、折旧费、其他费用等。各项费用组成的比例见表9-3。

各项费用组成的比例 表9-3

费用名称	所占比例（%）
原材料成本	25
工资费用成本	12
维修费用	7
折旧费用	40
财务费用	5
管理费用及其他	11

（1）垃圾填埋场运营成本组成

1）原材料成本：直接材料费、能耗费；

2）工资费用成本：工资福利；

3）处理直接费用成本：渗滤液处理费、沼气利用处理、检修维护费、大修费、折旧费；

4）企业管理费成本：财务费用、其他费用。

（2）控制重点

1）原材料采购成本

除小额零星物资或服务外，采购业务应当集中，避免多头采购或分散采购，以提高采购业务效率，降低采购成本，堵塞管理漏洞。对办理采购业务的人员定期进行岗位轮换。重要的和技术性较强的采购业务，应当组织相关专家进行论证，实行集体决策和审批。出现市场变化必须及时向决策部门反馈信息，及时采取应对措施。与供应商订立合同与供货协议，必须由审计部门监督，在保证产品质量需要的前提下，采购环节重点控制的是采购价格，因为采购环节价格稍高一点点，就会造成成本降低的巨大压力，价格谈判是关键环节，必须集中企业智慧，并且选用谈判高手。采购合同还必须约定安全、节约的运输方式，并办好货物运输保险事宜。建立严格的采购验收制度，确定检验方式，由专门的验收机构或验收人员对采购项目的品种、规格、数量、质量等相关内容进行验收，出具验收证明。涉及大宗、新物资或特殊物资采购的，还应进行专业测试。验收过程中发现的异常情况，负责验收的机构或人员应当立即向有权管理的相关机构报告，相关机构应当查明原因并及时处理。加强物资采购供应过程的管理，依据采购合同中确定的主要条款跟踪合同履行情况，对有可能影响生产或工程进度的异常情况，应出具书面报告并及时提出解决方案。做好采购业务各环节的记录，实行全过程的采购登记制度或信息化管理，确保采购过程的可追溯性。

2）在垃圾填埋场运营达到国家相关规范的前提下，日常运营中要控制运营成本。

一般来讲，垃圾填埋场需要达到的标准级别越高，运营成本也相应越高。但是，从事垃圾填埋工作毕竟是环保行业，不仅仅要考虑经济效益、成本控制，更重要的是注重环保效益和社会效益。如果环境效益和社会效益得不到满足，成本再低也没有任何意义。因此，垃圾填埋场的成本控制最终应该是在满足环保效益和社会效益的前提下，垃圾填埋作业过程中产生的最低费用。

本章执笔人：李婕、杨一清、谢永生；校审：陈伟雄

思考题

（1）城市生活垃圾填埋处理成本有哪些？它们各自适合哪种成本核算方法？

（2）垃圾填埋场成本控制的一般做法有哪些？

（3）控制成本对垃圾填埋场的运营管理有什么意义？

（4）垃圾填埋场的控制重点是什么？如何控制？

参考文献

[1] 杜晓荣，陆庆春，张颖. 成本控制与管理（现代经济与管理类规划教材）[M]. 北京：清华大学出版社·北京交通大学出版社，2007.

[2] CJJ 93—2011 生活垃圾卫生填埋场运行维护技术规程 [S]. 北京：中国建筑工业出版社，2011.

[3] 河南省住房和城乡建设厅. 河南省城市生活垃圾卫生填埋处理运营成本核算办法（试行），豫建城 [2009]31 号.

第10章　填埋场运营风险管理

本章首先通过介绍风险管理相关理论，使培训人员对风险管理有较系统的认识后，再重点介绍填埋场运营风险管理相关内容，重点为识别填埋场运营主要风险及常见事故类型，并提出相应防范措施。

10.1　风险管理概述

本节介绍风险管理的相关理论，包括风险定义、属性，风险管理定义、主要任务及基本程序及内容等。

10.1.1　风险

1. 定义

"风险"一词在字典中的定义是："生命与财产损失或损伤的可能性"，也有人将风险定义为："用事故可能性与损失或损伤的幅度来表达的经济损失与人员伤害的度量"[1]。

用公式表示，即用风险值 R 表征，其定义为事故发生概率 P 与事故造成的环境（或健康）后果 C 的乘积：

$$R[\,危害/单位时间\,]=P[\,事故/单位时间\,]\times C[\,危害/事故\,]$$

2. 属性

风险具有客观性、不确定性、危害性及相对性。

客观性：风险是普遍客观存在的，它广泛存在于生活中的方方面面，存在于客观事件发展变化的整个过程之中；

不确定性：指我们无法准确预料风险是否会发生，以及风险发生的时间、地点、强度等，也可称为风险事件的随机性；

危害性：指一旦风险事件发生，会对风险承受者带来伤害，承受者可以是人身健康、经济财产、生态系统等；

相对性：指由于承受者承受能力的不同，对于同样的风险，其受伤害的程度不同。

3. 分类

风险因素多种多样，为便于风险分析与评价，首先要将风险按一定标准进行分类，一般常见的分类标准有以下几种：

（1）按风险所造成的不同后果将风险分为纯风险和投机风险[2]。纯风险是指只会造成损失而不会带来收益的风险，比如自然灾害等。投机风险既可能造成损失，也可能创造额外利益；

（2）按损失的承担主体将风险分为：个人风险、家庭风险、企业风险、政府风险、社会风险[2]；

（3）按风险来源将风险分为：自然风险、技术风险、政治风险、经济风险、文化风险、行动风险等[2]。

10.1.2　风险管理定义、主要任务

1. 定义

风险管理，就是以风险识别、风险分析为前提基础，运用合理的管理方法、技术、手段，对风险活动中可能发生的风险类别实行有效地控制，在这样的基础之上主动采取控制措施，尽量扩大风险事件的有利结果，降低风险造成的不利后果发生的可能性[3]。

2. 主要任务

风险管理的主要任务是分析预测目标场所可能存在的风险，根据风险分析和评价结果，结合风险事件承受者的承受能力，按照恰当的法规条例，确定可接受的损害水平，并考虑降低风险的代价，根据具体情况采取风险防范措施，减少、避免或转移风险等。

10.1.3　风险管理的基本程序及内容

风险管理是一个连续的、循环的、动态的过程，其过程主要包括三个步骤，即风险识别、风险分析及风险防范。

1. 风险识别

风险识别，也称危险识别，它是风险管理工作的首要工作。在一个系统中，风险是多种多样的，引起风险的因素很多，其后果严重程度是不同的，各因素间又是相互联系、错综复杂的。若考虑分析每一个细小的因素，不仅是不可能的，更是不必要的，而反过来，若是错过了某些重要因素，则可能导致风险管理工作的缺漏，无法达到风险防范目的。而风险识别的工作就是采用系统、科学的方法，筛选、识别出主要的风险，并分析出引起这些风险的可能的原因。

常用的风险识别方法有专家调查法、故障树 - 事故树分析法、风险列举法、情景分析法、列表检查法等。

（1）专家调查法：属于经验调查法中一种较可靠、具有一定科学性的方法，参加风险识别的专家应由风险评价的专家、相应项目领域内的专家、项目设计者等组成，专家按照规定程序，并根据自身经验及结合类似项目发生过的事故例子，分析识别具体项目中的潜在危险因素。

（2）故障树 - 事件树分析法：故障树分析法是利用图解的形式将大的故障分解成各种小的故障，并对各种引起故障的原因进行分解，常用于直接经验很少的风险辨识中；事件树分析是从初因事件出发，按照事件发展的时序，分成阶段，对后继事件一步步地进行分析，每一步都从成功和失败（可能与不可能）两种或多种可能的状态进行考虑（分支），最后

直到用水平树状图表示其可能后果的一种分析方法，以定性、定量了解整个事故的动态变化过程及其各种状态的发生概率[1]。

（3）风险列举法：根据具体项目资料做出工作流程，分析每步流程涉及的过程设备等，分析每项流程可能遭遇的风险。

（4）情景分析法：是一种能帮助识别关键因素的方法，通过数字、图形、表格、曲线等方法，描绘当某种能够引起风险的因素发生变化时，可能会有什么危险发生、对整个工程项目又会发生什么作用，通过情景分析识别风险。

（5）列表检查法：按照系统工程的分析方法，在对一个系统进行科学分析的基础上，找出各种可能存在的风险因素，然后以提问的方式将这些风险因素列成表格[2]，可采用填写一份检查表或其他形式的问卷等方法，风险管理人员可以给项目管理人员填写，也可亲自到现场检查填写。

2. 风险分析

这里的风险分析包括风险估计及风险评价，即对风险进行度量，并评价风险是否能被接受，及分析应优先考虑的风险。

风险估计，或称风险度量，是指对风险的出现概率、危害程度进行量测。在风险识别中已回答了可能遇到的风险及引发的因素，而风险估计即回答这个事件有多大，给出事件发生的概率及其后果的性质。风险估计一般是在对过去损失资料分析的基础上，运用概率论和数理统计的方法，对事件发生概率及后果严重程度做出定量分析。风险评价，即根据风险估计结果对可能发生的各种风险后果进行综合评价，评价风险是否需要处理和处理的程度等。

3. 风险防范

根据风险评价结果，结合风险承受者的承受能力及投入 - 效益分析，根据具体情况给出相应风险防范措施。

一般来说，风险管理的防范措施主要分为规避风险、减轻风险、抑制风险及转移风险四类[4]。

（1）规避风险：一种最简单最彻底的风险处理方法，它指考虑到风险损失的存在或可能发生，主动放弃或拒绝实施某项可能引起风险损失的方案，如考虑到工厂或生产线会造成风险，为防范风险，彻底关闭该工厂或生产线。

（2）减轻风险：指在无法避免风险情况下，做出一定风险预防措施，从而降低或消除可能引起的损失，如通过加强管理与维护、采取先进生产工艺、增强相关人员风险防范意识等措施减轻风险。这是目前最普遍采用的方式。

（3）抑制风险：指在事故发生时或之后，为减少损失而采取的各项措施，如突发性环境污染事故一旦发生，应立即切断污染源、隔离污染区，防止污染扩散。

（4）转移风险：指改变风险发生的时间、地点及承受风险的对象。如将可能发生风险的工厂搬迁至离居民区较远地段可使风险发生转移，保证居民区的安全；最根本的措施是将风险管理与全局管理相结合，实现"整体安全"。

10.2　填埋场运营风险识别

生活垃圾填埋场是一个比较复杂的系统，需要考虑的风险较多。对于生活垃圾填埋场的风险管理，目的是分析填埋场风险水平、各风险因素影响程度以及相应的应对措施，因此必须弄清填埋场的风险来源，这样才能针对重点区域和环节进行防范。

因此，我们采用以风险来源为标准的分类方式，结合填埋场的特点，将填埋场风险分为自然风险、技术风险、管理风险、经济风险、社会风险五个方面。

10.2.1　自然风险

指自然界中存在的可能对生活垃圾填埋场造成不利影响，进而损害填埋场内人体健康、经济、生态环境的危险因素所引发的风险。自然界对填埋场的影响因素很多，地震、洪水、暴风雨、滑坡等自然灾害威胁填埋场内人员安全，导致环境污染，损坏设备设施，并造成产生巨大的经济损失。

如地震、地质坍塌及滑坡这类自然灾害一旦发生，一方面可能引发人员伤亡；另一方面，可能破坏填埋场内设备设施，破坏防渗层、渗沥液收集系统等，或引起垃圾堆体沉降、坍塌，导致渗沥液泄漏污染事故，在造成经济损失的同时对环境造成严重的污染。

暴雨等恶劣天气对填埋场运营期的影响也很大：暴雨导致填埋场进场及场内道路湿滑，降低车辆工作效率，并容易造成进场车辆打滑、翻车等，严重时可导致人员伤亡；持续暴雨冲刷降低垃圾堆体稳定性，可能导致垃圾沉降或滑动；导致垃圾渗沥液大大增多，增大设备负荷及降低设备寿命，增大运营成本，并可能导致设备故障，从而引发渗沥液泄漏事故等，渗沥液的大量积存也会加重垃圾坝承载符合，存在垮坝风险。

洪水可能导致填埋场汇水量很大，将调节池淹没，从而导致渗沥液混入水体，污染环境；特大洪水可能直接冲垮垃圾坝，危及垃圾处理场，并造成人员伤亡，设备设施损坏，经济损失。

天气预警不及时，以及相应的救险能力不足是导致自然风险产生的风险源因素。

10.2.2　技术风险

技术风险指生活垃圾填埋场自身（包括设备、规模等）存在的可能对填埋场造成不利影响，进而损害填埋场内人体健康、填埋场经济、生态环境的危险因素所引发的风险。

填埋场技术风险包括填埋场设计规模不当、设备硬件故障、选用技术可靠性及稳定性差等。

设计规模不当，设计规模与实际垃圾量不符，如垃圾量超过计划量，填埋场处理能力不足，垃圾处理不及时，导致垃圾堆积，影响填埋场正常运营，垃圾量太小则导致填埋场处理能力剩余，经济性差，长期如此将造成较大经济损失。

设备硬件发生故障，如管道堵塞、破裂或设计缺陷从而导致渗沥液系统失效，可能引发泄漏事故，或垃圾堆体内气体收集系统堵塞或排气系统设计有缺陷，可能导致以甲烷为主要成分的填埋气在垃圾场内聚集，聚集到一定浓度，达到爆炸极限时，一旦遇上高温、明火、雷击、电火花等，就可能发生火灾或爆炸；安全附件、报警装置配备不当或失灵，导致工作人员不能及时发现危险。

有些技术、设备的可靠性、稳定性难以鉴别和保证，比如垃圾填埋渗沥液处理技术，一些技术和设备在试运行期或运行初期使用较好，但运行到后期时出现问题。原因在于垃圾填埋的整个运行时间比较长，填埋处理的产酸期也就是渗沥液出现的高峰期，多在填埋场启用后的五到十年，使得技术和设备的可靠性、稳定性难以鉴别[5]。

能源供给问题，在此主要指突发断电，导致某些设备设施不能使用，从而影响生活垃圾填埋场的正常运作。

10.2.3　管理风险

指由于监管不力引发的风险，即指由于填埋场内工作人员的错误行为造成的风险。管理风险可分为管理人员风险及管理制度体系风险。

管理人员风险包括对职工培训工作不到位、工作人员缺勤、作业操作失误、日常工作管理不严、安全意识不强、工作警惕性不高等。如工作人员对垃圾进场把关不严，导致危险废物混入，造成较大安全隐患；渗沥液没有及时导排，可能增加垃圾堆体不稳定性，导致垃圾堆体沉降或滑动；填埋作业不规范，导致防渗层损坏，造成经济损失及渗沥液泄漏污染事故发生；未按规定进行边坡取土，造成山体滑坡；员工安全意识不足，在禁火区域产生火源，导致火灾、爆炸等事故，对人身安全、填埋场经济、生态环境都将造成巨大损害；设备维护人员没有及时维修设备，或对设备维护不当，导致系统不能正常运行。

管理制度体系风险即由于管理制度体系的缺失或不合理导致的风险，包括填埋场管理系统缺乏、相关法律法规不完善、责任分配不到位、各环节协调管理不当，这些因素可能导致填埋场工作不能正常进行。

10.2.4　社会风险

填埋场运营期社会风险包括政策风险、公众风险及垃圾量变动风险。

政策风险：国家政策的调整对填埋场运营的影响，如我国土地、税收政策变化，国有化等政府行为影响垃圾填埋场运营成本等。

公众风险：一方面，若公众垃圾处理相关意识不够，将危险废物等混入生活垃圾，在垃圾量庞大的情况下，填埋场劳动力不足，无法将危险废物一一拣出，危险废物进场填埋将造成安全隐患，另外，若生活垃圾混入了火种，一旦以甲烷为主要成分的填埋气体聚集到一定浓度，遇上火种，可能引发火灾或爆炸事故；另一方面，公众风险还包括公众反对填埋场的运行、公众投诉等。

垃圾量变动风险：一方面，由于举办大型活动或其他原因，使得短期内填埋场垃圾处理区域范围内的人口数陡增，入场垃圾量大大增加，填埋场处理能力不足，可能导致垃圾堆积腐烂等现象发生；另一方面，若因某些原因导致日均处理量突降，使得相对运营成本增加，长此以往将影响填埋场运营。

10.2.5　经济风险

　　填埋场运营期经济风险包括资金筹集不足、征用土地涨价及其他支出增多，资金筹集不足主要是指垃圾收费或政府拨款不足，其他支出增多风险主要包括设备维修费、事故处理费等费用超过预算的情况。

　　也可采用列表检查法进行风险识别，详见表 10-1。

填埋场运营风险识别检查表

表 10-1

风险类型	检查项	检查评价
自然风险	所在区域是否常有暴风雨、地震、滑坡等自然灾害？	
	对于区域内常见自然灾害还是否有对应应急预案？	
	常见自然灾害对填埋场运营影响是否很大？	
	天气预警是否及时？	
	暴风雨等恶劣天气时是否由专人负责检查填埋场各设备设施工作情况？	
技术风险	填埋场设计规模与实际垃圾量是否符合？	
	设备运行状况是否良好？	
	设备设施是否由专人定期维护并做好记录？	
	是否有预留设备以供设备故障时使用？	
	填埋场所采用各项技术是否稳定可靠？	
	能源供给是否稳定（如供电等）？	
管理风险	工作人员对工作是否认真负责？	
	任务分配是否合理？	
	操作人员是否经过必要培训？	
	各岗位人员是否熟悉该岗位所需技术知识？	
	是否有较科学管理制度体系？	
社会风险	政府是否有何政策对填埋场运营不利？	
	垃圾是否常混入危险废物？	
	垃圾中是否常发现火种（烟头等）？	
	周边群众是否反对填埋场运营？	
	所接收垃圾量是否稳定？	
经济风险	填埋场资金是否充足？	
	垃圾费收取是否及时？	
	政府是否有拨款支持运营？	
	设备维修费、事故处理费等其他支出是否超过预算？	

10.3 填埋场运营风险防范措施

由于本章所述风险管理不是具体针对某一个填埋场，而是从宏观上进行分析，因此在此不作风险估计、风险评价，而只根据风险识别结果，给出一般风险防范措施。

10.3.1 自然风险防范措施

针对这一风险因素，从填埋场自身来说，一方面考验填埋场的天气预警是否及时，以及场内防范措施是否足够，在及时预警的前提下，填埋场可在原有防范措施做进一步加强、准备；另一方面考验填埋场的救险能力，有了及时的天气预警，填埋场自身是否具备良好的救险能力也是一个十分重要的因素。

对于较严重地震、洪水、泥石流等可能对人员造成伤亡的严重自然灾害，在及时预警的前提下，应组织人员以最快速度安全转移。

对于一般的暴雨、洪水等自然灾害及地质因素可能造成的风险，可采取的防范措施有：

1. 加强进场车辆及场内车辆防滑工作；

2. 实行雨污分流，设置雨水集排水系统，排水设施应定期检查维护，确保完好、畅通；

3. 渗沥液集水系统应有适当的余量，承担起多雨、暴雨季节的导排；

4. 日常运行时，特别是在雨季时，应留出污水调节池的剩余容积以调节强暴雨的渗沥液；

5. 为保证垃圾堆体的稳定性，在填埋区和分区之间建围堤堤坝，保证垃圾堆坡脚稳定和免遭雨水冲刷；

6. 垃圾坝及垃圾填埋体应进行安全稳定性分析；

7. 经常加固场边山坡坡面，扩大山坡绿化面积；

8. 大雨和暴雨期间，应有专人值班和巡查排水系统的排水情况，发现设施损坏或堵塞应及时组织人员处理；

9. 制定汛期防溢出应急预案，如遇连续暴雨或特大洪水，垃圾渗沥液可能溢出，影响地表水水体，相关管理部门要制定包括监测、报警以及将污水直排城市污水管网等措施在内的应急预案，确保汛期地表水水环境安全。

10.3.2 技术风险防范措施

1. 对于填埋场设计规模不当，使得垃圾量与计划量不符，导致垃圾堆积或填埋场处理能力剩余，可采取的防范措施有：

（1）填埋场区内划定一定面积的区域，作为接纳过量垃圾的临时堆存区；

（2）初期发现设计规模不当，垃圾量大于计划量时，在设置垃圾临时堆存区同时，可与环卫部门联系，可从别的环卫岗位上调出人员及借用器械设备等，保证所有垃圾安全填埋；

（3）劳动力不足时，适当延长工作人员工作时间，给以适当补贴；

（4）在未及时处理垃圾情况下，要对滞留堆积的垃圾喷洒防臭除虫剂，但应尽快处理；

（5）垃圾量长期大于计划量时，应及时对填埋场做出改造，增大规模；对长期垃圾量过少，导致填埋场运营效益不佳情况下，可向环卫部门反映，及时调整填埋场人员、器械数量等，最大限度降低成本。

2. 对于设备硬件故障风险，如渗沥液系统失效、填埋气收集及排气系统堵塞等，应加强日常维护、管理，可采取的措施有：

（1）定期清洗渗沥液收集管道，可以有效地减少生物或化学过程引起的堵塞；

（2）渗沥液处理系统应制定检修计划和主要设备维护和保养规程，及时更换损坏设备及部件，提高设备的完好率；

（3）排水设施定期检查维护，完善调节池周边地表径流和雨水导排系统，加强调节池运行的日常维护和管理，最大限度减少风险发生；

（4）日常运作时，定期检查，保持填埋气体导排设施完好和有效；

（5）操作人员及维修人员严格执行设备的维修和保养规程，进行定期的维护和检修，并认真做好检查记录；

（6）预留设备，在设备故障时，及时采用预留设备进行工作；若没有预留设备，要及时联系工作人员抢修；

（7）主要设备设施出现损毁，导致填埋场正常功能失效，且无可用的预留设备时，经上级批准可暂时关闭填埋场，在进场附件地点设置垃圾应急填埋区。对于小规模垃圾填埋场，尤其需注重备用区的设置，以便设备故障时垃圾仍可及时处置。

3. 对于选用技术可靠性及稳定性差所导致的风险，在发现技术不适用情况下，可请相关专家、设计单位进行技术改造或改用其他适用的技术。

4. 对于突发停电，可采取的风险防范措施有：

（1）供电设施、电器、照明、监控设备、通信管线等应由专业人员定期检查维护；

（2）预设备供线路或供电设备；

（3）突遇停电，立即组织人员将现场设备退出运行状态，并及时与供电局联系，弄清停电原因及供电时间；

（4）主供备供设备都无法送电时，及时联系上级主管部门（电业部门、环保局、城建局等），说明情况，请上级部门协助解决问题。

10.3.3　管理风险防范措施

管理风险是由于管理人员操作不当或填埋场管理体制自身问题造成的，针对这两类原因采取相应的风险规避措施：

1. 加强对员工的技术培训，可实行考核制度，填埋场作业人员需经过技术培训并考核合格后方才能上岗，要熟悉填埋作业要求及填埋气体安全知识；特别是风险控制人员技术培训，需设岗位证，考核合格取得岗位证后方可上岗；

2. 有运行作业手册及设备维护保养手册，规章制度、岗位职责健全；

3. 成立专门的安全生产管理部门，制定安全管理制度，并制定各岗位安全生产操作规程，组织员工安全生产培训；

4. 将设备运行情况列入"运行工作日志"，主要仪器设备安排专人负责记录运行使用情况和维护管理，对于设备故障应及时维修；

5. 强化填埋场行政管理，形成由垃圾填埋场运营经理牵头、责任分工明确的管理机构，一旦发生风险事故，相关责任人能够组织人员采取有效的风险防范措施。

表 10-2，表 10-3 分别为广州环保投资集团有限公司提供的填埋作业日报表、雨污分流日报表，各单位可参考两表，通过日常巡查、记录场区情况的方式，加强管理，有效防范风险。

填埋作业日报表

表 10-2

日期：_____	
天气： 天晴□ 偶多云□ 多云□ 阵雨□ 雨天□ 台风□ 风向____	
场内巡查	
1. 进场道路卫生清理、洒水降尘及水沟、沙井清理	（正常、不正常）____
2. 机械、设备指定区域停放整齐	（正常、不正常）____
3. 垃圾裸露面控制（注明裸露面积、日覆盖完成情况）	（正常、不正常）____
4. 垃圾渗沥液收集、排放系统（包括配电箱、潜污泵、收集管道等）	（正常、不正常）____
5. 排洪沟（是否有泥沙沉积、杂草、堵塞、裂缝等）	（正常、不正常）____
6. 覆盖土工膜及其出水口	（正常、不正常）____
7. 填埋气体收集系统	（正常、不正常）____
8. 防垃圾飞散围网	（正常、不正常）____
9. 填埋气体燃烧器运行状况	（正常、不正常）____
10. 垃圾车清理尾斗区域（标示清晰、人员到位）	（正常、不正常）____
11. 各出水口零散垃圾的清理	（正常、不正常）____
12. 垃圾车倾卸平台（是否平整、灭火器是否整齐完好）	（正常、不正常）____
13. 填埋区道路（是否平整、路面垃圾清理）	（正常、不正常）____
14. 垃圾车随车垃圾飘洒、排放污水或污水泄漏、离场时未放下尾斗、超车或超速	（正常、不正常）____
15. 其他情况	（正常、不正常）____

续表

机械设备情况：

设备名称	编号	工作小时	例行保养	没有工作	大修	故障报修	备注
挖掘机							
自卸车							
推土机							
人员皮卡							
五十铃人货车							
燃烧器							
装载机							
…							
…							
…							
…							
其他							

日覆盖
1. 泥土使用：车数_____　　　来源_____　　　使用区域_____
2. 土工膜铺设：_____

石料使用：车数_____　　　数量_____　　　立方米_____
石料用途：1. 修路□　　　2. 修平台□　　　3. 建新路□　　　4. 建新平台□

本班上班人数：
主管_____　　　班　　长_____　　　机　　手_____
杂工_____　　　维修人员_____　　　磅房操作员_____

当日完成工作：
1._____
2._____
3._____
4._____
5._____
6._____
7._____
8._____

下班要完成的工作任务：
1._____
2._____
3._____

填写人：_____　　　　　　　　　　批准人：_____

雨污分流日报表   表 10-3

日期：＿＿＿＿＿

天气：　　　天晴□　　　偶多云□　　　多云□　　　阵雨□　　　雨天□　　　台风□　　　风向＿＿＿＿

场内巡查

1. 填埋场进场道路路面、标示牌设施的卫生清理及水沟清理　　　　　（正常、不正常）＿＿＿＿＿＿

2. 除臭剂喷洒（时间、地点、用量、药剂种类）　　　　　　　　　　（正常、不正常）＿＿＿＿＿＿

3. 水泵、水管、工具、材料等是否堆放整齐　　　　　　　　　　　　（正常、不正常）＿＿＿＿＿＿

4. 填埋区各出水口、沉淀池、零散垃圾的清理　　　　　　　　　　　（正常、不正常）＿＿＿＿＿＿

5. 填埋气体收集是否正常　　　　　　　　　　　　　　　　　　　　（正常、不正常）＿＿＿＿＿＿

6. 填埋气体燃烧器运行是否正常　　　　　　　　　　　　　　　　　（正常、不正常）＿＿＿＿＿＿

7. 垃圾面是否平整、坡度是否达到排水设计要求　　　　　　　　　　（正常、不正常）＿＿＿＿＿＿

8. 雨污分流出水口位置及标高是否正确　　　　　　　　　　　　　　（正常、不正常）＿＿＿＿＿＿

9. 污水收集管、排放系统（污水坑、自流管、潜污泵等）　　　　　　（正常、不正常）＿＿＿＿＿＿

10. 填埋区雨水排放系统是否顺畅　　　　　　　　　　　　　　　　（正常、不正常）＿＿＿＿＿＿

11. 填埋区覆盖膜是否有严重损坏　　　　　　　　　　　　　　　　（正常、不正常）＿＿＿＿＿＿

12. 灭蝇措施　填埋区＿＿生活区＿＿灭蝇药剂名称＿＿　　　　　　（正常、不正常）＿＿＿＿＿＿

13. 灭鼠措施　灭鼠药剂名称（　）＿＿公斤 位置＿＿　　　　　　　（正常、不正常）＿＿＿＿＿＿

14. 铺设焊接土工膜＿＿＿＿m²　　　　铺设位置 ＿＿＿＿＿＿＿＿

15. 修复焊接土工膜＿＿＿＿m²　　　　焊接位置 ＿＿＿＿＿＿＿＿

16. 拆除土工膜＿＿＿＿m²　　　　　拆除位置 ＿＿＿＿＿＿＿＿

17. 场区辅助设施维护 ＿＿＿水泥　　油漆＿＿＿＿＿其他＿＿＿＿＿

机械设备情况

设备名称	编号	工作小时	例行保养	没有工作	大修	故障报修	备注
双规焊接机							
挖掘机							
发电机							
灭蝇设备							
…							
…							
其他							

续表

该班上班人数： 主管：_____　　班长：_____　　焊膜工：_____　　普工：_____　　临时普工：_____ 当日完成工作： 1._____ 2._____ 3._____ 4._____ 5._____ 6._____ 7._____ 8._____ 9._____ 10._____ 下班要完成的工作任务： 1._____ 2._____ 3._____

填写人：_____　　　　　　　　　　　批准人：_____

10.3.4　社会风险防范措施

防范政策风险应从行政主管部门入手：

1. 建立和完善各级财政投入为基础、企业、政府、社会、相辅的多元投资机制，通过市场运作和合理配置，充分发挥环境卫生投资的最大效益。

2. 应该给予税收优惠政策，特别是给予承担社会公益性和以政府财政补偿为主的环卫作业服务单位。国有主体部分应享受相应的环卫作业经济实体以税收政策为依据，实行税费征收和合理提高服务价格的平行增长方式来减轻税费负担。

3. 健全环卫法规体系，建立一套与市容环卫管理、作业、建设相配套的法规。应尽快出台与生活垃圾有关的行业管理法规。

对于公众风险，可从以下几方面进行防范：

1. 继续开展生活垃圾分类工作，避免危险废物等进入垃圾填埋场；

2. 垃圾填埋场积极开展与行政主管部门或环保部门的合作，借助政府部门的力量开展环保宣传，让公众了解填埋场建设、运营情况；

3. 组织社会团体或学校参观垃圾填埋场运营，既起到教育的作用，也能方便公众了解填埋场，信息公开有利于填埋场运行；

4. 及时了解和解决与周边群众的社会矛盾，防止群体性突发事件的发生。

对于垃圾量变动风险，其防范措施与技术风险中由于设计规模不当，导致垃圾量与计划量不符时的防范措施相似，填埋场应设置垃圾临时堆放区，在垃圾量陡增情况下，将垃圾暂时存放在临时堆放区，并做好临时堆放区卫生工作，喷洒防臭除虫剂，及时对临时堆放区垃圾处理，若无法及时处理，可考虑联系邻近垃圾处理场协助处理；而在长期垃圾量过少的情况下，考虑对填埋场进行改造，以降低运营成本。

10.3.5　经济风险防范措施

对于资金筹集不足风险，分为垃圾收费或政府拨款不足两类。对于垃圾收费不足，又分为居民拒交或拖延交费时间，及垃圾收费过低两种情况，对于前者，可加强对居民宣传教育，提高其垃圾处理意识；对于后者，可向上级部门反映情况，申请上调垃圾处理费。对于政府拨款不足情况，也可向上级部门反映，说明原由，申请款项。除以上措施外，填埋场可通过优化填埋工作程序、技术改造等方法降低自身运营成本，降低资金筹集不足风险。

对于征地费用涨价情况，可适当调整垃圾收费或申请政府拨款，或通过自身优化改造降低填埋场运营成本。

对于其他支出增大情况，如设备维修、事故处理费用等支出增大，应从源头进行预防，如定期检查设备使用情况，做好维护、管理工作，降低设备故障率；了解掌握填埋场内常见事故类型及成因，做好防范工作。

10.3.6　常见事故类型及防范措施

由于在填埋场内主要的风险是污染事故的发生，本节针对常见事故类型分析其主要成因，并给出相应风险防范措施，详见表10-4。因分析角度不同，因此部分内容会与前文重复。图10-1、图10-2、图10-3为填埋场的事故现场图片，图10-1为雷电点燃覆盖膜下填埋气体引发火灾现象，图10-2为2010年广州市兴丰卫生垃圾填埋场三区火情扑灭现场，图10-3为滑坡现象。

图10-1　雷电点燃覆盖膜下填埋气体引发火灾现象

(图片来源：广州环保投资集团有限公司)

图 10-2　广州市兴丰卫生垃圾填埋场三区火情
扑灭现场

（图片来源：广州环保投资集团有限公司）

图 10-3　滑坡现象

（图片来源：广州环保投资集团有限公司）

常见事故类型及防范措施　　　　　　　表 10-4

序号	事故类型	主要成因	防范措施
1	垃圾渗沥液的泄漏	渗沥液收集系统可因管道堵塞、破裂或设计有缺陷而失效[1]。造成管道堵塞的原因有：细颗粒的结垢、微生物增长、化学物质沉淀；所选管道强度不够，可能发生管道的破裂；渗沥液的导排系统设计的不合理或调节池设计偏小，当遇到雨量较大的季节，渗沥液产生量较大，有可能溢出，见图 10-4，为 2010 年广州市兴丰卫生垃圾填埋场曾出现调节池容积不足，渗沥液液位距离池顶仅 27cm 的情况	（1）防渗层断裂主要是由于选址不当或施工不符合技术要求引起基础不均匀沉降所致。要防范填埋场防渗层断裂渗沥液泄漏污染事故，应采取以下几项措施： 1）选择合适的防渗衬里，黏土压实、设计规范，施工要保证质量； 2）要让渗沥液排出系统通畅，以减少对衬层的压力；在垃圾填埋过程中要防止由于基础沉降、撞击或撕破，穿透人工防渗衬层，防渗层要均匀压实； 3）设置排水沟、截洪沟等，减少地表径流进入场地；渗沥液集水系统应有适当的余量，承担起多雨、暴雨季节的导排；选择合适覆盖土材料，防止雨水渗入； 4）当抽水用的潜水泵或竖管损坏时，应有备用设备将渗沥液移出； 5）设立观测井，定期监测，发现问题及时处理；设立事故废水收集池； 6）当发生原因不明且难以解释的渗沥液数量突然减少的现象时，怀疑可能是防渗层断裂，应尽快查明断裂发生的位置，确定能否采取补救措施，同时对填埋场径流下游方向的监测井、饮用水井和土壤进行监测，通知当地居民，预测影响水质和土壤变化的范围及程度，并及时通报有关部门，协助调查。若渗沥液发生泄漏，应停止填埋，立即封场，同时在填埋场地下水径流下游开挖若干水井，形成地下水漏斗区，抽出渗沥液返回填埋场渗沥液处理系统进行处理。
		防渗层破损或断裂。如防渗层不按规定施工，或填埋作业不慎将防渗层损坏；防渗层断裂主要是由于选址不当或施工不符合技术要求引起基础不均匀沉降所致	（2）防渗层破损防范措施有以下几点： 1）清理场底时应清除一切尖硬物体，如石块等；场地应平整、压实； 2）与防渗层接触的垃圾填埋时，垃圾中有尖硬物体应拣出，防止压实机压实时挤压尖硬物体刺破防渗层。如发现防渗层有破损现象，应及时修整，不留后患。 （3）其他引起因素的风险防范措施： 1）定期清洗管道，可以有效地减少生物或化学过程引起的堵塞；
		管理上的问题，管理工作不到人为造成渗沥液的大量外排	2）完善调节池周边地表径流和雨水导排系统；加强调节池运行的日常维护和管理，最大限度减少风险发生；日常运行时，特别是在雨季时，应留出污水调节池的剩余容积以调节强暴雨的渗沥液，或设置临时调节池，见图 10-5，为广州市兴丰卫生填埋场为解决图 10-3 中情况而使用的临时调节池； 3）作业过程要加强管理，及时覆土，以利于排泄堆体表面雨水。重视封场管理，终场后的垃圾渗沥液主要来源于垃圾堆体表面的雨水下渗，在堆体表面覆盖防渗膜，可大幅度减少垃圾渗沥液的产生；
		遇到几十年一遇的特大洪水时，整个填埋场汇水量很大，将调节池淹没，从而导致渗沥液混入水体，污染环境	4）制定汛期防溢出应急预案，如遇连续暴雨或特大洪水，垃圾渗沥液可能溢出，影响地表水水体，相关管理部门要制定包括监测、报警以及将污水直排城市污水管网等措施在内的应急预案，确保汛期地表水水环境安全

序号	事故类型	主要成因	防范措施
2	填埋气体引发火灾、爆炸风险	当垃圾堆体内收集系统堵塞或者是排气系统设计有缺陷时，以甲烷为主要成分的填埋气在垃圾场内聚集，聚集到一定的浓度，达到爆炸极限时，一旦遇上高温、明火、雷击、电火花等，就可能会发生火灾或爆炸[7]	(1) 根据《生活垃圾填埋场污染控制标准》GB 16889—2008 要求，填埋场工作面上2m以下高度范围内甲烷的体积百分比应不大于0.1%；当通过导气管道直接排放填埋气体时，导气管排放口的甲烷体积百分比应不大于5%；根据《城市生活垃圾卫生填埋技术规范》CJJ 17—2004，填埋场上方甲烷气体含量必须小于5%，建（构）筑物内，甲烷气体含量严禁超过1.25%。为满足这些要求，可采取以下措施： 1）保持填埋气体导排设施完好，竖向收集管顶部应设顶罩；与填埋区临时道路交叉的表层水平气体收集管应采取加固与防护措施； 2）当甲烷浓度超过5%时，点燃导气系统顶端燃烧器； 3）定期监测：在气体收集系统中要设有一个自动监测系统，定期监测； 4）设有气体报警装置，填埋气浓度达到临界时报警器自动开启；加强人工监视、检修，确保监测及燃烧设备正常运行； 5）垃圾压实一定要达到设计标准，防止空气进入垃圾层和CH_4混合是防止爆炸的关键。填埋气体的抽气速率应小于产气速率； 6）填埋场区（填埋库区）及周边20m范围内不得搭建封闭式建（构）筑物。 (2) 划定禁火区域，定期检查维修防火隔离带： 1）划定禁火区域，填埋场垃圾处理作业区要按照易燃易爆危险物品场所设置要求，与建筑物保持一定的防火间距，四周设置围墙，以防外来人员和火种，禁火区域内的电气设施要符合防火防爆要求，构筑消防水池，各种机动车辆进入禁火区域内要配备防火罩，严禁拾荒者进入垃圾填埋场和在场内使用明火、焚烧垃圾，预防引发火源及发生爆炸事故。 2）场内防火隔离带应定期检查维护，每年不少于2次。 除上述措施外，还应加强对全厂员工的安全教育，增强员工的风险意识，健全环境管理制度，严禁闲杂人等进入场区，做到防患于未然，把发生事故的可能性降到最低
3	垃圾堆体沉降或滑动	垃圾中的有机组分持续长时间的降解过程，导致垃圾堆的自压缩与沉降[6]，可能导致垃圾堆体沉降或滑动，产生不稳定风险 填埋作业不规范、渗沥液没有及时导排，增加不稳定风险 地表径流或持续暴雨冲刷降低垃圾堆体稳定性	(1) 为保证垃圾堆体的稳定性，在填埋区和分区之间建围堤堤坝，保证垃圾堆坡脚稳定和免遭雨水冲刷； (2) 填埋区设渗沥液导排系统，垃圾堆体层层压实，并在填埋区外设排雨水沟，将外部雨水导出，避免其进入库区，从而减少堆体对坝体的压力，保证坝体的稳定性； (3) 由于填埋体非均质性产生的不均匀沉降，可通过加大盖层厚度、在填埋体与周围边坡结合部位加大盖层坡度的方法来进行防范； (4) 由于地基土体的非均匀性而产生的不均匀沉降，可通过挖除、压实或换土的方法减少其压缩性在空间上的差异，从而使不均匀沉降减小到可以接受的程度
4	垃圾坝垮坝	由于长时间降雨以及进场填埋的垃圾含水量大等原因，导致填埋场内渗沥液产生量显著增加，一旦渗沥液收集和排水管道由于垃圾堆体内细小颗粒或化学物质沉淀等因素发生堵塞，使得填埋库区内积存大量渗沥液，若不及时疏通，势必加重垃圾坝承载负荷，存在垮坝的危险[5] 连续暴雨等自然灾害容易产生山体滑坡，垃圾处理场的截洪沟一旦因为大面积山体滑坡而垮塌，洪水会直接冲垮垃圾坝，进而危及垃圾处理场 垃圾坝在施工过程中坝体因为夯实不牢固又经积水浸泡等原因也会导致坝体垮塌[5]	(1) 在保证填埋工艺质量的前提下，经常清洗渗沥液收集和排放管道使其保持通畅； (2) 经常加固场边山坡坡面，扩大山坡绿化面积； (3) 在垃圾坝设计和建设过程中严格按设计规范和操作规范施工，定期对坝体进行维护，做好填埋库区排水工作。 以上措施均能大幅度提高垃圾坝的稳固和安全性

图 10-4　广州市兴丰卫生垃圾填埋场 1 号调节池
（图片来源：广州环保投资集团有限公司）

图 10-5　广州市兴丰卫生垃圾填埋场临时调节池
（图片来源：广州环保投资集团有限公司）

10.4　应急预案

环境应急指针对可能或已发生的突发性环境污染事故，需要立即采取某些超出正常工作程序的行动，以避免事故发生或减轻事故后果的状态（紧急状态），同时也泛指任何立即采取超出正常工作程序的行动[3]。

10.4.1　应急计划区

可将危险目标定为填埋库区、污水处理区及场界周边环境保护目标。

10.4.2　应急组织机构

可组成以运营经理为组长、场区技术人员为组员的场区突发风险事故处置工作小组，并由政府相关部门管理指挥来协调工作。一旦填埋场发生风险事件，应由领导小组负责启动应急组织，组织指挥救援队伍对事故实施救援，任命事故现场组织机构的领导，向上级汇报和向友邻单位通报情况，必要时向有关单位请求救援。领导小组下设立办公室，负责了解、掌握事故现场情况，为指挥部决策提供所需信息，依据指挥部命令，协调组织有关部门的行动。

应急工作小组组织设立突发事件应急处置专家库，专家库由生活垃圾填埋场设计、施工、运行维护、设备、安全、环卫等方面的专家组成，建立定期联系机制，在工作小组内部指定联络人。在应急响应期间，根据突发事件性质，组成专家组。

10.4.3　应急状态分级

一般按填埋场事故严重程度，将应急状态分为 3 个级别，分别是应急待命、一般事故应急、特大事故应急。

10.4.4 应急救援保障

填埋场应建设消防泵站、应急贮水池、监测井等应急保障设施，场区内配备灭火器、清淤工具、管道清洗器具、工程抢险车辆等应急设备与器材。并加强对物资储备的监督管理，及时予以补充和更新。

10.4.5 应急响应措施

1. 应急待命

对出现暴雨山洪等恶劣天气、填埋气体浓度大幅度增高、渗沥液产量显著增加、垃圾填埋层部分出现非正常状况、渗沥液处理系统处理效率明显降低、空气以及地下水等监测数据异常情况时，填埋场垃圾处理会受到影响后，迅速启动应急待命，针对可能出现的风险事故进行相对应的防范应对措施，实时监控场区内相关收集处理设施的运行状况，随时对场区外地下水监测井监测资料进行分析评估，加强场区应急准备。

2. 一般事故应急

对场区出现局部范围的火灾、垃圾堆体局部沉降或滑动、垃圾坝出现局部坍塌、渗沥液收集处理系统出现部分故障、防洪设施出现部分淤塞等一般事故时，填埋场垃圾处理能力下降后，启动一般事故应急，场区事故处置小组要指挥技术人员及时对出现的事故制定出有效快捷的处置措施，包括火灾区迅速控制火势、垃圾坝坝体加固、使用清洗设备清洗防洪设施以及淤塞的管道、抢修渗沥液处理站故障设备以及随时注意监测井测资料，在最短的时间内采取行动缓解事故后果和保护场区人员，并根据情况做好场外采取防护行动的准备，上报相关政府部门。

3. 特大事故应急

对场区出现大范围火灾、防渗层较大面积断裂、渗沥液收集处理系统失效、填埋场库区大范围沉降、暴雨山洪等自然灾害导致防洪设施崩溃以及垃圾坝垮塌等重大事故时，垃圾填埋场已完全丧失或大部分区域丧失继续进行垃圾处理的能力后，启动特大事故应急，场区风险事故处置小组应及时上报当地政府，由政府领导相关部门全力以赴组织救援。并及时联系专家，在事故分析专家组的指导下采取及时有效的处理处置措施，同时对处理场下游方向的土壤、地表水以及地下水进行实时监测，安全转移并救助场区周边居民，最大限度地缓解事故后果，保护场区人员和受影响的公众。

10.4.6 应急终止和恢复正常秩序

在确定垃圾填埋场事故确实得到控制，排出场外的污染物得到有效处理，场区和周边环境得到妥善保护，为事故中排出的污染物可能引起的长期不良后果已经采取并继续采取一切必要的防护措施后，风险事故处置工作组决定发布应急状态的终止，并向政府相关部门报告。发生事故的垃圾填埋场在采取积极有效的措施并清除场内污染后，恢复正常运行。同时在邻近区域解除事故警戒后，应对恢复场外周边环境和公众正常生活条件采取有效措施，定期查看各监测设备和监测井的监测数据。

10.4.7　应急培训与演习

1. 培训：应对所有参与垃圾填埋场应急准备和响应的人员进行培训和定期再培训。

2. 演习：定期举行不同类型的应急演习，以检验、改善和强化应急准备和应急响应能力，即结合实际，有计划、有重点地针对出现频率较高的风险事件组织预案演练，确保预案启动时各部门、各单位能按照预定程序进入角色并展开工作，加强监督人员的抢险能力。

10.4.8　公众教育和信息

公众教育和信息交流的对象应包括场区周边居民点的所有居民。在平时，进行教育和交流的主要内容是环保卫生教育，禁止进入垃圾填埋区以及携带易燃易爆物品进入场区等安全知识，做好自我保护措施，饮用居民点中自来水管道提供的水源等。

本章执笔人：詹淑威；校审：潘伟斌

思考题

（1）简述你对风险及风险管理的理解。

（2）简述风险管理的基本程序与内容。

（3）生活垃圾填埋场的主要风险有哪些？试述各类风险的防范措施。

（4）生活垃圾填埋场的常见污染事故有什么，分别可采取什么防范措施？

（5）填埋场发生事故时，可采取怎样的应急响应措施？

参考文献

[1] 张丛 . 环境评价教程 [M]. 北京：中国环境科学出版社，2002：305-315.

[2] 张磊 . 山岳型风景区生活垃圾收运系统风险研究 [M]. 武汉：华中科技大学 .2012.

[3] 李刚 . 生活无害化填埋场建设项目风险管理研究 [M]. 长春：吉林大学，2012.

[4] 白志鹏等 . 环境风险评价 [M]. 北京：高等教育出版社，2009：142-161.

[5] 潘绮 . 城镇垃圾处理项目风险管理研究 [M]. 武汉：华中科技大学 .2007.

[6] 李颖等 . 城市生活垃圾卫生填埋场设计指南 [M]. 北京：中国环境科学出版社 ,2005：155-185.

[7] 曹勇宏 . 城市生活垃圾安全填埋场环境风险评价与管理 [J]. In: CHINESE PERSPECTIVE ON RISK ANALYSIS AND CRISIS RESPONSE. Edited by Chongfu Huang, Jiquan Zhang, Xongfang Zhou. Paris:ATLANTIS PRESS, 2010:605-610.(ISTP).

第 11 章　填埋场信息管理

本章首先从填埋场基本信息、人力资源、物资设备、运营状况和运营管理专家决策系统五方面阐述填埋场内部信息管理，其次对住房和城乡建设部开发的"全国城镇生活垃圾处理管理信息系统"、广东省住房和城乡建设厅开发的"广东省城乡生活垃圾管理信息系统"进行使用说明介绍。本章重点是掌握填埋场内部信息管理，特别是各作业单元的信息收集。

11.1　概述

填埋场信息管理是指通过对填埋场的人力资源、物资设备、运营状况等信息的收集、汇总，集中将信息进行储存、处理，并服务于整个填埋场管理的过程。常规的信息管理是采用档案登记等形式对填埋场的信息收集处理。现代化的信息管理是运用数字模型、GIS、数据库技术、网络以及视频等高科技手段进行信息收集处理。填埋场须建立完整的信息管理系统，有条件的应引进现代化的信息管理系统。

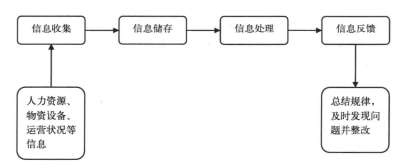

图 11-1　信息管理流程图

1. 信息数据的收集、整理和报送工作及时、准确、完整，不得虚报、瞒报、迟报或伪造篡改；

2. 建立"运行日报、月报和年报"制度。

11.2　填埋场内部信息管理

填埋场内部信息管理是指填埋场运营经理组织相关人员对填埋场事务的信息管理，包括基本信息管理、人力资源信息管理、物资设备信息管理、运营状况信息管理以及运营管理专家决策系统。

11.2.1 填埋场基本信息管理

填埋场基本信息管理，是指对填埋场建设的基本情况进行统一登记存档，内容包括填埋场名称、地址、面积、设计库容、设计年限、运营单位、运营性质、处理规模、建设投资、投入运营时间等信息（详见表 11-1）。

同时，应记录填埋场建设期间的重要文件、设计图纸等。

填埋场基本信息表

表 11-1

类别	具体项目	内容	备注
填埋场概况	名称		
	地址		
	邮编		
	填埋场启用时间		年、月、日
	填埋场占地面积		hm²
	填埋区占地面积		hm²
	设计总库容		m³
	分期库容		m³
	设计使用年限		
	实际投资总额		万元
	设计平均运行成本		元/t
产权单位	法定代表人（负责人）		
	联系人		
	联系电话		
运营单位	法定代表人（负责人）		
	联系人		
	联系电话		
主管部门	负责人		
	联系人		
	联系电话		

类别	具体项目	内容	备注
设计单位	单位名称		
	设计负责人		
	联系电话		
施工单位	单位名称		
	项目负责人		
	联系电话		
监理单位	单位名称		
	项目负责人		
	联系电话		
建设时间	启建时间		年、月
	竣工时间		年、月

注：表格来源于深圳市下坪固体废弃物填埋场。

11.2.2 人力资源信息管理

由填埋场办公室统一收集人力资源信息，掌握工作人员及其工作信息。

1. 建立人事档案管理制度。统一收集工作人员的姓名、性别、出生日期、政治面貌、民族、健康状况、学历、学位、专业、毕业学校、工作起止时间、所在单位、专业技术资格、职务等。

2. 完善人员工作考勤制度。记录工作人员出勤时间、负责岗位、办理事项，制定完善的轮岗休假制度。

11.2.3 物资设备信息管理

物资设备信息管理，即对填埋场及其办公区域内的设施设备、药剂等物资的统一登记管理。设施设备是填埋场重要物资，部分药剂属于严格管理物品，需要建立完善的信息登记管理制度。

1. 建立仪器设备信息档案，包括设备的名称、型号、价格、数量、用途、购买时间、购买厂家及联系电话、维修公司及联系电话、设备维护情况等，各设备设施注明专责管理人员。

2. 严格药剂管理，建立药剂管理档案，注明药剂购入时间、重量、用途、注意事项，以及药剂的消耗量等。

11.2.4 运营状况信息管理

垃圾填埋场运营状况信息管理是本章的重点。建立完善的档案管理制度，设立专门档案管理人员，及时掌握垃圾填埋场运营状况，建立完善的运营信息管理制度，对于确保设施正常运行、保证垃圾无害化处理水平十分关键。同时，需注意信息的保存归档，分门别类，按照类别不同予以整理区分。

1. 运营信息管理

（1）运营日报：内容主要包括每天进场垃圾运输车辆数量、进场垃圾量、渗沥液产生量和处理量、材料消耗量、填埋气收集处理量、填埋作业和清污分流、设备使用情况、日常监测情况、填埋场日常设施维护情况、天气情况（包括降雨量和蒸发量）及其他要求在日志中应记录的内容[1]。

1）垃圾进场量：登记内容应包括进场垃圾的来源、种类（如生活垃圾、建筑渣土、污泥等）、重量、运输车辆牌号、运输单位、进场日期及时间、离场时间等。每天统计进场垃圾量，按 t/ 日统计。

2）填埋作业：填埋作业区域、进场道路和倾卸平台施工和维护、填埋气体水平收集井施工、边坡防渗层保护、填埋区作业机械配置等。一般对填埋区进行月度测量，以了解填埋标高、坡度、库容情况，并有利于制定填埋计划。

3）清污分流：阶段性垃圾填埋作业区域的平整和覆盖，边坡排水平台和急流槽施工，覆土、HDPE 膜等覆盖材料的使用量，HDPE 膜焊接量、砂包使用量。覆土以 m^3 为单位统计，HDPE 膜等以 m^2 为单位统计。

4）渗沥液产生情况：通过管道流量计和监测调节池渗沥液水位、渗沥液处理量和外运量，计量每日垃圾渗沥液产生量，一般旱季每周计算一次，雨季每周计算两次。

5）渗沥液处理情况：渗沥液进水和出水水质和水量、水电消耗、化学品消耗、各个工艺运行参数。水量以 m^3/ 日为单位统计。

6）填埋气收集处理情况：填埋区垂直井和水平井日常气体监测、填埋气体燃烧处理量（m^3/ 日）、填埋气体发电处理量（m^3/ 日）、发电量、设备维护保养记录等。

7）天气情况：根据填埋场所在地天气情况填报，记录包括风向、风力、降雨量和蒸发量。

（2）月报：按月向行政主管部门提交设施运行情况报告，主要内容包括垃圾处理量、填埋气收集处理量、填埋作业和清污分流、设施和设备维保、环境监测和职业健康安全（EHS）、渗沥液产生量和处理厂运行情况、人员培训及配置等方面信息。

（3）年报：按年度向行政主管部门提交设施运行情况报告，主要内容包括垃圾处理量、填埋气收集处理量、填埋作业和清污分流、设施和设备维保、环境监测和职业健康安全（EHS）、渗沥液产生量和处理厂运行情况、人员培训及配置、财务报表等方面信息。

2. 现代化信息管理

（1）垃圾智能计量系统：系统自动辨认进场车辆，进场、出场时间，自动计算进场垃圾重量，并通过联网统一汇总上报。

（2）GIS 设施地理信息系统：所填埋场内所有设施信息进行统一采集，建立设施信息库，并分类归纳到地图上。

（3）视频监控系统：在填埋场进场处、填埋作业区、渗沥液处理设施、办公楼进出口等地设置监控摄像头，24 小时在线监控。

（4）在线环境监测系统：通过安装污染物排放在线监测系统，实现 24 小时动态监管。当发生超标时，管理系统发出警报提示。在线环境监测系统是通过在线定时环境监测，取得监测数据后，以有线或无线方式传输至监控中心，通过在线监测数据库，按需要将获取的数据分门别类进行存储，为分析和预测环境变化趋势提供数据基础，客观反映设施环境影响状况。

11.2.5 运营管理专家决策系统

填埋场内部信息管理不仅是信息的采集，还应包括对信息的综合利用。有实力的填埋场可建立运行调度和成本分析等专家决策系统，将采集的信息运用到填埋场运营管理，增强填埋场信息化管理程度。

专家系统是人工智能系统一个发展迅速、接近实用的分支，它能使计算机具有类似人类专家那样的推理及解决实际问题的能力，能够高效率、迅速地完成复杂工作，使专家的专长不受时间和空间的限制，并得到发挥。

专家系统[2]主要由三部分组成，知识库、推理机和界面。针对垃圾填埋场运营管理，知识库用于存储从专家那里得到的专业知识以及日常填埋场运营管理采集到的数据。推理机具有运行推理的能力，可由专业的专家系统工具建成，TOES（Tool of Expert System）就是一种通用型专家系统工具。界面则是指系统与外界（包括使用者及其他程序等）相互沟通的部分。

11.3 全国城镇生活垃圾处理管理信息系统

2009 年，住房和城乡建设部开发了"全国城镇生活垃圾处理管理信息系统"（以下简称"信息系统"），要求各地主管部门及垃圾处理场运营单位通过信息系统上报垃圾处理信息，以实现对全国城镇生活垃圾的收集（运输）和处理的全过程信息管理。各填埋场运营经理应熟悉信息系统的使用[3]。

（1）文件依据：《城市生活垃圾管理办法》、《全国城镇生活垃圾处理信息报告、核查和评估办法》、《关于做好城镇生活垃圾处理信息报送工作的通知》。

（2）系统网址：http://ljcl.mohurd.gov.cn/（见图 11-2）。

（3）系统主要收集信息：城市（县城）垃圾的清运情况、运营垃圾场（厂）的运营情况、规划垃圾场（厂）的规划情况、在建垃圾场（厂）的建设情况。

1. 主要内容

信息系统的主要内容包括：

（1）城镇生活垃圾处理信息。重点报告城镇生活垃圾厂数量、生活垃圾转运站数量、生活垃圾清运量、处理量、处理方式、生活垃圾处理收费和运营投入等情况。

（2）规划、在建项目信息。重点报告规划项目规模、规划投资、进度以及已开工建设项目设计规模、处理方式、建设进度等情况。

图 11-2 全国城镇生活垃圾处理管理信息系统主页面

（3）已投入运营项目信息。基本信息包括生活垃圾处理厂基本情况、处理方式、生活垃圾处理费标准等。运行信息包括垃圾处理量、渗沥液处理量、运行天数、运行成本等。

2. 职责分工

信息系统实行三级填报、三级核准、四级督查，即项目级、县级、地市级三级填报，县级、地市级、省级三级核准，部级、省级、地市级、县级四级督查。职责分工情况如表 11-2 所示。

信息系统职责分工情况

表 11-2

	省	市	县	运营项目用户
城市基本信息	核准	填报、核准	填报	
城市动态月报	核准	填报、核准	填报	
规划项目基本信息	核准	填报、核准	填报	
在建项目基本信息	核准	填报、核准	填报	
在建项目季报	核准	填报、核准	填报	
运营项目基本信息	核准	核准	核准	填报
运营项目月报	核准	核准	核准	填报

（1）生活垃圾处理运营单位

负责填报已投入运营的项目信息，每月一报，在每月 10 日前填报上一月的运营信息。单位负责人和具体责任人对运营信息的真实性负责[4]。

（2）市（区、县）住房城乡建设（环卫）主管部门

负责规划、在建生活垃圾处理项目以及城市垃圾处理相关信息的填报，包括：规划、在建项目基本信息（一次性填报）；在建项目进展信息，每季度一报，在每季度前 10 日填报上季度的建设情况；城市垃圾处理信息，每月一报，在每月 10 日前填报上个月的垃圾处理情况；在建项目完成并投入运营后，由运营单位按运营项目填报运营信息。主管部门负责人和具体责任人对在建项目信息的真实性负责，并对生活垃圾处理运营单位填报的信息进行核查，对本地区信息报告工作负责[4]。

（3）省（自治区、直辖市）住房城乡建设（环卫）主管部门

负责对本行政区主要填报信息的核查工作，原则要求在各地月报和季报上报后 5 个工作日内完成，并于每年 7 月 20 日和 1 月 20 日前完成本地区城镇生活垃圾处理半年度和全年度的评估和上报工作。加强对信息填报工作的指导和监督[4]。

（4）各级发展改革部门

负责督促有关单位及时填报在建项目信息[4]。

3. 运营项目用户填报说明

（1）基本情况

1）运营项目用户主要职责：维护运营项目的基本信息；填报运营项目的月报；维护项目用户信息。运营项目用户须在每月 10 日前填报上个月的运营项目月报。

2）运营项目登录程序：用户由省级主管部门设置生成后，运营项目用户在登录界面输入用户代码（由省级主管部门设置）、用户密码（初始密码为 888888）、验证码（初始验证码为 1111），见图 11-3。

图 11-3　运营项目用户界面

（2）运营项目基本信息的填报

1）运营项目基本信息填报界面（见图11-4）

在运营项目用户界面点击左上方的"基本信息"按钮，打开项目基本信息界面，填写项目基本信息，其中标注 * 号的指标是必填项目，漏填、不填无法完成保存。

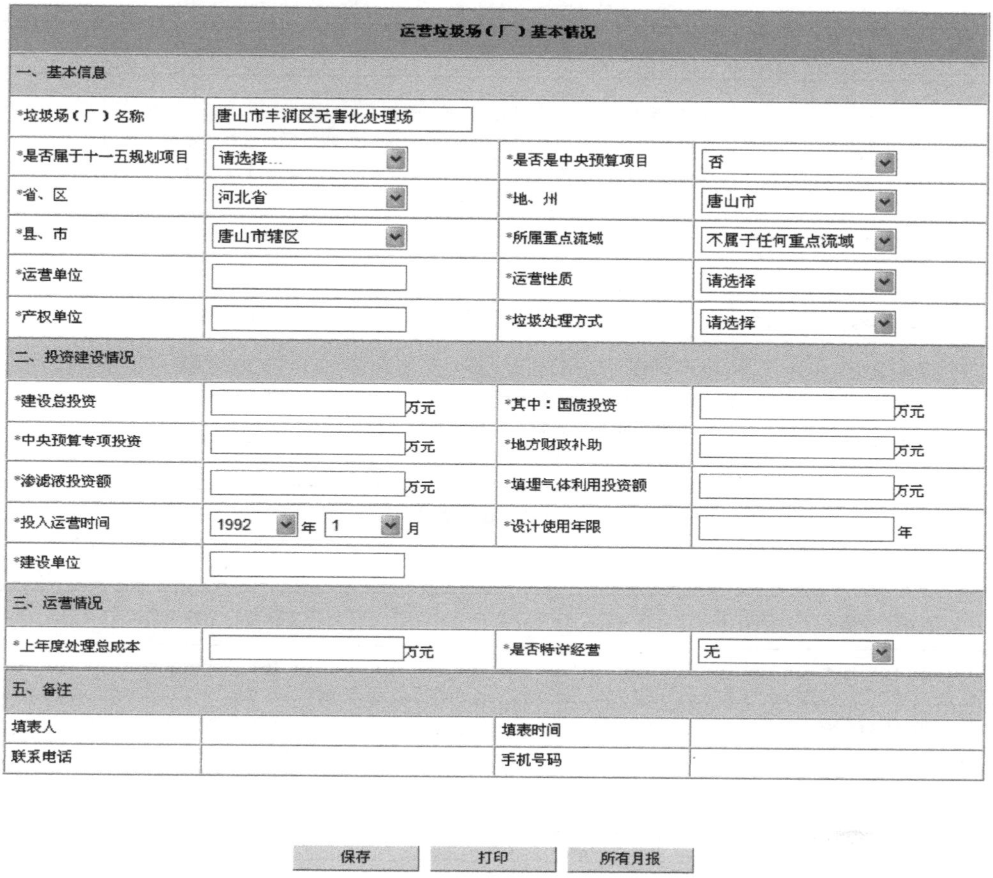

图 11-4 基本信息填报界面

2）运营项目基本信息填报要求（见表11-3）

运营项目基本信息表 表 11-3

一、基本信息

字段名称	下拉菜单选择项	填写要求	必填项
垃圾场（厂）名称		中文字符串	*
是否属于"十一五"规划项目	是，否	单选项	*
是否是中央预算项目	是，否	单选项	*

<table>
<tr><td colspan="4" align="center">一、基本信息</td></tr>
<tr><td align="center">字段名称</td><td align="center">下拉菜单选择项</td><td align="center">填写要求</td><td align="center">必填项</td></tr>
<tr><td align="center">省、区</td><td align="center">运营项目所在省</td><td align="center">系统自动选择</td><td align="center">*</td></tr>
<tr><td align="center">地、州</td><td align="center">运营项目所在省的管辖地、州</td><td align="center">系统自动选择</td><td align="center">*</td></tr>
<tr><td align="center">县、市</td><td align="center">运营项目所在市的管辖县、市</td><td align="center">系统自动选择</td><td align="center">*</td></tr>
<tr><td align="center">所属重点流域</td><td align="center">淮河、海河、巢湖、环渤海、滇池、辽河、太湖、丹江口库区、21世纪首都水资源、松花江、渭河、黄河中上游、南水北调东线、三峡库区及上游</td><td align="center">我省项目选择"不属于任何重点流域"</td><td align="center">*</td></tr>
<tr><td align="center">运营单位</td><td align="center"></td><td align="center">中文字符串</td><td align="center">*</td></tr>
<tr><td align="center">运营性质</td><td align="center">国营、民营、合资</td><td align="center">单选项</td><td align="center">*</td></tr>
<tr><td align="center">产权单位</td><td align="center"></td><td align="center">中文字符串</td><td align="center">*</td></tr>
<tr><td align="center">垃圾处理方式</td><td align="center">填埋、填埋＋堆肥、填埋＋焚烧、填埋＋堆肥＋焚烧</td><td align="center">单选项</td><td align="center">*</td></tr>
<tr><td colspan="4" align="center">二、投资建设情况</td></tr>
<tr><td align="center">字段名称</td><td align="center">下拉菜单选项</td><td align="center">填写要求</td><td align="center">必填项</td></tr>
<tr><td align="center">建设总投资</td><td align="center"></td><td align="center">正整数，不填单位</td><td align="center">*</td></tr>
<tr><td align="center">其中：国债投资</td><td align="center"></td><td align="center">正整数，不填单位</td><td align="center">*</td></tr>
<tr><td align="center">中央预算投资</td><td align="center"></td><td align="center">正整数，不填单位</td><td align="center">*</td></tr>
<tr><td align="center">地方财政补助</td><td align="center"></td><td align="center">正整数，不填单位</td><td align="center">*</td></tr>
<tr><td align="center">渗滤液投资额</td><td align="center"></td><td align="center">正整数，不填单位</td><td align="center">*</td></tr>
<tr><td align="center">填埋气体利用投资额</td><td align="center"></td><td align="center">正整数，不填单位</td><td align="center">*</td></tr>
<tr><td align="center">投入运营时间</td><td align="center"></td><td align="center">单选项，填年月</td><td align="center">*</td></tr>
<tr><td align="center">设计使用年限</td><td align="center"></td><td align="center">正整数，不填单位</td><td align="center">*</td></tr>
<tr><td align="center">建设单位</td><td align="center"></td><td align="center">中文及英文字符串</td><td align="center">*</td></tr>
<tr><td colspan="4" align="center">三、运营情况</td></tr>
<tr><td align="center">字段名称</td><td align="center">下拉菜单选项</td><td align="center">填写要求</td><td align="center">必填项</td></tr>
<tr><td align="center">上年度处理总成本</td><td align="center"></td><td align="center">正整数，不填单位</td><td align="center">*</td></tr>
<tr><td align="center">是否特许经营</td><td align="center">无、有</td><td align="center">单选项</td><td align="center">*</td></tr>
</table>

续表

	四、运行情况		
字段名称	下拉菜单选项	填写要求	必填项
填埋方式	简易填埋、卫生填埋	选择"卫生填埋"	*
填埋场（厂）占地面积		正整数，不填单位	*
填埋区占地面积		正整数，不填单位	*
设计容量		正整数，不填单位	*
日处理能力		正整数，不填单位	*
防渗系统	无、有	单选项	*
渗滤液收集系统	无、有	单选项	*
渗滤液处理系统	无、有	单选项	*
渗滤液处理方式	无、外运、自处理、其他	单选项	*
填埋气体收集系统	无、有	单选项	*
填埋气体利用	无、有	单选项	*
评定级别	1级、2级、3级、4级	单选项	*

（3）运营项目月报的填报

1）运营项目月报信息填报界面

在运营项目用户界面点击左上方的"月报信息"按钮，打开项目月报索引界面（如未填写完整的项目基本信息，系统会提示"请先填写基本信息"），包括月报期号、上报状态、实际处理量、运行天数、上报时间，见图 11-5。

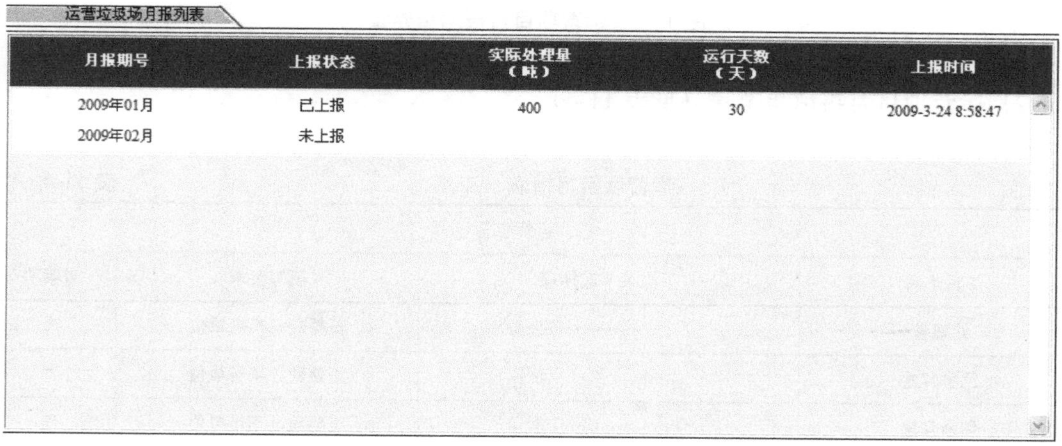

运营垃圾场月报列表				
月报期号	上报状态	实际处理量（吨）	运行天数（天）	上报时间
2009年01月	已上报	400	30	2009-3-24 8:58:47
2009年02月	未上报			

图 11-5 项目月报索引界面

在项目月报索引界面中点击"月报期号"，打开月报编辑界面，进行月报信息登记，见图 11-6。

图 11-6　运营项目月报编辑界面

2）运营项目月报填报要求（见表 11-4）

运营项目月报表　　　　　　　　　　　　　　　表 11-4

一、运营情况			
字段名称	下拉菜单选择项	填写要求	必填项
处理量		正整数，不带单位	*
已填容量		正整数，不带单位	*
剩余容量		正整数，不带单位	*
填埋气体利用量		正整数，不带单位	*

续表

二、运行情况			
字段名称	下拉菜单选择项	填写要求	必填项
处理本市（县）外垃圾量		正整数，不带单位	*
处理农村垃圾量		正整数，不带单位	
运行成本		正整数，不带单位	*
运行天数		正整数，不带单位	*
其中：渗滤液处理成本		正整数，不带单位	*

三、渗滤液			
字段名称	下拉菜单选择项	填写要求	必填项
渗滤液产生量		正整数，不带单位	*
渗滤液处理量		正整数，不带单位	*
渗滤液达标排放量		正整数，不带单位	*

（4）运营项目用户信息维护

点击运营项目用户界面中"我的信息"，打开项目用户信息界面，其中标注 * 号的指标是必填项目，漏填、不填则无法完成保存。为做好信息管理，防止信息泄露，需修改项目密码，修改后保存。为防止登录容易出错，验证码不需打印，每次登录直接输入初始验证码，见图 11-7。

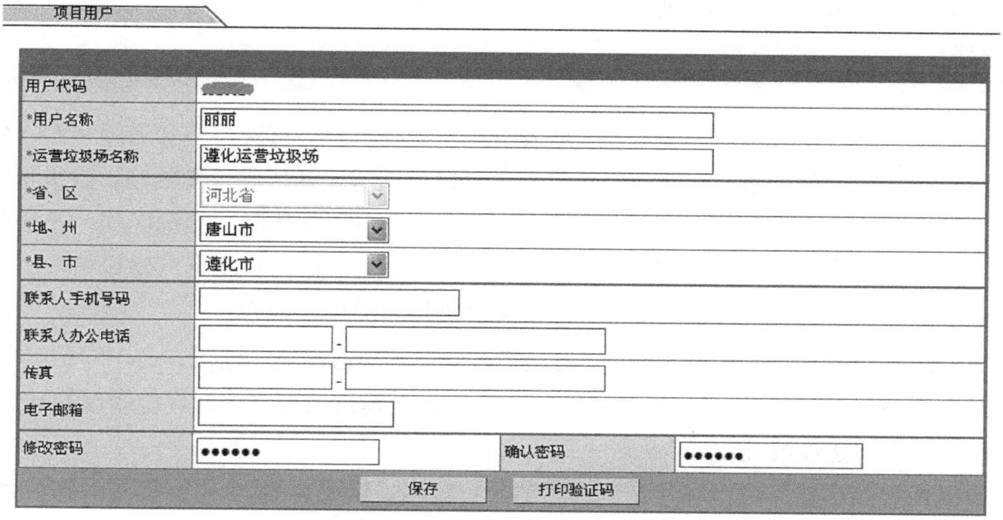

图 11-7　运营项目用户信息界面

4. 配套政策

配套政策主要有三个，包括《全国城镇生活垃圾处理信息报告、核查和评估办法》、《关于做好城镇生活垃圾处理信息报送工作的通知》以及实行季度通报制度。其中季度通报的内容包括建设、运营数据分析和上报情况总结。完成的季度通报会发送至各省住房城乡建设主管部门，抄送各省人民政府及国家发展和改革委员会、财政部、环保部等部委。

11.4 广东省城乡生活垃圾管理信息系统

2013 年，结合全省城乡生活垃圾处理建设工作的推进，为实时掌握各地建设"一县一场"、"一镇一站"、"一村一点"情况，广东省住房和城乡建设厅开发了"广东省城乡生活垃圾管理信息系统"，要求各地每月填报信息系统。本部分内容重点介绍垃圾填埋场信息填报要求 [5]。

（1）系统网址：http：//113.108.219.40/LGSYS/Login.aspx；

（2）系统主要收集信息：各地生活垃圾无害化处理场建设情况、乡镇生活垃圾转运站建设情况、自然村生活垃圾收集点建设情况。

1. 主要内容

信息系统的主要内容包括：

（1）垃圾处理场信息：垃圾处理场名称、是否属于一县一场项目、设计规模、处理量、占地面积、工程投资额、建设进度。

（2）乡镇转运站信息：转运站名称、是否属于一镇一站项目、设计规模、转运量、工程投资、建设进度。

（3）村垃圾收集点及相关信息：保洁员清扫制度任务完成情况、保洁费用、保洁员数量、保洁员工资、自然村数量、建成垃圾收集点的自然村数量、收集点任务完成程度、项目建设投资额。

2. 职责分工

系统用户按行政分类可分为四类：镇级用户、县级用户、市级用户和省级用户，每个行政区域有唯一的登录用户。镇级用户包括建制镇、街道、林场等主管部门。县级用户包括县、区和县级市主管部门。市级用户包括 21 个地级市和顺德区（顺德区作为市级用户独立填报）共 22 个主管部门。填报的内容包括：经济技术指标、收集点建设情况、转运站建设情况和处理场（厂）建设情况。以下是各级用户的填报内容：

镇级用户：镇级经济技术指标、收集点建设情况和转运站建设情况；

县级用户：县级经济技术指标（县区部分）、转运站建设情况（由县直接管理的转运站）和处理场（厂）建设情况；

市级用户：市级经济技术指标（市辖区部分）、转运站建设情况（由市直接管理的转运站）和处理场（厂）建设情况（由市直接管理的处理场（厂））。

3. 县级用户填报指引

县级用户填报的内容包括县级经济技术指标（县区部分）、转运站建设情况（由县级直接管理的转运站）和处理场（厂）建设情况，另外还要对镇级用户填报的内容（收集点、转运站、经济技术指标）进行审核，对审核不通过的数据直接退回镇级用户，并通知填报人重新上报。县级用户上报数据时，以县级为单位上报，即上报数据包含全县各镇用户上报的数据和县级转运站、经济技术指标。数据上报之后由市级用户进行审核，有问题直接退回重报。

处理场（厂）建设情况以处理场（厂）项目为单位进行填报，如图 11-8 所示新增上报之后进入到图 11-9 项目列表，在项目列表中可以对项目增删改操作，其中点击"编辑"可以编辑项目信息以及上传项目的全景和局部照片。待全部项目填写完毕之后，点击图 11-9 中的"完成上报"即可把数据报送到市级用户。

图 11-8 新增上报处理场（厂）记录

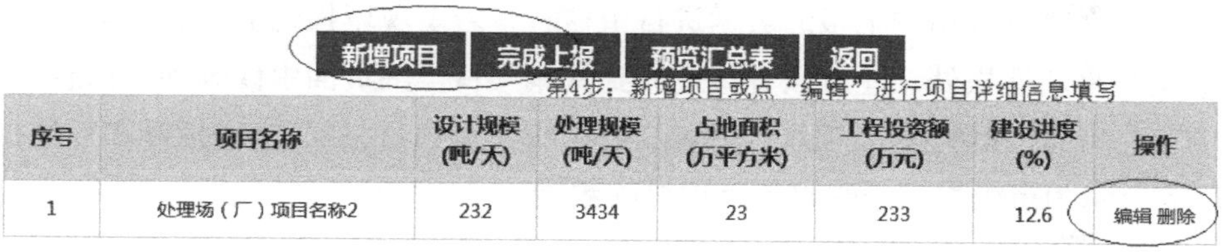

图 11-9 处理场（厂）项目列表

4. 市级用户填报指引

市级用户填报的内容包括市级经济技术指标（市辖区部分）、转运站建设情况（由市直接管理的转运站）和处理场（厂）建设情况（由市直接管理的处理场（厂）），如图 11-10、图 11-11 和图 11-12 所示，另外还要对县级用户填报的内容（处理场（厂）、收集点、转运站、经济技术指标）进行审核，对审核不通过的数据直接退回县级用户，并通知填报人重新上报。市级用户上报数据时，以市为单位上报，即上报数据包含全市各县用户上报的数据和县级处理场（厂）、转运站、经济技术指标。数据上报之后由省级用户进行审核，有问题直接退回重报。因为顺德区作为市级用户填报，另外中山市和东莞市没有县级用户，所以这三个地区审核的直接是镇级用户上报的数据。

汇总表月份
上报时间
状态
退回意见
操作
2013年4月
未上报
审核并上报县级数据
汇总表 上报
2013年3月
2013-03-19
已上报
汇总表
首页 上一页 1 下一页 尾页
共2条记录 每页15条
填报市级处理场（厂）数据
市级无害化处理场（厂）信息填报

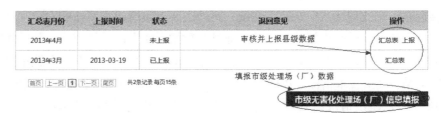

图 11-10　审核上报县处理场（厂）数据和填报市级处理场（厂）数据

汇总表月份
上报时间
状态
退回意见
操作
2013年4月
未上报
审核并上报县级转运站数据
汇总表 上报
2013年3月
2013-03-20
已上报
汇总表
首页 上一页 1 下一页 尾页
共2条记录 每页15条
填报市级转运站数据
市级转运站信息填报

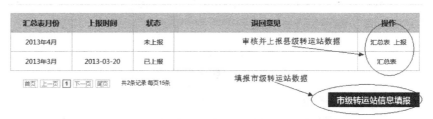

图 11-11　审核上报县转运站数据和填报市级转运站数据

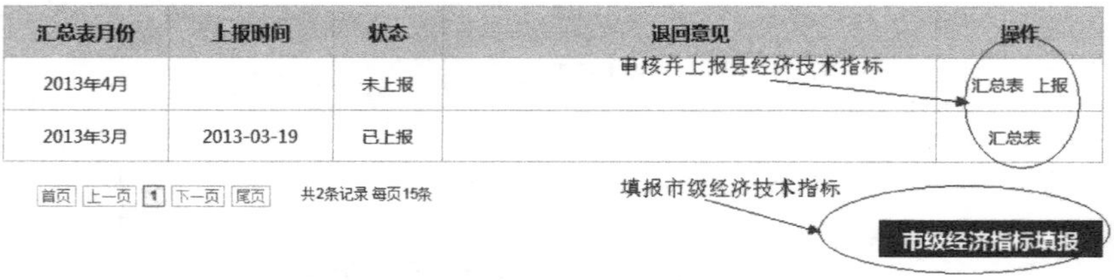

汇总表月份
上报时间
状态
退回意见
操作
2013年4月
未上报
审核并上报县经济技术指标
汇总表 上报
2013年3月
2013-03-19
已上报
汇总表
首页 上一页 1 下一页 尾页
共2条记录 每页15条
填报市级经济技术指标
市级经济指标填报

图 11-12　审核上报县经济技术指标和填报市级经济指标数据

市级用户在对县级用户上报的数据进行审核时，若发现填报的数据有问题，除了直接退回县级用户重新填报外，还可以直接进入到具体项目详细页面中修改项目信息。可以直接修改的信息有：处理场（厂）项目、转运站项目、收集点项目、经济技术指标和行政村情况。如图 11-13 所示为市级用户修改收集点项目的数据。

收集点项目详细情况
第1步：进入项目详细页面
收集点项目照片
序号
照片
第2步：点“编辑数据”打开
编辑数据
收集点项目
打开的项目数据编辑窗口
收集点项目详细情况
项目所在的自然村
收集点名称
是否建成
收集点建设说明
第3步：修改完数据之后，点“保存”
保存

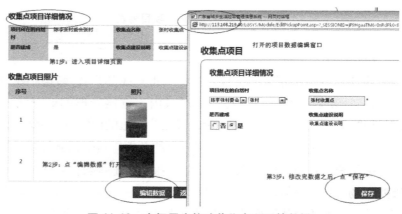

图 11-13　市级用户修改收集点项目的数据

本章执笔人：伍琳瑛、李晓春；校审：潘伟斌

思考题

（1）填埋场信息管理的概念。

（2）填埋场内部信息管理包括哪些方面及其具体要求？

（3）填埋场运营信息报送包括哪几个层面，具体是如何操作的？

（4）作为垃圾填埋场运营经理，就如何开展填埋场信息管理谈谈你的看法。

参考文献

[1] 北京市垃圾渣土管理处 . DB11/T 270—2005 北京市生活垃圾卫生填埋场运行管理规范 [S]. 北京市市政管理委员会，2005.

[2] 王淑芬等 . 马尾松毛虫防治专家决策系统 [J]. 林业科学 .1992，28（1）：31-38.

[3] 住房和城乡建设部 . 全国城镇生活垃圾处理管理信息系统工作介绍 [EB/OL]. 北京，2010.http：//ljcl.mohurd.gov.cn/.

[4] 住房与城乡建设部 . 关于做好城镇生活垃圾处理信息报送工作的通知 [EB/OL]. 北京，2009.http：//www.gov.cn/gzdt/2009-03/21/content_1264565.htm.

[5] 广东省住房和城乡建设厅 . 广东省城乡生活垃圾管理信息系统使用指南 [EB/OL]. 广州，2013.http：//113.108.219.40/LGSYS/Login.aspx.

第12章 运营管理评价

12.1 目的和意义

12.1.1 通过对生活垃圾卫生填埋场运营水平的考核评价，了解填埋场运营水平状况，发现运营过程中存在的问题并及时整改，既要满足相关法律法规的要求，又要不断提升运营水平，争取达到国内同行业的领先水平。

12.1.2 建立良好的运营水平评价机制，努力实现科学的考核、评估，激励项目管理的主观能动性和创造性，不断提升并维持填埋场在一个较高的运营管理水平。

12.1.3 加强对运营项目的目标管理和运营水平质量控制。

12.2 考核评价方法

12.2.1 考核周期

每年考核2次，采取半年度考核和年终考核方式进行考核评价。

12.2.2 考核评价小组

由填埋场运营经理或集团公司运营部牵头，填埋场运营的各个专业专家组成考核评价小组。

1. 组长职责：

（1）考核管理方案、考核细则、工作流程的审批和签发；

（2）直接受理运营项目的考核申诉；

（3）最终考核结果的审批。

2. 小组各成员职责：

（1）制定相关考核内容的考核方案、考核细则、工作流程；

（2）考核时间分年中和年尾两种，7月初进行年中考核，次年一月为年度考核时间，相关证明材料、记录汇总到考核评价小组组长审核。

12.3 考核评价内容和细则

12.3.1 考核评价内容

详细内容见12.3.3《生活垃圾卫生填埋场运营考核评价细则》。

12.3.2 考核评价流程

1. 现场考核和查阅资料。

2. 年度考核结果的确认：根据各个考核小组成员提供的考核结果统计，项目负责人确认。

3. 形成考核评价报告：考核报告经考核小组组长审批后一式两份，考核小组与运营部门各执一份。

4. 考核评价结果

（1）考核结果作为填埋场负责人工资等级升降、年度奖金发放、职位晋升或调整的依据之一。

（2）考核结果作为填埋场员工年度奖金发放和下年度工资调整的依据之一。

（3）考核得分总分≥90为优秀，80≤总分＜90为良好，70≤总分＜80为合格，总分＜70为不合格。

12.3.3 生活垃圾卫生填埋场运营考核评价细则

1. 为规范生活垃圾卫生填埋场的运行水平，依据生活垃圾卫生填埋场相关标准规范、历史数据与现场的实际情况，对生活垃圾卫生填埋场的运营水平进行评价，制定本评价细则。

2. 评价内容见表 12-1。

3. 评价分值计算方法应按下式计算：

$$M = \sum [(100 - X_子) \times f_子] \tag{12-1}$$

式中　　M——垃圾填埋场评价总分值，为各子项得分加权值之和；

　　　　$X_子$——子项实际扣分值；

　　　　$f_子$——子项权重，见表 12-1。

4. 垃圾填埋场评价应符合下列规定：

（1）各子项的实际扣分不应高于规定的最高扣分。

（2）若提供的资料或现场考察无法判断某项的水平，则该子项分值为 0 分。

生活垃圾填埋场运行水平考核评分表　　　　表 12-1

评价项目	评价子项	子项权重	子项评价内容	最高扣分	子项满分分值	子项实际得分
称重计量	/	4%	称重计量设施运行与维护正常；数据客观真实，统计记录资料完整	0	100	
			称重计量设施有时不正常，维护不及时；垃圾管理部门与车队对计量数据有合理的投诉；统计记录资料不齐全	30		
			称重计量设施经常不正常；发现有弄虚作假行为	100		

续表

评价项目	评价子项	子项权重	子项评价内容	最高扣分	子项满分分值	子项实际得分
垃圾填埋作业和清污分流、场容场貌、消杀	场容场貌	5%	场区设施整洁干净，维护及时；路面有洒水降尘、防滑、防陷措施；场内标识齐全、规范，填埋区周围防飞散设施设置有效并管理良好，周围无飘扬物	0	100	
			场区不整洁，设施没有维护，场区路面没有进行洒水降尘和防滑防陷措施，场内标识不齐全、不规范，填埋区周围无防飞散设施或防飞散效果不好，周围存在飘扬物；以上问题发现一处扣5分	100		
	垃圾检验	4%	有垃圾检验措施且能有效控制有害垃圾（危险废物和放射性废物）进场，一般生活垃圾每日抽查车次占总车次的5%或以上	0	100	
			无检验措施；发现有害垃圾进场，每发现一次扣5分；垃圾检查按上述规定每少一日检查或日检查车次数不达标扣5分/次	100		
	填埋作业	15%	场内分区、分单元作业，平台设置能满足现场作业与垃圾车需要；每天有按标准使用专用压实机械分层摊铺、压实；垃圾堆体边坡不大于1:3；垃圾填埋作业符合国家相关标准规范要求；垃圾车的日平均周转时间控制在25分钟以内（垃圾车长时间坏车除外）；月平均处理垃圾柴油消耗量≤0.5kg/t	0	100	
			平台设置不能满足现场作业与垃圾车需要，出现30台以上的垃圾车排队长龙（事故除外）；一个月内有5天以上未用压实机械对垃圾进行压实（雨天除外）；垃圾堆体边坡大于1:3；垃圾填埋作业基本符合国家相关标准规范要求；垃圾车的日平均周转时间＞25分钟（垃圾车长时间坏车除外），每超一天扣5分；月平均处理垃圾柴油消耗量＞0.5kg/t	40		
			未分作业区，平台设置不能满足现场作业与垃圾车需要，一个月内有10天以上未用压实机械对垃圾进行压实；垃圾填埋作业不符合国家相关标准规范，垃圾车日平均周转时间＞30分钟（垃圾车长时间坏车影响除外）；月平均处理垃圾柴油消耗量＞0.7kg/t	100		
	雨污分流	15%	作业区和非作业区雨水和污水进行单独导排，路面污水有效收集；现场排洪系统管理符合国家相关规范，垃圾面的覆盖符合CJJ 17—2004行业标准，膜面无破损，雨季垃圾裸露面面积≤（1.5×处理垃圾吨数）m²，旱季≤（2×处理垃圾吨数）m²；雨季（4～9月）渗沥液产生量占垃圾量的40%或以下，旱季（10～3月）在30%或以下	0	100	
			作业区和非作业区雨水和污水未完全进行单独导排，路面污水没有有效收集；现场排洪系统没有有效维护；垃圾面的覆盖基本符合CJJ 173—2004行业标准，膜面有破损，雨季垃圾裸露面面积＞（1.5×处理垃圾吨数）m²，旱季＞（2×处理垃圾吨数）m²；雨季（4～9月）渗沥液产生量占垃圾量的40%以上，旱季（10～3月）在30%以上	30		
			雨水、污水混合；未做到每日覆盖，覆盖不规范；场区路面污水没有收集；垃圾面的覆盖不符合CJJ 173—2004行业标准和相关作业流程；出现大面积膜面老化破损，雨季垃圾裸露面积＞（2×处理垃圾吨数）m²，旱季＞（2.5×处理垃圾吨数）m²；雨季（4～9月）渗沥液产生量占垃圾量的45%以上，旱季（10～3月）在33%以上	100		
	场区消杀	2%	有消杀四害（蚊、蝇、鼠、蟑螂）措施且效果良好，现场运营办公楼附近苍蝇数控制在2只/m²以内	0	100	
			无消杀四害（蚊、蝇、鼠、蟑螂）措施或有措施但效果不好，现场运营办公楼附近苍蝇数在5只/m²以上	100		

续表

评价 项目	评价 子项	子项 权重	子项评价内容	最高 扣分	子项满分 分值	子项 实际 得分
机械／ 设备管 理	填埋 作业 机械	8%	设备外观整洁；操作人员严格按照设备操作手册和作业流程进行操作；维修人员严格按照设备维修保养手册进行维修保养；主要运作机械平均可使用率在 80% 或以上（机械大修除外）	0	100	
			设备外观不够整洁；操作人员没有完全按照设备操作手册和相关作业流程进行操作；维修人员没有完全按照维修保养手册和相关作业流程进行维修保养；主要运作机械平均可使用率在 80% 以下（机械大修除外）。发现不整洁的设备扣 2 分／台，操作人员违规操作的扣 5 分／次，设备没有按手册进行维修保养的扣 5 分／台	40		
			设备外观大多不整洁；操作人员没有按照设备操作手册和作业流程进行操作；维修人员没有按照维修保养手册进行维修保养；主要运作机械平均可使用率在 70% 以下（机械大修除外）	100		
	洗车 设备	2%	洗车设备每天必须保持能正常开启和运转（正常检修除外）	0	100	
			洗车设备不能正常运转（正常检修除外），发现一次不正常或正常但未开启扣 5 分／次	100		
渗沥液 处理	/	10%	渗沥液处理后出水监测数据全部达标，处理后出水量基本达到设计规模的 90% 或以上	0	100	
			渗沥液处理后出水监测不达标次数占总监测次数的比例小于 10%，处理后出水量不能达到设计规模的 80% 以下	20		
			渗沥液处理后出水监测不达标次数占总监测次数的比例大于 10%，处理后出水量不能达到设计规模的 70% 以下	40		
			渗沥液处理后出水监测不达标次数占总监测次数的比例大于 20%，处理后出水量不能达到设计规模的 60% 以下	100		
环境保 护与劳 动卫生	环境 监测	3%	配备较完善的环境监测和检测设备，能定期对大气、渗沥液、地下水、地表水及噪声等项目的主要指标进行检测，能提供连续、完整、准确的检测资料和报告，检测技术完全按照或优于 GB/T 18772—2008 生活垃圾卫生填埋场监测技术标准执行	0	100	
			配备较完善的环境监测和检测设备，能检测主要污染指标，但不能按标准定期进行监测，监测技术基本按照 GB/T 18772—2008 生活垃圾卫生填埋场监测技术标准执行	30		
			配备的环境监测和检测设备不完善，不能检测主要污染指标，也不能按标准定期进行监测，监测技术未能按照 GB/T 18772—2008 生活垃圾卫生填埋场监测技术标准执行	100		
	环境 影响	5%	所有特征污染物（COD、NH$_3$-N、类大肠菌群、恶臭污染物等）排放指标监测数据均达到 GB16889—2008 标准（包括自测和第三方监测）	0	100	
			监测数据报告中，特征污染物排放指标监测数据达标率大于 50%，特征污染物单项指标超标扣 5 分／项	40		
			监测数据报告中，特征污染物排放指标监测数据达标率小于 50%	100		

评价项目	评价子项	子项权重	子项评价内容	最高扣分	子项满分分值	子项实际得分
环境保护与劳动卫生	劳动卫生	5%	有完善的技能培训计划和培训记录；作业人员全部持证上岗；劳保用品佩戴规范；劳动卫生按照《中华人民共和国职业病防治法》、《工业企业设计卫生标准》GBZ 1 和《生产过程安全卫生要求总则》GB 12801 的有关规定执行并结合填埋场的作业特点采取了有效保护员工职业健康的措施（包括体检、岗位调动、凉茶等）	0	100	
			没有完善的技能培训计划和记录；作业人员没有持证上岗；没有完善的员工职业健康防护措施；未按规定穿戴好劳动用品，发现一例扣 5 分 / 次	30		
			没有技能培训计划和记录；作业人员没有持证上岗；员工职业健康防护措施没有落实	100		
安全管理	/	8%	有完善的安全培训及紧急计划和记录；安全设施配备齐全，物料保管安全规范，工作有序交接；没有违反安全生产相关管理规定和制度，从未发生过安全事故	0	100	
			没有完善的安全培训及紧急计划和培训记录；安全设施配备不齐全，物料保管不安全规范，工作交接不连贯；有违反安全生产相关管理规定和制度行为；出现过一般安全事故和差一点事故，发生一例扣 10 分	50		
			曾发生过重大安全事故或重大财产失窃	100		
综合管理	/	3%	运营手册、操作流程、设备维修保养手册、各项规章制度、运行记录等资料齐全、正规并及时进行更新；各类文件与报表上交及时，完成质量高。严格遵照执行公司各类制度及流程	0	100	
			资料不齐全、不正规，未及时进行更新；各类文件与报表不能按时上交，完成质量不高。不按公司制度及流程执行	100		
设施维护	/	3%	对填埋场道路、排洪设施、消防设施、绿化带、地下水监测井、挡土墙、护坡、沉淀池维护及时到位。对防渗系统采取有效保护措施	0		
			对填埋场道路、排洪设施、消防设施、绿化带、地下水监测井、挡土墙、护坡、沉淀池维护不及时、不到位。对防渗系统没有采取有效保护措施	100		
填埋气体收集和处理	/	5%	填埋区气体按规范收集和处理，气体处理利用率大于 80%	0		
			填埋区气体收集和处理基本符合规范，气体处理利用率在 50% ~ 80% 之间	50		
			填埋区气体收集和处理不符合规范，气体处理利用率小于 50%	100		
整改落实	/	3%	对每次考评提出的整改要求及时落实到位	0	100	
			对每次考评提出的整改要求未能及时落实到位	100		
汇总得分						

报表统计：　　　　　项目负责人：　　　　　考核小组成员：　　　　　考核组长：

相关术语解释：

1. 特征污染物：指的是能够反映某种行业所排放污染物中有代表的部分，能够显示此行业的污染程度，一般可以从量上理解成排放较多的污染物。

2. 差一点事故：几乎但实际并未造成伤害的事故。

3. 机械可使用率：（最大运行台时－维修保养时间－待件时间）/ 最大运行台时。

4. 垃圾车周转时间：垃圾车从磅房到填埋区倾卸完垃圾返回磅房的周转时间。

5. 危险废物：具有毒性、易燃性、爆炸性、腐蚀性、化学反应性或传染性，会对生态环境和人类健康构成严重危害的废物。

本章执笔人：杨一清；审核：卢圣良

思考题

（1）垃圾填埋场运营水平考核的目的和意义是什么？

（2）垃圾填埋场运营水平考核的主要内容是什么？

附录 A 填埋场建设、运营相关标准和技术规范

填埋是我国使用最为普遍的垃圾处理方式，我国生活垃圾卫生填埋处理方面的标准和规范编制起步较晚，但发展较好，已经制定了一系列项目工程建设标准与技术标准，近年来，还针对填埋场中的重要环节制定了一些技术标准，垃圾卫生填埋技术标准越来越齐全和配套。

生活垃圾卫生填埋相关标准和规范的颁布与完善，极大地推动了我国生活垃圾卫生填埋技术、垃圾渗沥液处理技术及填埋气体利用技术的发展，更重要的是使生活垃圾卫生填埋场的设计、建设和管理从宏观控制、建设水平、工程措施、环境保护等方面都有法可依、有章可循。

生活垃圾卫生填埋的标准分为通用标准和专用标准。例如《生活垃圾卫生填埋技术规范》，它针对垃圾处理工程项目中通用的安全、卫生、环保要求、设计施工要求、质量要求、管理技术等制定，对生活垃圾卫生填埋提出了技术要求，把这一层次的标准叫作通用标准，其覆盖面一般较大。除了通用标准，垃圾填埋场的运行、管理等各个方面也有相应的专用标准，例如《生活垃圾卫生填埋场防渗系统工程技术规范》、《生活垃圾渗沥液处理技术规范》、《生活垃圾卫生填埋场封场技术规程》等。到目前为止，我国已发布了一系列关于垃圾卫生填埋的政策法规和标准规范，具体见表 A-1。

生活垃圾卫生填埋相关标准和规范   表 A-1

序号	标准名称	标准号
1	《生活垃圾卫生填埋处理工程项目建设标准》	建标 124—2009
2	《生活垃圾卫生填埋技术规范》	GB 50869—2013
3	《生活垃圾填埋场污染控制标准》	GB 16889—2008
4	《生活垃圾卫生填埋场防渗系统工程技术规范》	CJJ 113—2007
5	《生活垃圾卫生填埋场运行维护技术规程》	CJJ 93—2011
6	《生活垃圾填埋场渗沥液处理工程技术规范（试行）》	HJ 564—2010
7	《生活垃圾渗沥液处理技术规范》	CJJ 150—2010
8	《生活垃圾填埋场填埋气体收集处理及利用工程技术规范》	CJJ 133—2009
9	《生活垃圾填埋场无害化评价标准》	CJJT 107—2005
10	《生活垃圾卫生填埋场环境监测技术要求》	GBT 18772—2008

序号	标准名称	标准号
11	《生活垃圾卫生填埋场封场技术规程》	CJJ 112—2007
12	《生活垃圾填埋场封场工程项目建设标准》	建标 140—2010
13	《生活垃圾填埋场稳定化场地利用技术要求》	GBT 25179—2010

A.1　生活垃圾填埋场规划

生活垃圾填埋场在建设前应先进行规划，包括建设规模、选址、建设工期等。

A.1.1　填埋场建设规模

填埋场的建设应根据各地区的特点，结合环境卫生专业规划，合理确定填埋场建设规模并完善配套工程。中、小城市应进行区域性规划，集中建设填埋场。填埋场建设规模，应根据服务区域人口数量、垃圾产生量、未来发展等因素综合确定。按照《生活垃圾卫生填埋处理工程项目建设标准》建标 124—2009，填埋场建设规模分类见表 A-2。

填埋场建设规模分类　　　　　　　　　　　　　　　　　表 A-2

类型	日填埋量（t/d）
Ⅰ类	1200 以上
Ⅱ类	500 ~ 1200
Ⅲ类	200 ~ 500
Ⅳ类	200 以下

注：以上规模分类含下限值不含上限值。引自《生活垃圾卫生填埋处理工程项目建设标准》建标 124—2009。

填埋场的合理使用年限，应在 10 年以上，特殊情况下不应低于 8 年。

A.1.2　填埋场选址

《生活垃圾卫生填埋处理工程项目建设标准》建标 124—2009、《生活垃圾卫生填埋技术规范》GB 50869—2013、《生活垃圾填埋场污染控制标准》GB 16889—2008 都对填埋场的选址提出了要求。填埋场的选址应遵循两条原则：一是从防止污染角度考虑的安全原则；二是从经济角度考虑的经济合理原则。

1. 基础资料的收集

按照《生活垃圾卫生填埋技术规范》GB 50869—2013，填埋场选址应先进行下列基础资料的收集：

（1）城市总体规划，区域环境规划，城市环境卫生专业规划及相关规划；

（2）土地利用价值及征地费用，场址周围人群居住情况与公众反映，填埋气体利用的可能性；

（3）地形、地貌及相关地形图，土石料条件；

（4）工程地质与水文地质；

（5）洪泛周期（年）、降水量、蒸发量、夏季主导风向及风速、基本风压值；

（6）道路、交通运输、给水排水及供电条件；

（7）拟填埋处理的垃圾量和性质，服务范围和垃圾收集运输情况；

（8）城市污水处理现状及规划资料；

（9）城市电力和燃气现状及规划资料。

2. 填埋场不应设在下列地区：

（1）地下水集中供水水源地及补给区；

（2）洪泛区和泄洪道；

（3）填埋库区与污水处理区边界距居民居住区或人畜供水点 500m 以内的地区；

（4）填埋库区与污水处理区边界距河流和湖泊 50m 以内的地区；

（5）填埋库区与污水处理区边界距民用机场 3km 以内的地区；

（6）活动的坍塌地带，尚未开采的地下蕴矿区、灰岩坑及溶岩洞区；

（7）珍贵动植物保护区和国家、地方自然保护区；

（8）公园，风景、游览区，文物古迹区，考古学、历史学、生物学研究考察区；

（9）军事要地、基地，军工基地和国家保密地区。

3. 填埋场选址应符合现行国家标准《生活垃圾填埋污染控制标准》GB 16889—2008 和相关标准的规定，并应符合下列要求：

（1）当地城市总体规划、区域环境规划及城市环境卫生专业规划等专业规划要求；

（2）与当地的大气防护、水土资源保护、大自然保护及生态平衡要求相一致；

（3）库容应保证填埋场使用年限在 10 年以上，特殊情况下不应低于 8 年；

（4）交通方便，运距合理；

（5）人口密度、土地利用价值及征地费用均较低；

（6）位于地下水贫乏地区、环境保护目标区域的地下水流向下游地区及夏季主导风向的下风向；

（7）选址应由建设项目所在地的建设、规划、环保、环卫、国土资源、水利、卫生监督等有关部门和专业设计单位的有关专业技术人员参加。

4. 填埋场选址应按下列顺序进行：

（1）场址候选。在全面调查与分析的基础上，初定 3 个或 3 个以上候选场址。

（2）场址预选。通过对候选场址进行踏勘，对场地的地形、地貌、植被、地质、水文、气象、供电、给水排水、覆盖土源、交通运输及场址周围人群居住情况等进行对比分析，推荐 2 个或 2 个以上预选场址。

（3）场址确定。对预选场址方案进行技术、经济、社会及环境比较，推荐拟定场址。对拟定场址进行地形测量、初步勘察和初步工艺方案设计，完成选址报告或可行性研究报告，通过审查确定场址。

5. 按照《生活垃圾填埋场污染控制标准》GB 16889—2008，生活垃圾填埋场选址还应符合下列要求：

（1）生活垃圾填埋场选址的标高应位于重现期不小于 50 年一遇的洪水位之上，并建设在长远规划中的水库等人工蓄水设施的淹没区和保护区之外。拟建有可靠防洪设施的山谷型填埋场，并经过环境影响评价证明洪水对生活垃圾填埋场的风险在可接受范围内，前款规定的选址标准可以适当降低。

（2）生活垃圾填埋场场址的位置及与周围人群的距离应依据环境影响评价结论确定，并经地方环境保护行政主管部门批准。

A.1.3　填埋场总体布置

《生活垃圾卫生填埋技术规范》GB 50869—2013 对生活垃圾填埋场的总体布置做出了规定。

填埋库区的占地面积宜为总面积的 70% ~ 90%，不得小于 60%。填埋场类型应根据场址地形分为山谷型、平原型、坡地型。总体布置应按填埋场类型，结合工艺要求、气象和地质条件等因素经过技术经济比较确定。总平面应工艺合理，按功能分区布置，便于施工和作业；竖向设计应结合原有地形，便于雨污水导排，并使土石方尽量平衡，减少外运或外购土石方。

填埋场总图中的主体设施布置内容应包括：计量设施，基础处理与防渗系统，地表水及地下水导排系统，场区道路，垃圾坝，渗沥液导流系统，渗沥液处理系统，填埋气体导排及处理系统，封场工程及监测设施等。

填埋场配套工程及辅助设施和设备应包括：进场道路，备料场，供配电，给水排水设施，生活和管理设施，设备维修、消防和安全卫生设施，车辆冲洗、通信、监控等附属设施或设备。填埋场宜设置环境监测室、停车场，并宜设置应急设施（包括垃圾临时存放、紧急照明等设施）。

生活和管理设施宜集中布置并处于夏季主导风向的上风向，与填埋库区之间宜设绿化隔离带。生活、管理及其他附属建（构）筑物的组成及其面积，应根据填埋场的规模、工艺等条件确定。

场内道路应根据其功能要求分为永久性道路和临时性道路进行布局。永久性道路应按现行国家标准《厂矿道路设计规范》GBJ 22—1987 露天矿山道路三级或三级以上标准设计；临时性道路及作业平台宜采用中级或低级路面，并宜有防滑、防陷设施。场内道路应满足全天候使用。

填埋场地表水导排系统应考虑填埋分区的未作业区和已封场区的汇水直接排放，截洪沟、溢洪道、排水沟、导流渠、导流坝、垃圾坝等工程应满足雨污分流要求。填埋场防洪应符合表 A-3 的规定，并不得低于当地的防洪标准。

防洪要求 表 A-3

填埋场建设规模总容量（$10^4 m^3$）	防洪标准（重现期：年）	
	设计	校核
＞500	50	100
200～500	20	50

注：引自《生活垃圾卫生填埋技术规范》GB 50869—2013。

填埋场供电宜按三级负荷设计，建有独立污水处理厂时应采用二级负荷。填埋场应有供水设施。

垃圾坝及垃圾填埋体应进行安全稳定性分析。填埋库区周围应设安全防护设施及 8 m 宽度的防火隔离带，填埋作业区宜设防飞散设施。

填埋场永久性道路、辅助生产及生活管理和防火隔离带外均宜设置绿化带。填埋场封场覆盖后应进行生态恢复。

A.1.4　建设用地与建筑标准

《生活垃圾卫生填埋处理工程项目建设标准》建标 124—2009 对生活垃圾填埋场建设用地与建筑标准做出了规定。

填埋场建设的总平面应按照功能分区布置；建设用地应遵守科学合理、节约用地的原则，满足生产、办公、生活的需求。填埋场总库容应满足其使用寿命 10 年以上的垃圾容量；填埋库区每平方米应填埋 $10m^3$ 以上垃圾。

填埋场的生产管理、生产辅助、设施建筑在满足使用功能和安全的条件下，宜集中布置。各类填埋场建筑面积指标不宜超过表 A-4 所列指标。

填埋场建筑面积指标表（m^2） 表 A-4

建设规模	生产管理与辅助设施	生活服务设施
Ⅰ类	850～1200	450～640
Ⅱ类	750～1100	380～550
Ⅲ类	650～950	250～440
Ⅳ类	600～850	130～260

注：建设规模大的取上限，建设规模小的取下限。引自《生活垃圾卫生填埋处理工程项目建设标准》建标 124—2009。

A.1.5　填埋场劳动定员

《生活垃圾卫生填埋处理工程项目建设标准》建标 124—2009 对填埋场劳动定员做出了规定。

填埋场劳动定员应按照定岗定员的原则，根据项目的工艺特点、技术水平、自动控制水平和经营管理的要求，合理确定。填埋场工作制度，宜采用一至二班制。填埋场劳动员可分为生产人员、辅助生产人员和管理人员。各类填埋场的劳动定员可参照表 A-5 选用。辅助生产人员可根据当地的社会化协作条件，逐步由社会化服务系统解决。

填埋场劳动定员（人）　　　　　　　　　　　　　表 A-5

建设规模	劳动定员
Ⅰ类	50 ~ 70
Ⅱ类	40 ~ 50
Ⅲ类	20 ~ 40
Ⅳ类	< 20

注：建设规模大的取上限，建设规模小的取下限。引自《生活垃圾卫生填埋处理工程项目建设标准》建标 124—2009。

A.1.6　主要经济技术指标

填埋场的工程投资估算应按国家现行的有关规定执行。评估或审批项目可行性研究报告的投资估算时，应根据工程实际内容及价格变化的情况，按照动态管理的原则进行调整后使用。填埋场每立方米库容投资估算指标可按照 15 ~ 30 元 /m³ 控制。建设规模大的可取下限，建设规模小的可取上限，采用双层衬里防渗结构的填埋场可取上限。各类填埋场建设工期可按表 A-6 规定选取。填埋库区应一次性规划设计、分期建设，分期建设库容及相应的使用年限应根据填埋量、场址条件综合确定。

填埋场建设工期（月）　　　　　　　　　　　　表 A-6

建设规模	施工建设工期
Ⅰ类	12 ~ 24
Ⅱ类	12 ~ 31
Ⅲ类	9 ~ 15
Ⅳ类	≤ 12

注：1. 表中所列工期以破土动工统计，不包括非正常停工；

　　2. 填埋场应分期建设，分期建设的工期宜参照本表确定。引自《生活垃圾卫生填埋处理工程项目建设标准》建标 124—2009。

生活垃圾卫生填埋处理工程项目应按照国家现行的有关建设项目经济评价方法与参数的规定进行经济评价。

A.2　生活垃圾填埋场建设规范

生活垃圾填埋场建设包括填埋场地基与防渗系统的铺设、渗沥液收集处理系统、填埋气体导排设施等的建设。

A.2.1　填埋场防渗系统

《生活垃圾卫生填埋场防渗系统工程技术规范》CJJ 113—2007 及《生活垃圾卫生填埋技术规范》GB 50869—2013 都对填埋场防渗系统工程做了规定。

填埋场必须进行防渗处理，防止对地下水和地表水的污染，同时还应防止地下水进入填埋区。防渗系统工程应在垃圾填埋场的使用期限和封场后的稳定期限内有效地发挥其功能。

防渗结构的类型应分为单层防渗结构和双层防渗结构。

单层防渗结构的层次从上至下为：渗沥液收集导排系统、防渗层（含防渗材料及保护材料）、基础层、地下水收集导排系统。

双层防渗结构的层次从上至下为渗沥液收集导排系统、主防渗层（含防渗材料及保护材料）、渗漏检测层、次防渗层（含防渗材料及保护材料）、基础层、地下水收集导排系统。

防渗层设计应符合下列要求：

1. 能有效地阻止渗沥液透过，以保护地下水不受污染；

2. 具有相应的物理力学性能；

3. 具有相应的抗化学腐蚀能力；

4. 具有相应的抗老化能力；

5. 应覆盖垃圾填埋场场底和四周边坡，形成完整的、有效的防水屏障。

人工防渗系统主要包括三类：人工合成衬里防渗系统应采用的复合衬里防渗系统；应用于地下水贫乏地区的防渗系统的单层衬里防渗系统；在特殊地质和环境要求非常高的地区宜采用的双层衬里防渗系统。各类防渗系统的铺设结构详见《生活垃圾卫生填埋技术规范》GB 50869。

防渗系统工程中应使用的土工合成材料高密度聚乙烯（HDPE）膜、土工布、GCL、土工复合排水网等的规定详见《生活垃圾卫生填埋场防渗系统工程技术规范》CJJ 113—2007。

A.2.2　渗沥液收集处理系统

《生活垃圾填埋场污染控制标准》GB 16889—2008 规定了 2011 年 7 月 1 日起，现有全部生活垃圾填埋场应自行处理生活垃圾渗沥液。《生活垃圾卫生填埋技术规范》GB 50869—2013 及《生活垃圾填埋场渗沥液处理工程技术规范（试行）》HJ 564—2010 都对渗沥液收集处理系统的建设做出了规定。结合 GB 50869—2013 和 HJ 564—2010 的要求与规定，本节对填埋场渗沥液收集处理系统的建设进行阐述。

1. 总体布置

渗沥液处理厂（站）总体布置应在满足国家现行防火、卫生、安全等方面的技术规范基础上，综合考虑地形、地貌、周围环境、工艺流程、构筑物及各项设施相互间的平面和空间关系，使各项设施整体协调统一。工程附属的生产与生活服务等辅助设施，应与填埋场主体工程统筹考虑，避免重复建设。总平面布置应充分考虑渗沥液收集与外排，符合排水通畅、降低能耗、平衡土方的要求，并符合 GB 50187—2012 的要求。

渗沥液处理厂（站）宜单独设置在垃圾填埋场管理区的下风向，并满足施工、设备安装、各类管线连接简洁、维修管理方便等要求。渗沥液处理厂（站）应以生产区为核心，其他各功能区应按渗沥液处理流程合理安排，主要恶臭产生源（调节池、曝气设施、厌氧反应设施、污泥脱水设施等）宜集中布置。渗沥液处理厂（站）内应有必要的通道，有明显的车辆行驶方向标志，并符合消防通道要求。渗沥液处理厂（站）区围墙及挡土墙的设置应按照场地的实际情况确定，并应符合 GB 50187—2012 的规定。

2. 一般规定

生活垃圾填埋场渗沥液处理厂（站）应根据生活垃圾填埋场的建设规模、填埋容量、填埋年限、填埋作业方式、占地面积、自然地理情况和气象等条件确定处理规模和处理工艺。

在填埋区与渗沥液处理设施间必须设置渗沥液调节池。

处理技术方案的选择应保证出水符合环境影响评价报告书批复文件的要求，并应达到 GB 16889—2008 和有关地方排放标准的规定。

生活垃圾填埋场渗沥液处理系统的主要设备应有备用，并具有防腐性能。

渗沥液处理厂（站）应按照《污染源自动监控管理办法》的规定，安装污染物排放连续监测设备。

3. 配套工程

配套工程主要包括厂内建（构）筑物、供配电、采暖通风、给水排水、消防、道路、绿化、通信、运行管理设施、检测与控制等。

4. 施工与验收

（1）工程施工

生活垃圾填埋场渗沥液处理工程的设计、施工单位应具有国家相应的工程设计、施工资质。建筑、安装工程应符合施工设计文件、设备技术文件的要求，对工程的变更应取得设计单位变更文件后再进行施工。施工中使用的设备、材料、部件等应符合相关的国家标准和行业标准，并取得供货商的产品合格证明。处理构筑物采用钢制设备的，其加工、制造应执行 GB 50128—2005 的相关规定，钢制设备防腐宜执行 HGJ 229—1991 的相关规定，并应适合渗沥液的特点。

（2）工程验收

生活垃圾填埋场渗沥液处理工程竣工验收应执行《建设项目（工程）竣工验收办法》。

生活垃圾填埋场渗沥液处理工程竣工验收具体要求宜参照 GB 50334—2002 执行。

（3）竣工环境保护验收

渗沥液处理厂（站）的竣工环境保护验收按《建设项目竣工环境保护验收管理办法》的规定进行。渗沥液处理厂（站）的竣工环境保护验收除了应满足《建设项目竣工环境保护验收管理办法》规定的条件外，在试运行期间还应进行性能试验，性能试验报告可作为环境保护验收的内容。

A.2.3　填埋气体导排设施

《生活垃圾卫生填埋技术规范》GB 50869—2013、《生活垃圾填埋场填埋气体收集处理及利用工程技术规范》CJJ 133—2007、《城市生活垃圾卫生填埋场运行维护技术规程》CJJ 93—2011 对填埋气体导排设施建设做出了规定。

填埋场必须设置有效的填埋气体导排设施，填埋气体严禁自然聚集、迁移等，防止引起火灾和爆炸。填埋场不具备填埋气体利用条件时，应主动导出并采用火炬法集中燃烧处理。未达到安全稳定的旧填埋场应设置有效的填埋气体导排和处理设施。

填埋气体导排设施应符合下列规定：

（1）填埋气体导排设施宜采用竖井（管），也可采用横管（沟）或横竖相连的导排设施。

（2）竖井可采用穿孔管居中的石笼，穿孔管外宜用级配石料等粒状物填充。竖井宜按填埋作业层的升高分段设置和连接；竖井设置的水平间距不应大于 50m；管口应高出场地 1m 以上。应考虑垃圾分解和沉降过程中堆体的变化对气体导排设施的影响，严禁设施阻塞、断裂而失去导排功能。

（3）填埋深度大于 20m 采用主动导气时，宜设置横管。

（4）有条件进行填埋气体回收利用时，宜设置填埋气体利用设施。

（5）填埋库区除应按生产的火灾危险性分类中戊类防火区采取防火措施外，还应在填埋场设消防贮水池，配备洒水车，储备干粉灭火剂和灭火沙土。应配置填埋气体监测及安全报警仪器。

垃圾坝及垃圾填埋体应进行安全稳定性分析。填埋库区周围应设安全防护设施及 8m 宽的防火隔离带，填埋作业区宜设防飞散设施。

填埋场达到稳定安全期前的填埋库区及防火隔离带范围内严禁设置封闭式建（构）筑物，严禁堆放易燃、易爆物品，严禁将火种带入填埋库区。

填埋场上方甲烷气体含量必须小于 5%；建（构）筑物内，甲烷气体含量严禁超过 1.25%。

进入填埋作业区的车辆、设备应保持良好的机械性能，应避免产生火花。

填埋场应防止填埋气体在局部聚集。填埋库区底部及边坡的土层 10m 深范围内的裂隙、溶洞及其他腔形结构均应予以充填密实。填埋体中不均匀沉降造成的裂隙应及时予以充填密实。对填埋物中可能造成腔形结构的大件垃圾应进行破碎。

A.3 生活垃圾填埋场运营规范

生活垃圾填埋场运营规范包括填埋废物的入场要求、垃圾的计量与检测、填埋作业及作业区覆盖。

A.3.1 填埋废物的入场要求

《生活垃圾卫生填埋技术规范》GB 50869—2013 及《生活垃圾填埋场污染控制标准》GB 16889—2008 都对生活垃圾填埋场填埋废物的入场要求做了规定。

（1）下列废物可以直接进入生活垃圾填埋场填埋处置：

1）由环境卫生机构收集或者自行收集的混合生活垃圾，以及企事业单位产生的办公废物；

2）生活垃圾焚烧炉渣（不包括焚烧飞灰）；

3）生活垃圾堆肥处理产生的固态残余物；

4）服装加工、食品加工以及其他城市生活服务行业产生的性质与生活垃圾相近的一般工业固体废物。

（2）《医疗废物分类目录》中的感染性废物经过下列方式处理后，可以进入生活垃圾填埋场填埋处置。

1）按照 HJ/T 228—2006 要求进行破碎毁形和化学消毒处理，并满足消毒效果检验指标；

2）按照 HJ/T 229—2006 要求进行破碎毁形和微波消毒处理，并满足消毒效果检验指标；

3）按照 HJ/T 276—2006 要求进行破碎毁形和高温蒸汽处理，并满足处理效果检验指标。

（3）生活垃圾焚烧飞灰和医疗废物焚烧残渣（包括飞灰、底渣）经处理后满足下列条件，可以进入生活垃圾填埋场填埋处置。

1）含水率小于 30%。

2）二噁英含量低于 3μg/kg。

3）按照 HJ/T 300—2007 制备的浸出液中危害成分浓度低于表 A-7 规定的限值。

浸出液污染物浓度限值　　　　　　　　　　　　　　　　表 A-7

序号	污染物项目	浓度限值（mg/L）
1	汞	0.05
2	铜	40
3	锌	100
4	铅	0.25
5	镉	0.15
6	铍	0.02

序号	污染物项目	浓度限值（mg/L）
7	钡	25
8	镍	0.5
9	砷	0.3
10	总铬	4.5
11	六价铬	1.5
12	硒	0.1

注：引自《生活垃圾填埋场污染控制标准》GB 16889—2008。

（4）一般工业固体废物经处理后，按照 HJ/T 300—2007 制备的浸出液中危害成分浓度低于表 A-7 规定的限值，可以进入生活垃圾填埋场填埋处置。

（5）经处理后满足（3）要求的生活垃圾焚烧飞灰和医疗废物焚烧残渣（包括飞灰、底渣）和满足（4）要求的一般工业固体废物在生活垃圾填埋场中应单独分区填埋。

（6）厌氧产沼等生物处理后的固态残余物、粪便经处理后的固态残余物和生活污水处理厂污泥经处理后含水率小于 60%，可以进入生活垃圾填埋场填埋处置。

（7）处理后分别满足第（2）、（3）、（4）和（6）条要求的废物应由地方环境保护行政主管部门认可的监测部门检测、经地方环境保护行政主管部门批准后，方可进入生活垃圾填埋场。

（8）下列废物不得在生活垃圾填埋场中填埋处置：

1）除符合（3）规定的生活垃圾焚烧飞灰以外的危险废物；

2）未经处理的餐饮废物；

3）未经处理的粪便；

4）禽畜养殖废物；

5）电子废物及其处理处置残余物；

6）除本填埋场产生的渗沥液之外的任何液态废物和废水。

国家环境保护标准另有规定的除外。

A.3.2　垃圾计量与检测

《城市生活垃圾卫生填埋场运行维护技术规程》CJJ 93—2011 对进场垃圾的计量与检测做出了规定。

（1）进场垃圾应称重计量和登记，宜采用计算机控制系统。

（2）进场垃圾检验应符合下列规定：

1）填埋场入口处操作人员应对进场垃圾适时观察、随机抽查；

2）应定期抽取垃圾来进行理化成分检测；

3）不符合现行国家标准《生活垃圾填埋场污染控制标准》GB 16889—2008 中规定的填埋处置要求的各类固体废物，应禁止进入填埋区，并进行相应处理、处置。

填埋作业现场倾卸垃圾时，一旦发现生活垃圾中混有不符合填埋处置要求的固体废物，应及时阻止倾卸并做相应处置，同时对其做详细记录、备案，按照安全作业制度及时上报。

（3）维护保养

应及时清除地磅表面、地磅槽内及周围的污水和异物。应根据使用情况定期对地磅进行维护保养和校核工作。应定期检查维护计量系统的计算机、仪表、录像、道闸和备用电源等设备。

（4）安全操作

地磅前后方应设置醒目的限速标志。地磅前方 5 ～ 10m 处应设置减速装置。

A.3.3　填埋作业及作业区覆盖

《城市生活垃圾卫生填埋场运行维护技术规程》CJJ 93—2011、《生活垃圾填埋场污染控制标准》GB 16889—2008 都对填埋作业及作业区做出了规定。

1. 运行管理

（1）应按设计要求和实际条件制定填埋作业规划方案。

（2）应按填埋作业规划制定的阶段性填埋作业方案，确定作业通道、作业平台，绘制填埋单元作业顺序图，并实施分区分单元逐层填埋作业。

（3）填埋区作业面（填埋单元）面积不宜过大，可根据填埋场类型按下列要求分类控制作业区面积。

（4）垃圾卸料平台和填埋作业区域应在每日作业前布置就绪，平台数量和面积应根据垃圾填埋量、垃圾运输车流量及气候条件等实际情况分别确定。垃圾卸料平台的设置要求详见 CJJ 93—2011。

（5）填埋作业现场应有专人负责指挥调度车辆。

（6）填埋作业区周边应设置固定或移动式防飞散网（屏护网）。

（7）填埋机械操作人员应及时摊铺垃圾，压实前每层垃圾的摊铺厚度不宜超过 60cm；单元厚度宜为 2 ～ 4m，最厚不得超过 6m。

（8）宜采用填埋场专用垃圾压实机分层连续碾压垃圾，碾压次数不应少于 2 次；当压实机发生故障停止使用时，应使用大型推土机替代碾压垃圾，连续碾压次数不应少于 3 次。压实后应保证层面平整，垃圾压实密度不应小于 600 kg/m³。作业坡度宜为 1：4 ～ 1：5。

（9）填埋作业区应按照填埋的不同阶段适时覆盖，应做到日覆盖、中间覆盖和终场覆盖，日覆盖或阶段性覆盖层厚度均应符合国家现行标准《生活垃圾卫生填埋技术规范》GB 50869 的规定。

（10）垃圾填埋区日覆盖可采用土、HDPE 膜、LDPE 膜、浸塑布或防雨布等材料进行覆盖。采用土覆盖，其覆盖厚度宜为 20～25 cm；斜面日覆盖宜采用膜或布覆盖。用其他散体材料作覆盖替代物时，宜参照土的覆盖厚度和性能要求确定其覆盖厚度。

（11）中间覆盖宜采用厚度不小于 0.5 mm 的 HDPE 膜或 LDPE 膜覆盖为主，也可用黏土，并应符合下列要求：当采用 HDPE 膜、LDPE 膜、防雨布等材料进行中间覆盖时，应采用有效的气体导排措施，检查覆盖物与雨水边沟的有效搭接，并留有雨水沿坡向流向边沟的坡度。

（12）膜覆盖材料的选用应符合下列规定：

1）覆盖膜宜选用厚度为 0.5mm 及以上、幅宽为 6m 以上的黑色 HDPE 膜或厚度为 5mm 以上的膨润土垫（GCL），日覆盖亦可用 LDPE 膜；

2）日覆盖时膜裁减长度宜为 20 m 左右，中间覆盖时应根据实际需要裁减长度，不宜超过 50 m。

（13）膜覆盖作业应符合 CJJ 93—2011 的规定。

（14）达到设计终场标高的堆体应按照国家现行标准《生活垃圾卫生填埋场封场技术规程》CJJ 112—2007 的规定及时进行终场覆盖。

（15）单元层垃圾填埋完成后，应保持雨污分流设施完好。

（16）采取土工合成材料防渗的填埋场，填埋作业时应注意对防渗结构及填埋气体收集系统的保护，并符合 CJJ 93—2011 的规定。

（17）填埋场运行期内，应控制堆体的坡度，确保填埋堆体的稳定性。

（18）应定期检测渗沥液导排系统的有效性，保证正常运行。当衬层上的渗沥液深度大于 30cm 时，应及时采取有效疏导措施排除积存在填埋场内的渗沥液。

（19）应定期检测地下水水质。当发现地下水水质有被污染的迹象时，应及时查找原因，发现渗漏位置并采取补救措施，防止污染进一步扩散。

（20）应定期根据场地和气象情况随时进行防蚊蝇、灭鼠和除臭工作。

（21）填埋场作业区臭气的控制应采取减少、控制和及时覆盖垃圾暴露面，封闭渗沥液调节池，提高填埋气体收集率，及时清除场区积水，对作业面及时进行消杀等措施。

2. 维护保养

填埋场场区内应有专人负责道路、截洪沟、排水渠、截洪坝、垃圾坝、洗车槽等设施的维护、保洁、清淤、除杂草等工作。

对场内边坡保护层、尚未填埋垃圾区域内防渗和排水等设施应定期进行检查、维护。

填埋单元阶段性覆盖及至填埋场封场后，应对填埋区（填埋库区）覆盖层及各设施定期进行检查、维护。

3. 安全操作

填埋区（填埋库区）内严禁捡拾废品，并严禁畜禽进入。进场车辆倾倒垃圾时应有专人指挥，车辆后方 3m 内不得站人。填埋区内作业车辆应服从调度人员指挥或按照规定路线及相关标识行驶，做到人车分流、车车分流，保证通行顺畅、有序。当再次进行后续填埋作业、掀开已覆盖的膜、布时，作业人员不应直接面对膜掀开处，应穿戴好劳动防护用品（必要时佩戴防护面具），同时依据具体情况采取局部喷洒水雾、除臭或灭虫药剂等处理措施。填埋区（填埋库区）应按规定配备消防器材，储备消防砂土，并应保持器材和设施完好。填埋区（填埋库区）发现火情应按安全应急预案及时灭火，事后应分析原因并重新评估应急预案，有针对性地改进预防措施。当气温降至零度以下并出现冰冻现象时，应在填埋区坡道、弯道等处采取防滑措施。

A.3.4　填埋场监测与检测

对水污染物排放、地下水、地表水、甲烷气体、恶臭污染物、总悬浮颗粒物、苍蝇密度、填埋作业覆土厚度、填埋作业区暴露面面积大小及其污染危害、填埋场区（填埋库区）边坡稳定性、垃圾堆体沉降、场区内的蚊蝇和鼠类、防渗衬层完整性以及降水、气温、气压、风向、风速等进行监测，具体监测和检测要求符合《生活垃圾填埋场污染控制标准》GB 16889—2008、《城市生活垃圾卫生填埋场运行维护技术规程》CJJ 93—2011 规定。

A.4　生活垃圾填埋场渗沥液处理工程技术规范

《生活垃圾填埋场渗沥液处理工程技术规范（试行）》HJ 564—2010 及《生活垃圾渗沥液处理技术规范》CJJ 150—2010 都对生活垃圾填埋场渗沥液处理工程做了详细说明；《城市生活垃圾卫生填埋场运行维护技术规程》CJJ 93—2011 对生活垃圾填埋场渗沥液收集、处理、检测做了规定；《生活垃圾填埋场污染控制标准》GB 16889—2008 对生活垃圾填埋场渗沥液的排放要求做了规定。

A.4.1　水量

计算生活垃圾填埋场渗沥液产生量时应充分考虑当地降雨量、蒸发量、地面水损失、其他外部来水渗入、垃圾的特性、表面覆土和防渗系统下层排水设施的排水能力等因素。生活垃圾填埋场渗沥液处理规模宜按垃圾填埋场平均日渗沥液产生量计算，并应与调节池容积计算相匹配。

A.4.2　水质

根据生活垃圾填埋场的垃圾填埋年限及渗沥液的化学需氧量和氨氮浓度，生活垃圾填埋场渗沥液可分为初期渗沥液、中后期渗沥液和封场后渗沥液。生活垃圾填埋场渗沥液水质的确定，宜以实测数据为基准，并考虑未来水质变化趋势。

在无法取得实测数据时，宜参考表 A-8 及同类地区同类型填埋场实测数据合理选取。

国内生活垃圾填埋场（调节池）渗沥液典型水质 表 A-8

项目	初期渗沥液	中后期渗沥液	封场后渗沥液
五日生化需氧量（mg/L）	4000～20000	2000～4000	300～2000
化学需氧量（mg/L）	10000～30000	5000～10000	1000～5000
氨氮（mg/L）	200～2000	500～3000	1000～3000
悬浮固体（mg/L）	500～2000	200～1500	200～1000
pH 值	5～8	6～8	6～9

注：引自《生活垃圾填埋场渗沥液处理工程技术规范（试行）》HJ 564—2010。

A.4.3　工艺设计

1. 工艺设计原则

选择处理工艺之前，应了解填埋场的使用年限、填埋作业方式、当地经济条件等影响水质的因素。选择渗沥液处理工艺时，应以稳定连续达标排放为前提，综合考虑垃圾填埋场的填埋年限和渗沥液的水质、水量以及处理工艺的经济性、合理性、可操作性，通过技术、经济比选后确定。

2. 调节池

调节池容积应与填埋工艺、停留时间、渗沥液产生量及配套污水处理设施规模等相匹配，并符合 GB 50869—2013 的有关规定。调节池应有相应的防渗措施。调节池属于厂区恶臭污染源之一，应加盖密封，并采取臭气处理措施。

3. 工艺流程

生活垃圾填埋场渗沥液处理工艺可分为预处理、生物处理和深度处理三种。应根据渗沥液的进水水质、水量及排放要求综合选取适宜的工艺组合方式，推荐选用"预处理＋生物处理＋深度处理"组合工艺（工艺流程图见图 A-1），也可采用如下工艺组合：

（1）预处理＋深度处理；

（2）生物处理＋深度处理。

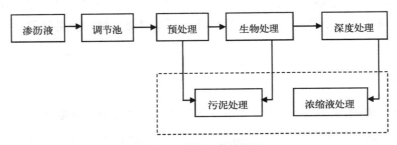

图 A-1　常规工艺流程图

注：引自《生活垃圾填埋场渗沥液处理工程技术规范（试行）》HJ 564—2010。

预处理工艺可采用生物法、物理法和化学法，目的主要是去除氨氮或无机杂质，或改善渗沥液的可生化性。

生物处理工艺可采用厌氧生物处理法和好氧生物处理法，处理对象主要是渗沥液中的有机污染物和氮、磷等。

深度处理工艺可采用纳滤、反渗透、吸附过滤等方法，处理对象主要是渗沥液中的悬浮物、溶解物和胶体等。深度处理宜以纳滤和反渗透为主，并根据处理要求合理选择。

当渗沥液处理工艺过程中产生污泥时，应对污泥进行适当处理。纳滤和反渗透产生的浓缩液应进行处理，可采用蒸发、焚烧等方法。

各处理工艺中处理方法的选择应综合考虑进水水质、水量、处理效率、排放标准、技术可靠性及经济合理性等因素后确定。

4. 工艺参数

包括预处理、厌氧生物处理、好氧生物处理、膜生物反应器、氧化沟、纯氧曝气法、好氧生物处理工艺后接沉淀池、纳滤、反渗透、吸附过滤等工艺的参数，详见 HJ 564—2010。

5. 污泥及浓缩液处理

渗沥液处理中产生的污泥宜与城市污水厂污泥一并处理，当进入垃圾填埋场填埋处理或单独处理时，含水率不宜大于 80%。纳滤和反渗透工艺产生的浓缩液宜单独处理，可采用焚烧、蒸发或其他适宜的处理方式。

6. 二次污染控制

主要恶臭污染源（调节池、厌氧反应设施、曝气设施、污泥脱水设施等）宜采取密闭、局部隔离及负压抽吸等措施，经集中处理后排放，处理后气体的排放应执行 GB 14554—1993。应按各生产环节噪声的产生原因，分别采取有效的控制措施。厂界噪声应符合 GB 12348—2008 的要求，作业车间噪声应符合 GBZ 1—2010 的要求。渗沥液处理工程曝气过程中产生的泡沫，宜采用喷淋水或消泡剂等方式抑制。

A.4.4　检测与控制

1. 渗沥液处理厂（站）试运行期间应进行水质检测，检测的参数应至少包括：

（1）各处理单元中 pH 值、温度、溶解氧（好氧工艺）；

（2）各单元进、出水主要污染物（悬浮物、化学需氧量、五日生化需氧量、氨氮、总氮、总磷）的浓度；

（3）进、出水中总汞、总砷、总镉、总铅、总铬、六价铬等重金属的浓度和粪大肠菌群数；

（4）纳滤和反渗透工艺进水、产水、浓缩液的电导率或含盐量，以及浊度；

（5）纳滤和反渗透工艺各单元膜组件前后压力及压降。

2. 渗沥液处理厂（站）应建立水质、水量监测制度，水量包括渗沥液产生量和处理量。水质监测指标至少包括各处理单元的进出水指标：色度、悬浮物、化学需氧量、五日生化需氧量、氨氮、总氮、总磷等主要污染物浓度以及进出水的总汞、总砷、总镉、总铅、总铬、六价铬等重金属浓度和粪大肠菌群数。

3. 渗沥液处理厂（站）宜采用集中管理监视、分散控制的自动控制系统；采用成套设备时，设备本身控制宜与系统控制相结合。自动控制系统设计应符合 HG/T 20508—2000、HG/T 20511—2000、HG/T 20573—2012、GB 50093—2002、HG/T 20509—2000 的规定。

4. 渗沥液处理厂（站）下列各处应配备针对相关气体浓度的检测仪表和报警装置。

（1）调节池、厌氧反应设施：甲烷、硫化氢；

（2）曝气设施：氨。

A.4.5　排放

《生活垃圾填埋场污染控制标准》GB 16889—2008 规定了生活垃圾填埋场渗沥液的排放要求。

生活垃圾渗沥液（含调节池废水）等污水经处理并符合 GB 16889—2008 规定的污染物排放控制要求后，可直接排放。现有和新建生活垃圾填埋场自 2008 年 7 月 1 日起执行 GB 16889—2008 规定的水污染物排放浓度限值。

根据环境保护工作的要求，在国土开发密度已经较高、环境承载能力开始减弱，或环境容量较小、生态环境脆弱，容易发生严重环境污染问题而需要采取特别保护措施的地区，应严格控制生活垃圾填埋场的污染物排放行为，在上述地区的现有和新建生活垃圾填埋场自 2008 年 7 月 1 日起执行 GB 16889—2008 规定的水污染物特别排放限值。

A.4.6　运行和维护

1. 运行

渗沥液处理系统应纳入垃圾填埋场的生产管理中，配备专业管理人员和技术人员。

应具有工艺操作说明书以及设备使用、维护说明书，各岗位人员应严格执行操作规程，如实填写运行记录，并妥善保存。

运行人员应定期进行岗位培训，熟悉生活垃圾渗沥液处理工艺流程、各处理单元的处理要求、并根据水质条件变化适时调整运行参数，达到相应的操作要求和处理目标。

生物处理应根据水质条件及实测数据反馈生物处理效果，并根据需要调整运行参数。

深度处理工序应采用可靠的预处理措施，确保进水条件符合纳滤和反渗透要求。

纳滤和反渗透运行参数主要包括：距上次清洗后运转的时间，设备投入运行总时间；多介质过滤器、保安过滤器与每一段膜组件前后的压降；各段膜组件进水、产水与浓水压力；各段膜组件进水与产水流量；各段膜组件进水、产水与浓缩液的电导率或含盐量；进水、产水和浓缩液的 pH 值；进水淤泥密度指数值。在运行过程中，应根据需要及时调整相关操作参数。

根据水质变化，纳滤和反渗透应采取 pH 值调节、投加阻垢剂等化学品、合理控制运行参数等必要措施，以有效避免膜组件的结垢及污染。

2. 维护

渗沥液处理系统应制定大、中检修计划和主要设备维护和保养规程，及时更换损坏设备及部件，提高设备的完好率。

操作人员及维修人员应严格执行设备的维修和保养规程，进行定期的维护和检修。

3. 应急处理措施

应建立渗沥液处理厂（站）易发事故点和面的档案及事故发生的分布图，制定相应的应急处理措施，配套相应的设备和设施。

应加强渗沥液处理厂（站）管理机制和应急能力的建设，并定期组织应急培训和学习。

应配备危险气体（甲烷、硫化氢）和危险化学品的控制与防护措施。

A.5 生活垃圾填埋场填埋气体收集处理及利用工程技术规范

《生活垃圾填埋场填埋气体收集处理及利用工程技术规范》CJJ 133—2009 及《城市生活垃圾卫生填埋场运行维护技术规程》CJJ 93—2011 都对生活垃圾填埋场填埋气体收集处理及利用做出了规定。

A.5.1 基本规定

填埋场必须设置填埋气体导排设施。设计总填埋容量大于或等于 100 万 t，垃圾填埋厚度大于或等于 10m 的生活垃圾填埋场，必须设置填埋气体主动导排处理设施。设计总填埋容量大于或等于 250 万 t，垃圾填埋厚度大于或等于 20m 的生活垃圾填埋场，应配套建设填埋气体利用设施。设计总填埋容量小于 100 万 t 的生活垃圾填埋场宜采用能够有效减少甲烷产生和排放的填埋工艺。

填埋气体导排设施应与填埋场工程同时设计，垃圾填埋堆体中设置的气体导排设施的施工应与垃圾填埋作业同步进行。主动导排设施及气体处理（利用）设施的建设应于垃圾填埋场投运 3 年内实施，并宜分期实施。

A.5.2 填埋气体产气量估算

填埋气体产气量估算包括以下四个方面：

1. 对某一时刻填入填埋场的生活垃圾，其填埋气体产生量；

2. 对某一时刻填入填埋场的生活垃圾，其填埋气体产气速率；

3. 垃圾填埋场填埋气体理论产气速率；

4. 填埋场单位重量垃圾的填埋气体最大产气量。

填埋气体回收利用工程设计，应估算出利用期间每年的填埋气体产气速率。

在填埋气体回收利用工程实施前，宜进行现场抽气试验，验证填埋气体产气速率。

A.5.3 填埋气体导排

1. 一般规定

填埋场垃圾堆体内应设置导气井或导气盲沟；两种气体导排设施的选用，应根据填埋场的具体情况选择或组合。

新建垃圾填埋场，宜从填埋场使用初期铺设导气井或导气盲沟。导气井基础与底部防渗层接触时应做好防护措施。

对于无气体导排设施的在用或停用填埋场，应采用钻孔法设置导气井。

用于填埋气体导排的碎石不应使用石灰石，粒径宜为 10 ~ 50mm。

2. 导气井

用钻孔法设置的导气井，钻孔深度不应小于垃圾填埋深度的 2/3，但井底距场底间距不宜小于 5m，且应有保护场底防渗层的措施。

导气井包括主动导排导气井和被动导排导气井，结构详见 CJJ 133—2007。

导气井直径（中）不应小于 600mm，垂直度偏差不应大于 1%。

主动导排导气井井口应采用膨润土或黏土等低渗透性材料密封，密封厚度宜为 3 ~ 5m。

导气井中心多孔管应采用高密度聚乙烯等高强度耐腐蚀的管材，管内径不应小于 100mm，需要排水的导气井管内径不应小于 200mm；穿孔宜用长条形孔，在保证多孔管强度的前提下，多孔管开孔率不宜小于 2%。

导气井应根据垃圾填埋堆体形状、导气井作用半径等因素合理布置，应使全场导气井作用范围完全覆盖垃圾填埋区域；垃圾堆体中部的主动导排导气井间距不应大于 50m，沿堆体边缘布置的导气井间距不宜大于 25m；被动导排导气井间距不应大于 30m。

被动导排的导气井，其排放管的排放口应高于垃圾堆体表面 2m 以上。

导气井与垃圾堆体覆盖层交叉处，应采取封闭措施，减少雨水的渗入。

主动导排系统，当导气井内水位过高时，应采取降低井内水位的措施。

导气井降水所用抽水设备应具有防爆功能。

3. 导气盲沟

填埋气体导气盲沟断面宽、高均不应小于 1000mm。

导气盲沟中心管应采用柔性连接的管道，管内径不应小于 150mm；当采用多孔管时，在保证中心管强度的前提下，开孔率不宜小于 2%；中心管四周宜用级配碎石填充。

导气盲沟水平间距可按 30 ~ 50m 设置，垂直间距可按 10 ~ 15m 设置。

被动导排的导气盲沟，其排放管的排放口应高于垃圾堆体表面 2m 以上。

垃圾堆体下部的导气盲沟，应有防止被水淹没的措施。

主动导排导气盲沟外穿垃圾堆体处应采用膨润土或黏土等低渗透性材料密封，密封厚度宜为 3 ~ 5m。

A.5.4 填埋气体输气管网

1. 管网的布置与敷设

填埋气体输气管应设不小于 1% 的坡度，管段最低点处应设凝结水排水装置，排水装置应考虑防止空气吸入的措施，并应设抽水装置。

填埋气体收集管道应选用耐腐蚀、柔韧性好的材料及配件，管路应有良好的密封性。

　　每个导气井或导气盲沟的连接管上应设置调节阀门，调节阀应布置在易于操作的位置。导气井数量较多时宜设置调压站，对同一区域的多个导气井集中调节和控制。

　　输气管道不得在堆积易燃、易爆材料和具有腐蚀性液体的场地下面或上面通过，不宜与其他管道同沟敷设。

　　输气管道沿道路敷设时，宜敷设在人行道或绿化带内，不应在道路路面下敷设。

　　输气管地面或架空敷设时，不应妨碍交通和垃圾填埋的操作，架空管应每隔 300m 设接地装置，管道支架应采用阻燃材料。

　　地面与架空附设的塑料管道应设伸缩补偿设施。

　　输气管与其他管道共架敷设时，输气管道与其他管道的水平净距不应小于 0.3m。当管径大于 300mm 时，水平净距不应小于管道直径。

　　架空敷设输气管与架空输电线之间的水平和垂直净距不应小于 4m，与露天变电站围栅的净距不应小于 10m。

　　寒冷地区，输气管宜采用埋地敷设，管道埋深宜在土壤冰冻线以下，管顶覆土厚度还应满足下列要求：埋设在车行道下时，不得小于 0.8m；埋设在非车行道下时，不得小于 0.6m。

　　地下输气管道与建（构）筑物或相邻管道之间的最小水平净距和垂直净距应满足现行国家标准《城镇燃气设计规范》GB 50028—2006 和《输气管道工程设计规范》GB 50251—2003 的有关规定。

　　输气管道不得穿过大断面管道或通道。

　　输气管道穿越铁路、河流等障碍物时，应符合现行国家标准《输气管道工程设计规范》GB 50251—2003 的有关规定。

　　在填埋场内敷设的填埋气体管道应做明显的标志。

　　2. 管道计算

　　填埋气体输气总管的计算流量不应小于最大产气年份每小时产气量的 80%。

　　各填埋气体输气支管的计算流量应按各支管所负担的导气井（或导气盲沟）数量和每个导气井（或导气盲沟）的流量确定。

　　填埋气体输气管道内气体流速宜取 (5 ～ 10) m/s。

　　填埋气体输气管道单位长度摩擦阻力损失计算详见 CJJ 133—2009。

A.5.5　填埋气体抽气、处理和利用系统

　　1. 一般规定

　　填埋气体抽气、处理和利用系统应包括抽气设备、气体预处理设备、燃烧设备、气体利用设备、建（构）筑物、电气、输变电系统、给水排水、消防、自动化控制等设施。

　　抽气、处理和利用设施和设备应布置在垃圾堆体以外。

　　填埋气体处理和利用设施宜靠近抽气设备布置。

　　填埋气体抽气、预处理及利用设施应具有良好的通风条件，不得使可燃气体在空气中聚集。

抽气、气体预处理、利用和火炬燃烧系统应统筹设计，从填埋场抽出的气体应优先满足气体利用系统的用气，利用系统用气剩余的气体应能自动分配到火炬系统进行燃烧。

2. 填埋气体抽气及预处理

填埋气体抽气设备应选用耐腐蚀和防爆型设备。

填埋气体抽气设备应设调速装置，宜采用变频调速装置。

填埋气体抽气设备应至少有 1 台备用。

抽气设备最大流量应为设计流量的 1.2 倍。抽气设备最小升压应满足克服填埋气体输气管路阻力损失和用气设备进气压力的需要。

填埋气体主动导排系统的抽气流量应能随填埋气体产气速率的变化而调节，气体收集率不宜小于 60%。

抽气系统应设置流量计量设备，并可对瞬时流量和累积量进行记录。抽气系统应设置填埋气体氧 (O_2) 含量和甲烷 (CH_4) 含量在线监测装置，并应根据氧 (O_2) 含量控制抽气设备的转速和启停。

预处理工艺和设备的选择及处理量应根据气体利用方案、用气设备的要求和烟气排放标准来确定。

3. 火炬燃烧系统

设置主动导排设施的填埋场，必须设置填埋气体燃烧火炬。

填埋气体收集量大于 100m^3/h 的填埋场，应设置封闭式火炬。

填埋气体火炬应有较宽的负荷适应范围，应能满足填埋气体产量变化、气体利用设施负荷变化、甲烷浓度变化等情况下填埋气体的稳定燃烧。

火炬应能在设计负荷范围内根据负荷的变化调节供风量，使填埋气体得到充分燃烧，并应使填埋气体中的恶臭气体完全分解。

填埋气体火炬应具有点火、熄火安全保护功能。

封闭式火炬距地面 2.5m 以下部分的外表面温度不应高于 50℃。

火炬的填埋气体进口管道上必须设置与填埋气体燃烧特性相匹配的阻火装置。

4. 填埋气体利用

CJJ 133—2009 对以下四方面有相关规定：

（1）填埋气体利用方式及规模；

（2）填埋气体用于内燃机发电；

（3）填埋气体用于锅炉燃料；

（4）填埋气体制造城镇燃气或汽车燃料。

A.5.6　排放

《生活垃圾填埋场污染控制标准》GB 16889—2008 规定了填埋气体的排放控制要求：填埋工作面上 2m 以下高度范围内甲烷的体积百分比应不大于 0.1%。

生活垃圾填埋场应采取甲烷减排措施：当通过导气管道直接排放填埋气体时，导气管排放口的甲烷体积百分比不大于 5%。

生活垃圾填埋场在运行中应采取必要的措施防止恶臭物质的扩散。在生活垃圾填埋场周围环境敏感点方位的场界的恶臭污染物浓度应符合 GB 14554—1993 的规定。

A.5.7 电气系统

填埋气体发电并网时,接入系统设计应符合电力行业的有关规定。

高压配电装置、继电保护和安全自动装置、过电压保护、防雷和接地的技术要求,应符合国家现行标准《3 ~ 110 kV 高压配电装置设计规范》GB 50060—2008、《电力装置的继电保护和自动装置设计规范》GB/T 50062—2008、《交流电气装置的过电压保护和绝缘配合》DL/T 620—1997、《建筑物防雷设计规范》GB 50057—2010 和《交流电气装置的接地》DL/T 621—1997 的有关规定。

以下方面的有关规定详见 CJJ 133—2009。

1. 电气主接线;

2. 厂用电系统;

3. 二次接线及电测量仪表装置;

4. 照明系统;

5. 电缆选择与敷设;

6. 通信。

A.5.8 仪表与自动化控制

填埋气体收集、处理及利用工程的自动化控制应适用、可靠、先进,并应根据填埋气体利用设施特点进行设计;应满足设施安全、经济运行和防止对环境二次污染的要求。

填埋气体收集处理及利用工程的自动化控制系统,应采用成熟的控制技术和可靠性高、性能价格比适宜的设备和元件。

以下方面的有关规定详见 CJJ 133—2009。

1. 自动化水平;

2. 分散控制系统;

3. 检测与报警;

4. 保护和连锁;

5. 电源与气源;

6. 控制室;

7. 防雷接地与设备安全。

A.5.9 配套工程

以下方面的有关规定详见 CJJ 133—2009。

1. 工程总体设计;

2. 建筑与结构；

3. 给水排水；

4. 消防；

5. 采暖通风；

6. 空调。

A.5.10　环境保护与劳动卫生

1. 一般规定

填埋气体收集与利用过程中产生的烟气、恶臭、废水、噪声及其他污染物的防治与排放，应执行国家现行的环境保护法规和标准的有关规定。

填埋气体收集、处理及利用场站工作环境和条件应符合国家职业卫生标准的要求。

应根据污染源的特性和合理确定的污染物产生量制定污染物治理措施。

2. 环境保护

填埋气体燃烧烟气污染物排放限值应符合现行国家标准《锅炉大气污染物排放标准》GB 13271—2001 中有关燃气锅炉的排放限值要求。

填埋气体内燃式发电机组的烟气污染物排放限值应满足项目环境影响评价的批复要求。

填埋气体收集、处理及利用场站的生活污水和工艺污水宜并入垃圾填埋场污水处理站。无污水处理设施的，填埋气体收集、处理及利用工程应考虑设置污水处理设施，污水处理设施的设计排放标准应符合项目环境影响评价报告批复的要求。

厂站噪声治理应符合现行国家标准《工业企业厂界环境噪声排放标准》GB 12348—2008 的有关规定。对建筑物的直达声源噪声控制，应符合现行国家标准《工业企业噪声控制设计规范》GBJ 87—1985 的有关规定。

填埋气体收集、处理及利用工程的恶臭污染物控制与防治，应符合现行国家标准《恶臭污染物排放标准》GB 14554—1993 的有关规定。

3. 职业卫生与劳动安全

填埋气体收集、处理及利用场站的职业卫生，应符合国家现行标准《工业企业设计卫生标准》GBZ 1—2010 的有关规定。

填埋气体收集、处理及利用工程建设应采取有利于职业病防治和保护劳动者健康的措施。设备应在醒目位置设置警示标志，并应有可靠的防护措施。

职业病防护设备、防护用品应确保处于正常工作状态，不得擅自拆除或停止使用。

填埋气体收集利用厂站应采取劳动安全措施。规定了填埋气体收集、处理及利用工程的劳动安全措施。

工程施工及验收部分，对施工前的准备提出了要求。

A.5.11　工程施工及验收

1. 一般规定

建筑、安装工程应符合施工图设计文件、设备技术文件的要求。施工安装使用的材料、预制构件、器件应符合国家现行有关标准及设计要求，并应取得供货商的合格证明文件。

2. 工程施工及验收

（1）施工准备应符合下列要求：

1）应具有经审核批准的施工图设计文件和设备技术文件，并有施工图设计交底记录。

2）施工用临时建筑、交通运输、电源、水源、气（汽）源、照明、消防设施、主要材料、机具、器具等应准备充分。

3）应编制施工组织设计，并应通过评审。

（2）设备安装前，除必须交叉安装的设备外，土建工程墙体、屋面、门窗、内部粉刷应基本完工，设备基础地坪、沟道应完工，混凝土强度应达到不低于设计强度的75%。用建筑结构作起吊或搬运设备承力点时，应核算结构承载力，以满足最大起吊或搬运的要求。

（3）垃圾堆体上施工前，应制定详细的安全施工方案和应急预案。

（4）在垃圾堆体上进行挖方、导气井钻孔、管道连接等施工时，应有防爆和防止人员中毒的措施。

（5）设备及材料的验收应包括下列内容：到货设备、材料应在监理单位监督下开箱验收并作记录。被检查的设备或材料应满足供货合同规定的技术要求，应无短缺、损伤、变形、锈蚀，必要时应进行现场检验。钢结构构件应有焊缝检查记录及预装检查记录。

（6）设备、材料保管应根据其规格、性能、对环境要求、时效期限及其他要求分类存放。

（7）竣工验收应具备下列条件：

1）生产性建设工程和辅助性设施、消防、环保工程、职业卫生与劳动安全、环境绿化工程已经按照批准的设计文件建设完成，具备运行、使用条件和验收条件。

2）填埋气体收集、处理和利用设施已经安装配套，带负荷试运行合格。填埋气体收集率、气体利用率、发电机组发电效率、锅炉热媒参数和热效率、烟气污染物排放指标、设备噪声级、原料消耗指标等均达到设计规定。

3）引进的设备、技术，按合同规定完成负荷调试、设备考核。

重要结构部位、隐蔽工程、地下管线，应按工程设计要求和施工验收标准，及时进行中间验收。

A.6 生活垃圾卫生填埋场封场技术规程

生活垃圾卫生填埋场封场工程包括地表水径流、排水、防渗、渗沥液收集处理、填埋气体收集处理、堆体稳定、植被类型及覆盖等内容。《生活垃圾卫生填埋场封场技术规程》CJJ 112—2007 及《生活垃圾填埋场封场工程项目建设标准》建标140—2010 对封场技术做了详细规定，《生活垃圾卫生填埋技术规范》GB 50869—2013 及《生活垃圾填埋场污染控制标准》GB 16889—2008 也有封场的相关说明。

A.6.1　一般规定

填埋场填埋作业至设计终场标高或不再收纳垃圾而停止使用时，必须实施封场工程。填埋场封场工程必须报请有关部门审核批准后方可实施。填埋场封场工程应选择技术先进、经济合理，并满足安全、环保要求的方案。填埋场封场工程设计应收集下列资料：

1. 城市总体规划、区域环境规划、城市环境卫生专业规划、土地利用规划；
2. 填埋场设计及竣工验收图纸、资料；
3. 填埋场及附近地区的地表水、地下水、大气、降水等水文气象资料，地形、地貌、地质资料以及周边公共设施、建筑物、构筑物等资料；
4. 填埋场已填埋的生活垃圾的种类、数量及特性；
5. 填埋场及附近地区的土石料条件；
6. 填埋气体收集处理系统、渗沥液收集处理系统现状；
7. 填埋场环境监测资料；
8. 填埋场垃圾堆体裂隙、沟坎、鼠害等情况；
9. 其他相关资料。

填埋场封场工程的劳动卫生应按照有关规定执行，并应采取有利于职业病防治和保护作业人员健康的措施。

填埋场环境污染控制指标应符合现行国家标准《生活垃圾填埋污染控制标准》GB 16889—2008 的要求。

A.6.2　堆体整形与处理

填埋场整形与处理前，应勘察分析场内发生火灾、爆炸、垃圾堆体崩场等填埋场安全隐患。

施工前，应制定消除陡坡、裂隙、沟缝等缺陷的处理方案、技术措施和作业工艺，并宜实行分区域作业。挖方作业时，应采用斜面分层作业法。整形时应分层压实垃圾，压实密度应大于 800 kg/m³。

整形与处理过程中，应采用低渗透性的覆盖材料临时覆盖。在垃圾堆体整形作业过程中，挖出的垃圾应及时回填。垃圾堆体不均匀沉降造成的裂缝、沟坎、空洞等应充填密实。应保持场区内排水、交通、填埋气体收集处理、渗沥液收集处理等设施正常运行。

整形与处理后，垃圾堆体顶面坡度不应小于 5%；当边坡坡度大于 10% 时宜采用台阶式收坡，台阶间边坡坡度不宜大于 1∶3，台阶宽度不宜小于 2m，高差不宜大于 5m。

A.6.3　填埋气体收集与处理

填埋场封场工程应设置填埋气体收集和处理系统，并应保持设施完好和有效运行。

填埋场封场工程应采取防止填埋气体向场外迁移的措施。填埋场封场时应增设填埋气体收集系统，安装导气装置导排填埋气体。应对垃圾堆体表面和填埋场周边建（构）筑物内的填埋气体进行监测。填埋场建（构）筑物内空气中的甲烷气体含量超过5%时，应立即采取安全措施。对填埋气体收集系统的气体压力、流量等基础数据应定期进行监测，并应对收集系统内填埋气体的氧含量设置在线监测和报警装置。填埋气体收集井、管、沟以及闸阀、接头等附件应定期进行检查、维护，清除积水、杂物，保持设施完好。系统上的仪表应定期进行校验和检查维护。在填埋气体收集系统的钻井、井安装、管道铺设及维护等作业中应采取防爆措施。

A.6.4 封场覆盖系统

填埋场封场必须建立完整的封场覆盖系统。

封场覆盖系统结构由垃圾堆体表面至顶表面顺序应为：排气层、防渗层、排水层、植被层，如图 A-2 所示。

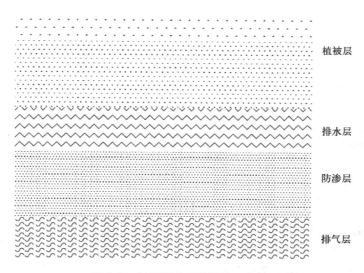

图 A-2 封场覆盖系统结构示意图

注：引自《生活垃圾卫生填埋场封场技术规程》CJJ 112—2007

封场覆盖系统各层应从以下形式中选择：

1. 排气层

（1）填埋场封场覆盖系统应设置排气层，施加于防渗层的气体压强不应大于 0.75 kPa。

（2）排气层应采用粒径为 25 ~ 50mm、导排性能好、抗腐蚀的粗粒多孔材料，渗透系数应大于 1×10^{-2}cm/s，厚度不应小于 30cm。气体导排层宜用与导排性能等效的土工复合排水网。

2. 防渗层

（1）防渗层可由土工膜和压实黏性土或土工聚合黏土衬垫(GCL)组成复合防渗层，也可单独使用压实黏性土层。

（2）复合防渗层的压实黏性土层厚度应为 20～30cm，渗透系数应小于 1×10^{-5}cm/s。单独使用压实黏性土作为防渗层，厚度应大于 30cm，渗透系数应小于 1×10^{-7}cm/s。

（3）土工膜选择厚度不应小于 1mm 的高密度聚乙烯（HDPE）或线性低密度聚乙烯土工膜（LLDPE），渗透系数应小于 1×10^{-7}cm/s。土工膜上下表面应设置土工布。

（4）土工聚合黏土衬垫（GCL）厚度应大于 5mm，渗透系数应小于 1×10^{-7}cm/s。

3. 排水层

排水层顶坡应采用粗粒或土工排水材料，边坡应采用土工复合排水网，粗粒材料厚度不应小于 30cm，渗透系数应大于 1×10^{-2} m/s。材料应有足够的导水性能，保证施加于下层衬垫的水头小于排水层厚度。排水层应与填埋库区四周的排水沟相连。

4. 植被层

植被层应由营养植被层和覆盖支持土层组成。营养植被层的土质材料应利于植被生长，厚度应大于 15cm。营养植被层应压实。覆盖支持土层由压实土层构成，渗透系数应大于 1×10^{-4}cm/s，厚度应大于 450cm。

采用黏土作为防渗材料时，黏土层在投入使用前应进行平整压实。黏土层压实度不得小于 90%。黏土层基础处理平整度应达到每平方米黏土层误差不得大于 2cm。

采用土工膜作为防渗材料时，土工膜应符合现行国家标准《非织造复合土工膜》GB/T 17642—2008、《聚乙烯土工膜》GB/T 17643—2011、《聚乙烯（PE）土工膜防渗工程技术规范》SL/T 231—1998、《土工合成材料应用技术规范》GB 50290—1998 的相关规定。土工膜膜下黏土层，基础处理平整度应达到每平方米黏土层误差不得大于 2cm。

铺设土工膜应焊接牢固，达到规定的强度和防渗漏要求，符合相应的质量验收规范。土工膜分段施工时，铺设后应及时完成上层覆盖，裸露在空气中的时间不应超过 30d。在垂直高差较大的边坡铺设土工膜时，应设置锚固平台，平台高差不宜大于 10m。在同一平面的防渗层应使用同一种防渗材料，并应保证焊接技术的统一性。

封场覆盖系统必须进行滑动稳定性分析，典型无渗压流和极限覆盖土层饱和情况下的安全系数设计中应采取工程措施，防止因不均匀沉降而造成防渗结构的破坏。封场防渗层应与场底防渗层紧密连接。填埋气体的收集导排管道穿过覆盖系统防渗处应进行密封处理。封场覆盖保护层、营养植被层的封场绿化应与周围景观相协调，并应根据土层厚度、土壤性质、气候条件等进行植物配置。封场绿化不应使用根系穿透力强的树种。

A.6.5 地表水控制

垃圾堆体外的地表水不得流入垃圾堆体和垃圾渗沥液处理系统。封场区域雨水应通过场区内排水沟收集，排入场区雨水收集系统。排水沟断面和坡度应依据汇水面积和暴雨强度确定。地表水、地下水系统设施应定期进行全面检查。对地表水和地下水应定期进行监测。对场区内管、井、池等难以进入的狭窄场所，应配备必要的维护器具，并应定期进行检查、维护。大雨和暴雨期间，应有专人巡查排水系统的排水情况，发现设施损坏或堵塞应及时组织人员处理。填埋场内贮水和排水设施竖坡、陡坡高差超过 1m 时，应设置安全护栏。在检查井的入口处应设置安全警示标识。进入检查井的人员应配备相应的安全用品。对存在安全隐患的场所，应采取有效措施后方可进入。

A.6.6　渗沥液收集处理系统

封场工程应保持渗沥液收集处理系统的设施完好和有效运行。

封场后应定期监测渗沥液水质和水量，并应调整渗沥液处理系统的工艺和规模。在渗沥液收集处理设施发生堵塞、损坏时，应及时采取措施排除故障。

渗沥液收集管道施工中应采取防爆施工措施。

A.6.7　封场工程施工及验收

1. 封场工程前应根据设计文件或招标文件编制施工方案，准备施工设备和设施，合理安排施工场地。应制定封场工程施工组织设计，并应制定封场过程中发生滑坡、火灾、爆炸等意外事件的应急预案和措施。施工人员应熟悉封场工程的技术要求、作业工艺、主要技术指标及填埋气体的安全管理。

2. 施工中应对各种机械设备、电气设备和仪器仪表进行日常维护保养，应严格执行安全操作规程。场区内施工应采用防爆型电气设备。场区内运输，理应符合现行国家标准《工业企业厂内运输安全规程》GB 4387—2008 的有关规定，应有专人负责指挥调度车辆。

3. 封场作业道路应能全天候通行，道路的宽度和载荷能力应能保证运输设备的要求。场区内道路、排水等设施应定期检查维护，发现异常应及时修复；供电设施、电器、照明设备、通信管线等应定期检查维护；各种交通告示标志、消防设施，设备等应定期检查；避雷、防爆等装置应由专业人员按有关标准进行检测维护。

4. 封场作业过程的安全卫生管理应符合现行国家标准《生产过程安全卫生要求总则》GB 12801—2008 的规定外，还应符合下列要求：

（1）操作人员必须佩戴必要的劳保用品，做好安全防范工作；场区夜间作业必须穿反光背心。

（2）封场作业区、控制室、化验室、变电室等区域严禁吸烟，严禁酒后作业。

（3）场区内应配备必要的防护救生用品和药品，存放位置应有明显标志。备用的防护用品及药品应定期检查、更换、补充。

（4）在易发生事故地方应设置醒目标志，并应符合现行国家标准《安全色》GB 2893—2008、《安全标志》GB 2894—2008 的有关规定。

5. 封场作业时，应采取防止施工机械损坏排气层、防渗层、排水层等设施的措施。封场工程中采用的各种材料应进行进场检验和验收，必要时应进行现场试验。封场施工中应根据实际需要及时构筑作业平台。封场过程中应采取通风、除尘、除臭与杀虫等措施。

6. 施工区域必须设消防贮水池，配备消防器材，并应保持完好。消防器材设置应符合国家现行相关标准的规定外，还应符合下列要求：

（1）对管理人员和操作人员应进行防火、防爆安全教育和演习，并应定期进行检查、考核。

（2）严禁带火种车辆进入场区，作业区严禁烟火，场区内应设置明显防火标志。

（3）应配置填埋气体监测及安全报警仪器。

（4）封场作业区周围设置不应小于 8 m 宽的防火隔离带，并应定期检查维护。

（5）施工中发现火情应及时扑灭；发生火灾的，应按场内安全应急预案及时组织处理，事后应分析原因并采取有针对性预防措施。

7. 封场作业区周围应设置防飘散物设施，并定期检查维修。封场作业区严禁捡拾废品，严禁设置封闭式建（构）筑物。

8. 封场工程施工和安装应按照以下要求进行：

（1）应根据工程设计文件和设备技术文件进行施工和安装。

（2）封场工程各单项建筑、安装工程应按国家现行相关标准及设计要求进行施工。

（3）施工安装使用的材料应符合国家现行相关标准及设计要求；对国外引进的设备和材料应按供货商提供的设备技术要求、合同规定及商检文件执行，并应符合国家现行标准的相应要求。

9. 封场工程完成后，应编制完整的竣工图纸、资料，并应按国家现行相关标准与设计要求做好工程竣工验收和归档工作。

A.6.8　封场工程后续管理

1. 填埋场封场工程竣工验收后，必须做好后续维护管理工作。后续管理期间应进行封闭式管理。后续管理工作应包括下列内容：

（1）建立检查维护制度，定期检查维护设施。

（2）对地下水、渗沥液、填埋气体、大气、垃圾堆体沉降及噪声进行跟踪监测。

（3）保持渗沥液收集处理和填埋气体收集处理的正常运行。

（4）绿化带和堆体植被养护。

（5）对文件资料进行整理和归档。

2. 未经环卫、岩土、环保专业技术鉴定之前，填埋场地禁止作为永久性建（构）筑物的建筑用地。

3. 《生活垃圾卫生填埋技术规范》GB 50869—2013 要求，填埋场封场后的土地使用必须符合下列规定：

（1）填埋作业达到设计封场条件要求时，确需关闭的，必须经所在地县级以上地方人民政府环境保护、环境卫生行政主管部门鉴定、核准；

（2）填埋堆体达到稳定安全期后方可进行土地使用，使用前必须做出场地鉴定和使用规划；

（3）未经环卫、岩土、环保专业技术鉴定之前，填埋场地严禁作为永久性建（构）筑物用地。

A.7　生活垃圾填埋场稳定化场地利用技术要求

本标准规定了生活垃圾填埋场稳定化场地利用的要求和监测，适用于生活垃圾填埋场稳定化后场地再利用。

A.7.1　分类

1. 场地利用

按利用方式，场地利用可分为低度利用、中度利用和高度利用三类：

（1）低度利用一般指人与场地非长期接触，主要方式包括草地、林地、农地等。

（2）中度利用一般指人与场地不定期接触，主要包括学校、运动场、运动型公园、野生动物园、游乐场、高尔夫球场等。

（3）高度利用一般指人与场地长期接触，主要包括学校、办公区、工业区、住址区等。

2. 植被恢复

按稳定化程度，填埋场封场后植被的恢复可分为恢复初期、恢复中期和恢复后期三种：

（1）初期，生长的植物以草本植物生长为主。

（2）中期，生长的植物出现了乔灌木植物。

（3）后期，植物生长旺盛，包括各类草本、乔木、花卉、灌木等。

A.7.2　要求

1. 一般要求

（1）为确保填埋场的再利用能与周边用地规划紧密结合，终场后的利用方式应在填埋场建设之前确定。

（2）填埋场稳定化程度应通过对填埋场的监测判定。

（3）填埋场稳定化利用之前应进行稳定化监测并符合相关要求。

（4）填埋场场地利用，按照不同利用方式应满足国家有关环保要求。

2. 判定要求

（1）填埋场稳定性特征包括封场年限、填埋场有机质含量、地表水水质、填埋堆体中气体浓度、大气环境、堆体沉降和植被恢复等。

（2）填埋场稳定化场地利用应按表 A-9 的规定进行判定。

填埋场场地稳定化利用的判定要求　　　　　　　　　　　　表 A-9

利用方式	低度利用	中度利用	高度利用
利用范围	草地、农地、森林	公园	一般仓储或工业厂房
封场年限（a）	较短，≥ 3a	稍长，≥ 5a	长，≥ 10a
填埋物有机质含量	稍高，< 20%	较低，< 16%	低，小于 9%

续表

利用方式	低度利用	中度利用	高度利用
地表水水质	满足 GB 3838—2002 的要求		
堆体中填埋气	不影响植物生长，甲烷浓度 ≤ 5%	甲烷浓度 5%~10%	甲烷浓度 < 1%，二氧化碳浓度 < 1.5%
场地区域大气质量	—	达到 GB 3095—1996 三级标准	
恶臭指标	—	达到 GB 14554—1993 三级标准	
堆体沉降	大，> 35cm/a	不均匀，(10~30) cm/a	小，(1~5) cm/a
植被恢复	恢复初期	恢复中期	恢复后期

注：封场年限从填埋场完全封场后开始计算

A.7.3　监测

1. 气体监测

（1）大气监测

环境空气监测中的采样点、采样环境、采样高度按 HJ 193—2013 或 HJ/T 194—2005 执行。各项污染物采样频率和浓度限值的要求应按 GB 3095—1996 规定执行。

（2）填埋气监测

应按 GB/T 18772—2008 的规定执行。

2. 地表水监测

地表水水质监测应按 HJ/T 91—2002 的规定执行。各项污染物的浓度限值应按 GB 3838—2002 的规定执行。

3. 填埋物有机质监测

（1）采样

1）采样方法有对角线法、梅花形法、棋盘法、蛇形法。应结合地形选择方法和采样点数量。各种方法及适用条件见表 A-10。

采样方法及适用条件 　　　　　　　　　　　　　　　　表 A-10

采样方法	适用条件	采样点（个）
对角线法	水泡及洼地	4~5
梅花形布点法	面积小、地势平坦、土壤较均匀	5~10
棋盘法	中等、地势平坦、地形开阔但土壤不均匀	≥ 10
蛇形法	面积较大、地势不平坦、土壤不够均匀	15~20

2）本底监测应在填埋前取表层土 1 次为本底值。

3）深层垃圾样应采用空筒干钻取样法。

4）填埋后应每年钻探 1 次取深层垃圾样品，宜按填埋深度每 2 m 深取 1 点。

5）采样点总数应结合填埋深度和表 A-10 确定。

6）每个点采样 1kg，各垃圾样混合后反复按四分法弃取，直到最后留下混合垃圾样 1kg。

7）填埋年份相差较大的区域，采样应按填埋年份分区混合。

（2）样品制备

应按 CJ/T 313—2009 的规定执行。

（3）有机质含量的测定

应按 CJ/T 96—2013 的规定执行。

4. 堆体沉降监测

应按 JGJ 8—2007 规定执行。

5. 植被调查

应每 2 年进行 1 次针对植物的覆盖度、植被高度、植被多样性的调查和检测分析，提出调查报告（对植物的覆盖度、植被高度、植被多样性每 2 年进行 1 次调查和监测分析，提出调查报告）。

本章执笔人：吴俭、王照宜